KB218378

과 학 속 사 상
사 상 속 과 학

과학으로
생각
한다

과학으로 생각한다

ⓒ 이상욱, 홍성욱, 장대익, 이중원, 2007. Printed in Seoul, Korea

초판 1쇄 펴낸날 2007년 1월 5일 | **초판 13쇄 펴낸날** 2025년 3월 10일

지은이 이상욱 · 홍성욱 · 장대익 · 이중원
펴낸이 한성봉 | **편집** 서영주 · 박래선 | **디자인** 정애경 | **마케팅** 박신용 | **경영지원** 국지연
펴낸곳 도서출판 동아시아 | **등록** 1998년 3월 5일 제1998-000243호
주소 서울시 중구 필동로8길 73 [예장동 1-42] 동아시아빌딩
페이스북 www.facebook.com/dongasiabooks | **전자우편** dongasiabook@naver.com
블로그 blog.naver.com/dongasiabook | **인스타그램** www.instagram.com/dongasiabook
전화 02) 757-9724, 5 | **팩스** 02) 757-9726

ISBN 978-89-88165-76-8   03400

잘못된 책은 구입하신 서점에서 바꿔드립니다.

과학 속 사상, 사상 속 과학

과학으로 생각 한다

이상욱 · 홍성욱 · 장대익 · 이중원 지음

동아시아

서문

싱그러운 봄내음과 함께 대학에 들어와 얼마간 지내고 난 새내기들에게 대학 생활이 어떠냐고 물어 보면 한결같이 '조금 실망이다'라고 대답한다. 대학은 엄청나게 재미있는 일로 가득 차 있을 거라고 기대했는데 수업도 고등학교와 별반 다르지 않고 숙제는 많아서 낭만적인 가슴앓이도 해 볼 짬이 안 난다는 불평이다.

하지만 대학에 와서 확실히 달라졌다고 학생들도 인정하는 것이 바로 책 읽기 방식이다. 고등학교 때는 두꺼운 책을 맘 잡고 읽어 볼 여유도 없었거니와, 어차피 선생님들이 친절하게 정리해 준 요약정리 한 장이면 토론 수업이건 논술 시험이건 적당히 아는 척하는 데는 문제가 없었다. 그러다 보니 책을 대강 읽는 것이 습관이 되어 버렸다. 이 책은 환경 오염을 비판한 책이고 저 책은 이주 노동자 문제의 심각성을 지적한 책이며 또 이 책은 전통 문화의 소중함을 강조한 책이라는 식이다. 혹시라도 이런 다양한 가치를 담은 책들에서 뽑은, 서로 상충되는 지문이 한꺼번에 등장하면 대강 절충해서 생각과 글을 마무리하면 된다. 예를 들어, 현대 과학기술 문명은 인간의 존엄성을 훼손하고 있다고 준엄하게 꾸짖은 후에, 인간 수명을 연장시키고 국가 경제를 발전시키기 위해 첨단 기술 연구는 계속해야 한다고 쓰는 식이다. 어떤 학생들은 농담반 진담반으로 폭넓은 글읽기와 깊은 사고를 요구한다는 통합 논술이 시작되기 전에 대학에 들어와서 무척 다행이라고 말하곤 한다.

인문학적 훈련이란 무슨 생각을 가져야 하는지를 배우는 것이 아니라 그 생각의 근거가 무엇인지, 그 생각이 배제하는 사실이 무엇인지를 깨닫는 과정이다. 가르치기도 쉽지 않고 배우기도 쉽지 않은 이런 능력을, 현대 사회의 주요한 지적 흐름을 제시하고 있는 책을 읽으면서 세미나 식으로 수업하면서 훈련하는 것이 고등학교를 갓 졸업한 학생들에게는 신기하고 재미있었나 보다. 노엄 촘스키, 마빈 해리스, 장하준, 리처드 도킨스, 제러드 다이아몬드, 해리 콜린스 등으로 이어지는 필자의 수업이 끝날 때쯤이면 매주 책 읽다가 일주일을 다 보냈다고 불평하면서도 '대학스러운' 수업을 무사히 끝냈다고 스스로를 대견해 하는 수강생들이 많았다.

그런데 여기까지 흐뭇하게 듣고 있던 필자를 실망(?)시키는 발언을 하는 친구들이 가끔 있다. "근데요, 자연대나 공대 학생도 아닌데 우리가 왜 과학책을 읽어야 하는지 잘 모르겠어요.

뭐 재미는 있었지만 그렇게 전문적인 것까지 꼭 알아야 하나요?" 정말 필자에게는 분위기 확 '깨는' 이야기가 아닐 수 없다. 그렇게 다양한 주제에 대한 책을 읽어서 우리 삶의 다면적인 모습을 통합적으로 이해해 보자는 강의 교수의 숨은 의도를 철저하게 무시하는 언사였기 때문이다. 하지만 그 친구를 탓할 생각은 나질 않았다. 우리나라의 문화적 현실을 보여주는 말이었기 때문이다. 세상에는 문과형 인간과 이과형 인간이 있고 문과적 주제와 이과적 주제가 있으며 이과생들은 교양을 쌓기 위해 역사나 철학을 공부할 필요가 있지만 문과생들은 요약정리 이상으로 자세하게 과학이나 기술에 대해 공부할 필요가 없다는 생각은 학생들만이 아니라 일반 사회에도 널리 퍼져 있는 것이 우리의 불행한 현실이다.

여기서 필자는 런던 대학교에서 비슷한 방식으로 세미나를 진행할 때 받았던 신선한 충격을 기억했다. 일단 학생들의 구성이 인상적이었다. 철학과 대학원 세미나였는데도 학부에서 전공한 주제가 너무나 다양했다. 물리학, 생물학, 정치학, 역사학, 심리학, 경제학 등등. 물론 철학도 있었다. 하지만 12명 학생 중 오직 1명뿐이었다. 그 많은 철학과 졸업생은 다 어디 갔을까? 대부분은 갖가지 분야로 취업을 하고 나머지는 철학적 소양을 바탕으로 자연과학이나 사회과학 등을 공부하기 위해 대학원에 진학한다. 학부와 대학원을 거치면서 여러 분야를 넘나드는 유럽 학생들을 보면 좁은 전공 분야와 취업 공부에 매달린 채 대학 생활을 보내는 우리 학생들이 이들과 국제사회에서 경쟁할 수 있을까 걱정스러웠다.

더 인상적이었던 점은 세미나에서 논의된 다양한 주제에 대한 학생들의 태도였다. 어떤 경우에도 왜 자신이 철학 수업에서 하이에크의 경제 사상과 양자 역학의 측정 문제를 함께 공부해야 하냐고 투덜대는 친구들은 없었다. 오히려 두 눈을 반짝이며 분자생물학의 중심 원리와 시장경제에서의 정보의 비대칭성 사이의 유사점과 차이점에 대해 열띤 토론을 벌이곤 했다.

유럽에서 과학은 문화다. 이 말은 과학책이 소설책만큼 잘 팔린다는 의미는 아니다. 유럽에서도 여전히 종합 베스트셀러 순위는 대개 신간 소설이 차지한다. 하지만 과학책이 베스트셀러에서 상위권에 드는 일은 종종 있는 일이다. 아주 가끔 1위를 차지하기도 하는데 그 일을 두고 야단법석하는 일도 없다. 학구적인 사람이라면 빅토리아 시기의 풍습에 대해 이야기하다가 자연스럽게 그 시기의 사람들이 몰두했던 박물학적 관심으로 그리고 다윈의 비글호 여행과 그 이후 전개된 사상사적 소용돌이로 거기서 다시 수잔 바이어트의 소설『소유』의 감동적인 로맨스로 옮겨간다. 과학에 대해 신앙에 가까울 정도로 열광하는 사람이나 이 세상 모든 일이 과학기술 문명 때문인 것처럼 떠들어대는 비판자가 있기는 하지만 전체 사회에서 보면 주변부에 불과하다. 대다수의 사람들에게 과학은 먼저 일상화된 종교나 문학이나 대중예술과 마찬가지로 문화이자 생활이다.

이 책에서 소개된 사람들은 과학을 연구하고, 과학에 대해 따져보고, 과학으로 생각했던 사람들이다. 그들 모두가 과학자였거나 과학자가 되기 위한 훈련을 받았거나 적어도 당대 과학에 대한 확실한 이해를 갖추고 있었다. 그런데 과학에 대한 친숙함은 그들이 살던 시대의 대부분의 지식인들이 일반적으로 갖추고 있던 소양이었다. 자연스럽게 그들은 자신의 과학 연구가 지니는 인문학적, 사회적 함의를 탐구하게 되었다. 뉴턴이 자신의 만유인력 법칙에서 신의 뜻을 읽어내려 했던 일이나, 다윈이 자신의 자연선택 이론에서 제국주의의 냉혹한 시대를 사는 사람들의 계층 갈등에 관심이 많았던 것이 그 예이다. 그리고 이들의 생각은 실제로 그 후 전개된 역사에 상당한 영향을 끼치기도 했다. 인공지능에 대한 튜링의 생각은 컴퓨터의 발전과 마음과 물질의 관계에 대한 우리의 생각에 큰 영향을 끼쳤고, 유전자가 인간의 능력에 끼치는 영향에 대한 도킨스와 굴드 그리고 르원틴의 논쟁은 정부주도적 사회정책의 효과에 대한 현재 논쟁을 반영한다.

이렇듯 과학으로 생각하는 방식은 사람마다 다양할 수밖에 없다. 그럼에도 불구하고 이들 사상가들이 공통적으로 가지고 있는 생각은 과학은 단순히 열광하거나 거부하기에는 너무나 중요한 생각의 보고(寶庫)라는 사실이다. 이제 여러분을 과학으로 생각하는 세계로 초대한다. 과학이 열어 주는 통합적 사고의 세계를 마음껏 즐기기 바란다.

이 책 내용 중 일부는 저자들이 2005년《한겨레》에 '과학 속 사상, 사상 속 과학'이라는 기획아래 썼던 글을 수정하고 보완한 것이다. 과학으로 생각할 수 있는 좋은 기회를 마련해주신 이근영 부장님을 비롯한 《한겨레》 편집부에게 이 자리를 빌려 감사드린다.

책의 출간 과정에서 큰 도움을 주신 동아시아 한성봉 사장님과 편집부의 서영주 편집장님, 박래선님께 저자를 대표하여 감사드린다.

이상욱

차례

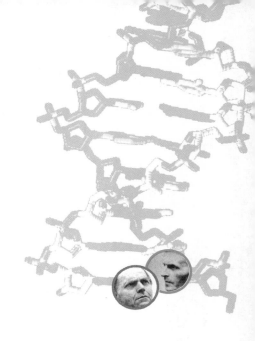

2장_ 과학자들과 철학자들 '과학적인 것'에 대해 논쟁하다

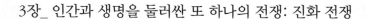

5장_ 과학과 사회의 관계는 어떠해야 하는가

6장_ 새로운 과학을 위하여

1장

과학 혁명, 세계관을 바꾸다

근대 과학 혁명의 완성 : 아이작 뉴턴

●

이중원

자연은 수학으로 씌어진 책이고, 수학은 자연을 읽는 언어다

"1665년 어느 가을날 저녁, 아이작 뉴턴은 사과나무 아래에서 달을 보며 사색에 잠겨 있었다. 바로 그때 사과 한 개가 떨어졌다. 뉴턴은 떨어진 사과를 쳐다보며, 받쳐주는 것이 없으면 모든 물체는 떨어지기 마련인데, 왜 달은 떨어지지 않을까 하고 곰곰이 생각했다. 그 순간 문득 사과나 달 모두 지구 인력의 영향 하에 있지만, 달은 돌고 있기에 떨어지지 않을 뿐이라는 생각이 스쳐갔다. 사과와 달에 동일한 법칙이 적용될 수 있다는 생각이 떠올랐던 것이다. 그렇다면 태양의 모든 행성들에도 마찬가지로 동일한 법칙이 적용될 수 있지 않을까? 이들 모두에

아이작 뉴턴(Isaac Newton, 1642~1727)_ 17세기 근대 과학 혁명을 완결한 과학자로 평가받는 뉴턴은 우주와 자연현상을 수학적 언어로 해석해 냄으로써 근대 과학에서의 합리적 분석의 전형을 창출했다. 뉴턴적 세계관은 300여 년 동안 과학은 물론 철학, 사회, 문화, 그리고 사람들의 세계관에 막대한 영향을 끼쳤다.

보편적으로 적용되는 자연 법칙이 존재하지 않을까? …"

이 '뉴턴의 사과' 일화는 현재는 신뢰하기 어렵다는 것이 정설이다. 하지만 이 일화에서 돋보이는 것은 바로 사과의 운동과 행성의 운동을 만유인력 아래로 포섭해 가는 뉴턴의 상상력이다. 그러나 이 같은 상상력이 만유인력의 법칙 형태로 공표된 것은 그로부터 20여 년이 지난 1687년에 이르러서다. 그 배경을 보여 주는 하나의 일화가 있다. 당시 과학자들은 '행성이 태양 주위를 타원궤도로 돈다'는 요하네스 케플러의 발견에 직면하여, 그렇다면 '이들 사이에 어떤 힘이 작용해야 하는가'의 문제로 씨름을 하고 있었다. 이는 근대의 새로운 역학이 해결해야 했던 최대의 난제였다. 과학자 로버트 후크(Robert Hookes, 1635~1703)가 이들 사이에는 거리 제곱에 반비례하는 힘이 작용한다는 가설을 제시했지만, 증명에는 실패했다. 그러자 1684년에 핼리혜성을 발견한 천문학자 에드먼드 핼리(Edmund Halley, 1656~ 1742)가 이 문제를 해결하고자 뉴턴을 방문했다. 뉴턴이 '위와 같은 힘이 작용하면 그 궤도는 타원이다'라고 답하자, 핼리는 이를 증명해 줄 것을 요구했다.

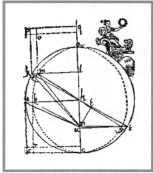

요하네스 케플러(Johannes Kepler, 1571~1630)_ '행성은 태양을 하나의 초점으로 하는 타원궤도를 그리며 공전한다' 는 케플러의 제1법칙은 케플러가 화성을 관측하는 과정에서 얻은 것이다. 케플러는 태양중심설의 입장에서 지구의 공전궤도를 원이라고 가정하고 화성의 공전궤도를 기하학적으로 작도한 결과, 그 궤도가 태양을 초점으로 하는 타원이라는 것을 알게 되었다. 그림은 케플러가 『신천문학』에 화성의 공전궤도를 작도한 삽화. 케플러의 법칙은 뉴턴이 만유인력을 발견하는 데 중요한 영향을 끼친다.

1687년 『자연철학의 수학적 원리』(일명 『프린키피아』)는 이렇게 탄생됐다. 이 책에서 뉴턴은 위의 문제에 대한 수학적 증명은 물론 실험을 통한 검증도 함께 강조했다. 후크와의 표절 논쟁으로 감정까지 상했던 뉴턴은, 현상들로부터 유추할 수 없는 사변적 추론에 불과한 (후크식의) 가설은 결코 자연 법칙이 될 수 없으며, "나는 가설을 만들지 않는다"고 강변했다. 이것들은 뉴턴에 의해 완성됐던 근대 역학의 과학 정신을 상징적으로 보여 준다.

　　이처럼 『프린키피아』에는 근대 과학의 합리적인 방법론과 뉴턴의 과학 사상이 잘 나타나 있다. 우선 제목에서 알 수 있듯이 이 책은 수학 특히 기하학의 언어로 씌어졌다. 뉴턴에게 자연은 수학으로 씌어진 책이고, 수학은 자연을 읽는 언어다. 논의의 전개도 전통적인 기하학에서처럼, 몇 개의 기본적인 정의들과 공리들을 먼저 제시하고 정리들을 구한 다음, 이를 현상 설명에 적용하는 순서를 따르고 있다. 또한 뉴턴 자신이 개발한 미적분법은 물체의 운동을 수학적으로 완벽하게 서술하는 데 결정적으로 기여하였다. 물질의 운동 현상을 이처럼 역학과 수학으로 완전하게 설명한다는 것, 바로 뉴턴 과학이 현대 과학의 출발로 간주되는 이유다. 또한 여기에는 뉴턴 과학의 또 다른 정신, 곧 역학적·수학적 자연관이 숨어 있다.

우주는 신의 손에 의해 움직이는 시계

역학적 자연관에 따르면 '자연은 일정한 법칙에 따라 운동하는

윌리엄 블레이크의 〈뉴턴〉 시인 알렉산더 포프는 뉴턴이 어둠에 숨겨진 자연과 자연의 법칙에 '빛'을 던져준 사람이라고 말했지만 한쪽에서는 이성, 합리성 그리고 수학과 과학에 대한 맹신이 오히려 자연과 광활한 우주를 이해하는 데 방해가 된다는 생각도 있었다. 블레이크의 이 그림은 이성의 상징인 컴퍼스의 간단한 작도로 자연을 이해하는 것이 부질없는 일이라는 것을 표현하고 있다.

복잡하고 거대한 기계와 같은 것'이다. 실제로 뉴턴은 우주를 거대한 시계에 비유했다. 이 관점은 자연을 기계 부품들과 이들 사이에 작용하는 상호 관계의 결합으로 본다. 이러한 태도는 전체를 분해하여 이를 구성하는 부분들을 먼저 탐구한 다음, 부분들에 관한 정보들을 종합하여 전체의 특성을 추론하는 환원적 방법을 가능케 한다. 가령 자석의 성질을 분석하는 경우, 자석을 구성하는 입자들의 성질과 상호 관계를 먼저 탐구한 다음, 이것들로부터 자석 전체의 성질을 규정하면 된다. 이는 우리가 관측하는 자연 현상의 원인을, 그것을 일으킨 미시적 차원의 물리적 요소 및 작용들에 의거하여 추적하는 태도로서, 현상 설명에 매우 유용한 방법이다. 그렇지만 이러한 방법이 모든 사물에 대한 분석에 항상 유용한 것은 아니다. 가령 생명체의 경우 생명체 전체를 보지 않고 구성 세포들을 주로 봄으로써, 생명체 전체의 유기적 특성들을 인식하지 못하는 근본적 한계를 지닐 수도 있다.

한편 물체의 운동을 수학적으로 서술한다는 것은, 물체의 존

책 속 으 로

뉴턴의 『프린키피아 1』, 「원저자의 초판 서문」 중에서

여기서 나는 여러 가지 운동 현상들로부터 자연에 존재하는 여러 가지 힘을 조사하고, 그러한 힘으로부터 다른 현상을 논증(설명)할 것이다. 제1권과 2권에서 서술된 힘에 관한 일반적인 명제들은 바로 이 같은 논증을 위해 탐구된 것들이다. 제3권에서는 우주 체계의 실제적인 해명이라는 차원에서 그 명제들이 적용될 실제의 사례가 제시된다. 즉 앞서 언급한 두 권의 책에서 수학적으로 입증된 명제들을 이용하여, 제3권에서는 태양이나 행성들이 물체에 작용하는 중력이라는 것을 유도할 것이다. 그리고 이 힘으로부터 다시 행성, 혜성, 달, 바다의 운동을 유도할 것이다. 이외에도 자연에 남아 있는 여러 현상들이 이 같은 역학의 원리로부터 같은 종류의 논증에 의해 유도될 수 있을 것이라고 나는 믿고 싶다. 왜냐하면 이 현상들도 모두 어떤 종류의 힘에 의존할 것으로 추측되기 때문이다. 철학자들은 이 힘의 정체를 밝히기 위해 지금까지 자연의 탐구를 지속해 왔지만, 실패로 끝나고 말았다. 나는 여기서 기술한 원리들이 철학의 방법에 대해 무언가 빛을 던져 주었으면 한다.

재적 특성과 운동에서의 변화에 대한 양화 (量化)가 가능함을 전제한다. 이러한 양화는 개념들의 모호성과 애매성을 배제시키고, 현상을 간결·명료하게 그리고 객관적으로 서술하도록 보장해 주는 장점이 있다. 그러나 양화가 어려운 자연의 질적(質的)인 성질들을 인지하지 못하는 상황이

뉴턴이 2판을 내기 위해서 손수 교정을 본 『프린키피아』 원본

발생하거나 그 성질들을 표현하는 데 근본적인 한계도 지닌다. 즉 수학 언어만으로 자연 현상을 충분하고 완전하게 서술할 수 있다고 확신하기 어렵다.

『프린키피아』에서 뉴턴은 실질적으로 크게 두 가지 작업을 수행했다. 제일 먼저 (1권과 2권에서) '(그것이 무엇이건) 힘이 주어질 때 일반적으로 물체는 어떻게 운동하는가' 라는 운동 법칙을 일반 원리의 형태로 제시했다. 우리에게 잘 알려진 세 가지 운동 법칙들, 곧 관성의 법칙, 힘과 가속도의 법칙, 그리고 작용과 반작용의 법칙이 그것이다. 그런 다음 (3권에서) 이러한 힘의 특수한 한 가지 예로 만유인력을 들어 만유인력의 법칙이 천체 현상을 어떻게 설명하느냐를 구체적으로 보여 주었다. 일반 법칙에 만유인력이라는 특수한 경우를 적용(대입)함으로써, 자유 낙하 현상, 지구의 타원궤도 운동, 달이나 혜성과 같은 천체의 운동, 조수 간만 및 계절의 변화와 같은 현상들이 어떻게 그리고 왜 일어나는지를 모두 성공적으로 설명하였다. 이것은 자연 현상에 관한 근대 과학에서의 합리적 분석의 전형을 보여 준다.

흔히 자연 현상들은 겉보기에 매우 무질서하거나 임의적으로 발생하는 것처럼 보이지만, 그 내면을 깊이 들여다보면 어떤 규칙성이나 인과 관계에 따라 발생함을 알 수 있다. 따라서 현상들이 어떻게 규칙적으로 발생하며 그러한 규칙성의 원인은 무엇인가를 밝히는 것은, 자연 현상에 대한 합리적 분석에서 매우 중요하다. 전자의 질문은 '운동이 어떻게 전개되는가'의 문제(운동 방식의 문제)이며, 후자의 질문은 '운동이 왜 일어나는가'의 문제(운동 원인의 문제)로 서로 성격이 다르다. 이 두 질문에 대답함으로써, 우리는 일어난 현상을 설명하고 미래의 현상을 예측할 수 있다. 『프린키피아』 1권과 2권은 바로 운동 방식의 문제를 탐구한 작업의 원형을, 그리고 3권은 바로 운동 원인의 문제를 탐구한 작업의 원형을 보여 준다. 이상에서 보았듯이 뉴턴의 『프린키피아』는 근대 과학의 정신을 온전히 담고 있다고 말할 수 있다.

뉴턴의 과학 혁명은 근대적 합리성의 표본

뉴턴 과학의 성공은 이러한 『프린키피아』의 과학 정신을 다른 분야들, 가령 화학이나 생명과학, 심지어 사회과학이나 예술 분야로 확대하는 계기가 되었다. 그러한 연유로 오늘날 이 책은 코페르니쿠스의 지동설에서 시작된 16~17세기의 근대적인 과학 혁명을 매듭짓고, 현대 과학의 진정한 출발을 상징하는 책으로 평가받고 있다. 또한 『프린키피아』의 과학 정신은 18세기 계몽 사조의 등장과 발전에도 큰 영향을 미쳤다. 세계를 객관적이고 효과적으로 인식하는 데 매우 유용한 분석 도구를 제공해 주었기 때문이다. 결과적으로 뉴턴 과학의 정신은 하나의 사상으로 발전하였고, 과학은 물론 철학·문화·사회 등 많은 분야에서 300여 년 동안 막대한 영향을 끼쳤다. 오늘날 우리가 그의 과학 사상을 세계에 대한 합리적 사유의 원형이자 근대적 합리성의 표본이라고 평가하는 것도, 바로 이러한 막강한 영향력 때문이다. 그러나 영원한 것은 없다. 특히 과학에서는 더욱 그러하다. 뉴턴의 과학 사상도 언젠가 새로운 과학 사상으로 대체될 것이다. 새로운 방법론과 새로운 세계관에 입각한 이론이 등장하여 세계를 훨씬 더 성공적으로 설명해 준다면 말이다.

≡ 더 읽어볼 만한 자료들 ════════════════════════

『프린시피아』(3권) (서해문집, 1999), 아이작 뉴턴 지음, 조경철 옮김
『뉴턴과 아인슈타인: 우리가 몰랐던 천재들의 창조성』(창비, 2004),
홍성욱, 이상욱 외 지음
『프린키피아의 천재』(사이언스북스, 2001), 리처드 웨스트폴 지음, 최상돈 옮김
『만유인력과 뉴턴』(바다출판사, 2002), 게일 E. 크리스티안슨 지음, 정소영 옮김

http://www.luminarium.org/sevenlit/newton/
뉴턴의 삶, 저작 등을 볼 수 있는 사이트
http://www.newtonproject.ic.ac.uk/prism.php?id=1
뉴턴 프로젝트 페이지
http://www.newton.cam.ac.uk/newton.html
케임브리지 대학의 뉴턴페이지로 다양한 뉴턴 관련 웹사이트를 소개하고 있다.

자연선택으로 생명의 나무를 그리다: 찰스 다윈

●

장대익

문제아 다윈, 인류 역사상 최고의 아이디어를 내다

찰스 다윈(Charles Darwin, 1809 ~1882)_ 인간과 생명의 유래에 대해 혁명적 발상의 전환을 이루었던 다윈의 진화론은 간단하고 쉬운 논리를 가졌음에도 현대 학문의 사상적 저수지 역할을 하고 있다.

"인류 역사상 최고의 아이디어를 낸 사람은 누굴까? 딱 한 사람만 골라야 한다면 나는 주저없이 그를 택하겠다." 철학자 대니얼 데닛은 그를 감히 뉴턴이나 아인슈타인보다 더 위대한 사상가라고 치켜세운다. 데닛은 다윈이 "자연선택이라는 과정을 도입해 의미와 목적이 없는 물질 영역과 의미, 목적, 그리고 설계가 있는 생명 영역을 통합시켰기 때문"이라고 말한다. 하지만 에든버러 대학에서의 의학 공부를 채 2년도 못 채우고 낙향한 18세 청년을 그 누가 인류 역사상 최고의 아이디어를 낼 만한 인물이라고 기대했겠는가? 오히려 다윈은 "사냥질, 개, 쥐잡기에나 관심이 있는 너는 가족과 네 자신에게 부끄러운 존재가 될 거다"라는 아버지의 폭언을 눈물로 삼켜야 했다.

1827년 다윈은 케임브리지 대학으로 꾸역꾸역 신학을 공부하러 간다. 하지만 이번에도 마음은 콩밭에 가 있었다. '어떻게 해야 영국을 떠나 생명이 우글대는 열대림을 탐험할 수 있을까?' 인류에게 '적응'이라는 화두를 처음으로 던진 다윈이었지만 정작 그 자신은 주변 환경에 적응하는 데 계속해서 실패해 온 셈이다. 하지만 환경도 언젠가는 변하는 법. 다윈은 우여곡절 끝에 비글 호에 승선하고 꿈에 그리던 남아메리카로 향한다.

만일 다윈이 비글 호를 타지 못했다면 어떻게 됐을까? 5년 동안(1831~1836) 배멀미와 온갖 풍토병으로 고생할 일은 없었겠지만 '다윈'이라는 이름이 지금처럼 생존, 번영하지는 못했을 것이다. 비글 호 탐험을 끝으로 다시는 영국 밖을 나가 보지 못했을 만큼 다윈에게 그것은 매우 특별한 경험이었다. 길이가 26미터밖에 안 되는 비글 호의 좁은 선실에서 그는 자신의 우상 찰스 라이엘이 쓴 『지질학 원리』를 탐독했고 정박지에서는 열대림과 해안의 온갖 동식물을 관찰 · 채집했다.

찰스 라이엘(Charles Lyell, 1797 ~1875)_ 지질학자인 라이엘은 동일과정설(uniformitarianism)에 입각하여 『지질학 원리』를 집필했고, 이 책은 다윈에게 지대한 영향을 주었다.

갈라파고스의 핀치새는 왜 부리가 각양각색일까

갈라파고스 군도의 탐험은 비글 호 항해의 절정이었다. 다윈은 섬마다 등껍질의 형태가 다른 덩치 큰 거

갈라파고스의 핀치새 남미 대륙으로부터 960km 떨어진 섬 군락인 갈라파고스 군도는 13개의 큰 섬과 6개의 작은 섬 그리고 수많은 암초로 이루어져 있다. 이들 섬 간의 거리는 수십 킬로미터여서 다른 섬의 종들과 자유로운 교배가 이루어지기 어렵다. 다윈은 핀치새의 부리가 각기 환경에 맞게 변형되면서 다른 종으로 바뀔 수 있음을 알아차렸다.

1. Geospiza magnirostris 2. Geospiza fortis
3. Geospiza parvula 4. Certhidea olivacea

Finches from Galapagos Archipelago

북이에 신기해 했고 부리 모양이 조금씩 다른 새들이 섬 주위에 흩어져 있다는 사실에 다소 의아해 했다. 하지만 새를 표본으로 만들면서도 어디서 어떻게 채집했는지조차 기록하지 않았을 정도로 그곳의 생태가 얼마나 중요한지를 당시에는 알아채지 못했다. 영국에 돌아와 전문가의 조언을 들은 후에야 부리가 뭉뚝한 새와 뾰족한 집게 모양의 새가 서로 다른 핀치 종임을 알게 된다. 핀치들이 현재와 같은 모습으로 독립적으로 창조된 것이 아니라 대륙의 공통조상으로부터 갈라져 나왔을 수도 있겠다는 생각이 싹트게 된 것도 이때부터인 것 같다. 1837년 다윈의 비밀 노트에는 한 종이 새로운 종으로 가지치기를 해나가는 계통도가 처음으로 그려져 있다.

토머스 맬서스(Thomas Robert Malthus, 1766~1834) 영국 최초의 정치경제학 교수로 불린다. 그의 『인구론』은 다윈에게 자손의 과잉 생산과 그로 인한 생존 투쟁이라는 점에 주목하게 해 주었다.

이듬해 다윈은 토머스 맬서스의 『인구론』(1798)을 정독하며 생존 경쟁 개념의 중요성을 깨닫는다. 그리고 1859년 11월, 우여곡절 끝에 드디어 『종의 기원』

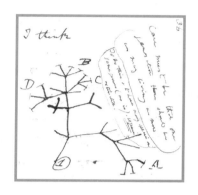

다윈이 노트에 그린 그림_ 한 종이 여러 새로운 종으로 가지치기 해 나가는 계통도가 그려져 있다.

으로 흔히 알려진 『자연선택에 의한 종의 기원에 관하여』 초판이 출간됐다. 왜 여기에 '우여곡절'이라는 단어를 쓸 수밖에 없는지에 대해서는 설명이 필요하다. 1844년 자연선택에 대한 생각을 잠시 접은 다윈은 무려 8년간이나 따개비 연구에 몰두해 1천 쪽에 달하는 연구서를 출판(1851)했고 그로 인해 자연사학자로도 권위를 얻게 됐다. 이에 자신감을 얻은 다윈은 1854년부터 자연선택 연구를 재개한다. 그러던 중 1858년 6월, 말레이 군도를 탐험하고 있던 젊은 자연사학자 알프레드 월리스로부터 한 통의 편지를 받는다.

알프레드 월리스(Alfred Russel Wallace, 1823~1913)_ 영국의 자연사학자로서 자연선택론의 공동 발견자이다.

　편지를 읽고 있는 다윈의 표정은 점점 굳어져갔다. 어쩌면 조용히 자기 방으로 들어가 문을 잠그고 대성통곡을 했는지도 모른다. 그 편지에는 다윈이 20년씩이나 공들여온 생각이 너무도 간결하게 요약된 한 편의 논문이 들어 있었기 때문이다. 다윈은 그동안의 연구를 모두 불태우는 한이 있더라도 월리스의 생각을 훔쳤다는 말은 듣고 싶지 않았다. 낙담한 다윈에게 라이엘과 당시 영국 최고 권위의 식물학자이자 이후 다윈의 절친한 동료가 된 조지프 후커(Joseph Hooker, 1817~1911)가 흥미로운 제안을 한다. 그것은 자연선택에 관해 월리스와 공동으로 논문을 발

책 속 으 로

찰스 다윈, 『종의 기원』 중에서

2장 : 자연에서 생기는 변이
자연은 내장 기관, 외관상의 차이, 생명의 메커니즘 전체에 작용한다. 인간은 오직 자신의 이익만을 위해 교배하지만 자연은 자신이 돌보는 생명의 이익을 위해 교배한다.

4장 : 자연선택
자연선택은 매일 매시간 전 세계의 모든 변이를 가장 사소한 것까지 세세히 검사하고 있다고 할 수도 있다. 나쁜 것은 거부하고 좋은 것은 모두 보존하고 추가한다는 말이다. 그것은 언제 어디서든 기회가 주어질 때마다, 조용히 그리고 알지 못하는 사이에, 삶의 조건에 맞게 각 생명체를 개선해 간다. 우리는 시간의 손이 그 오랜 시대의 경과를 표시해 주기 전까지는 서서히 진행되는 이런 변화를 결코 보지 못한다. 그리고 오랜 과거의 지질 시대를 들여다보기에는 우리의 시선이 너무나 불완전하기 때문에, 지금 우리가 볼 수 있는 것은 과거에 있었던 것과 형태가 다른 생명체들뿐이다.

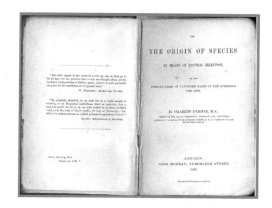
다윈의 『종의 기원』 초판

표하라는 것이었다. 놀랍게도 이 혁명적 이론의 발표는 조용하게 끝이 났다. 더욱 놀라운 것은 발표가 끝난 후에야 이 소식을 듣게 된 월리스도 이 일을 불쾌해 하지 않았다는 점이다. 월리스를 끝까지 챙긴 다윈과 그런 다윈을 일평생 선생으로 받들었던 월리스의 특별한 우정 때문이었으리라. 이후 다윈은 몇개월 달라붙어 『종의 기원』을 집필하게 된다.

수많은 학문 종의 원류, 다윈의 진화론

『종의 기원』은 인공 교배로 생긴 변이들에 대한 논의부터 시작한다. 이 논의를 위해 다윈은 비둘기 교배 전문가들과 실제로 많은 시간을 함께했다. 다윈은 인공 선택에 의해 새로운 품종이 나올 수 있다면 자연선택에 의해서 새로운 종이 나올 수 있을 것이라 생각했다. 자연 변이들은 제한된 환경에서 다 살아남을

장 밥티스트 라마르크(Jean-Baptiste Lamarck, 1744~1829) 프랑스의 생물학자로 획득 형질의 유전에 의해 종이 진화할 수 있으며 그 진화가 하등동물에서 고등동물로 일직선상으로 일어난다고 생각하였다.

수 없기 때문에 생존 경쟁이 불가피하다. 자연선택은 바로 이 과정에서 일어난다. 그것은 조금이라도 생존에 유리한 형질이 살아남아 자손을 퍼뜨리는 과정이다. 물론 부모 형질이 자식에게 대물림되는 과정도 필요하다. 이 모든 문제를 다룬 후에 특이하게도 다윈은 예상 반론을 정리하고 그것을 조목조목 검토하고 있다. 이런 의미에서 『종의 기원』은 매우 방어적인 책이며 다윈도 고백하듯 '하나의 긴 논증' 이다.

생명이 진화한다는 주장 자체는 그 당시만 해도 새로운 것은 아니었다. 프랑스의 장 밥티스트 라마르크도 있었고 심지어 다윈의 할아버지 에라스무스 다윈(Erasmus Darwin, 1731~1802)도 비슷한 주장을 했었다. 『종의 기원』의 독창성은 그 진화가 자연선택에 의해서 진행되며 그 결과 생명이 마치 나뭇가지가 뻗어나가듯 진화한다는 사실을 밝혀준 데 있다. 위대하면서도 이해하기 쉬운 과학 이론은 드물지만 자연선택론은 초등학생에게도 통하는 간단한 논리구조로 돼 있다. 그러니 토머스 헉슬리(Thomas H. Huxley, 1825~1895)의 30자 평은 결코 과장이 아니다. "이 쉬운 자연선택을 생각해내지 못했다니 이런 바보 같으니!"

『종의 기원』에 대한 다른 독자들의 반응은 어땠을까? 초판 1250부가 하루 만에 매진됐다. 하지만 학자들의 평가는 훨씬 더 조심스러웠다. 다윈은 당대 학자들의 비판에 대응하기 위해 3판부터 내용을 대폭 손질하는 등 1859년에서 1872년까지 무려 다

섯 차례나 개정판을 냈다. 용어 사용과 관련해서
도 흥미로운 변화가 있었다. 오늘날 진화론이라
하면 대개 적자생존부터 떠올리는데 이는 당대
철학자이자 사회진화론의 강력한 옹호자였던 허
버트 스펜서(Herbert Spencer, 1820~1903)의 영향
때문이다. 다윈 자신도 그 영향으로 5판부터 '적
자생존(survival of the fittest)'이라는 용어를 사용
했다. 더 놀라운 사실은 '진화(evolution)'라는 용
어 자체도 원래 다윈 것이 아니었다는 점이다.
그는 줄곧 '변형을 동반한 계통(descent with

다윈의 진화론은 인간이 동물과 본질적으로
다르다는 인간중심주의를 배격한다. 이런
논리는 종종 풍자의 대상이 되기도 한다.

modification)'이라는 용어를 써오다가 6판에 가서야 '진화'로
대체한다. 동상이몽인가? 스펜서는 적자생존 개념을 인간 사회
에 적용하여 '사회 다윈주의'라는 정치 이념을 창안했으며 훗날
인종주의와 우생학의 원흉으로 몰리기도 한다.

다윈의 자연선택론은 19세기 후반부터 1910년대까지 잠시 암
흑기를 맞다가 집단유전학이라는 구원 투수를 만나 극적으로
회생한다. 그리고 1940년대에는 이른바 '근대적 종합'으로 완
성된다. 『종의 기원』이 탄생한 지 150년쯤 지난 지금, 다윈의 자
연선택론은 적어도 생물학 영역에서 만큼은 강력한 패러다임으
로 자리를 잡았다. "심리학은 새로운 토대 위에 세워질 것"이라
는 다윈의 예견대로 최근에는 진화심리학이라는 학문이 등장하
여 학계에 주목을 받고 있으며, '다윈 의학', '진화 철학', '진화
경제학' 등 앞에 '다윈' 혹은 '진화'라는 단어가 붙은 학문들이

가지를 치고 있다. 마치 『종의 기원』이라는 공통 조상에서 갈라져 나온 새로운 학문 종들의 진화를 보는 듯하다.

하지만 이런 왕성한 생명력에도 불구하고 한쪽에서는 '창조론'이라는 이름으로 진화론의 과학성 자체를 의심하는 흐름 또한 소수로서 존재한다. 다윈의 진화론은 인간이 생명의 최고 위치를 점하고 있으며 다른 동물들과는 본질적으로 다르다는 뿌리깊은 인간중심주의를 배격한다. 창조론은 이러한 진화론의 인문사회학적 함의를 받아들이고 싶지 않은 사람들만의 것인지도 모른다.

다윈의 주요 저서 중에서는 국내에 『종의 기원』(을유문화사, 1995), 『인간과 동물의 감정 표현에 대하여』(서해문집, 1999), 『비글호 항해기』(샘터, 2006), 『인간의 유래 1, 2』 (한길사, 2006)가 번역되어 있으며, 다윈이 직접 쓴 자서전인 『나의 삶은 서서히 진화했다』(갈라파고스, 2003)가 출간된 바 있다. 진화론에 대한 기본 지식이 없는 독자들은 『종의 기원』 등을 먼저 읽어 보려 하지 말고 다음과 같은 책부터 읽는 것이 더 좋을 수도 있다. 리처드 도킨스의 『눈먼 시계공』(사이언스북스, 2004)은 자연선택에 의한 진화를 가장 현대적으로 옹호한 저서이고, 스티븐 제이 굴드는 『풀하우스』(사이언스북스, 2002)에서 진화와 진보를 혼동하지 말라고 주장한다.

다윈에 관한 책 중에는 『진화론과 다윈』(바다출판사, 2002)이 읽어 볼 만하며, 과학과 종교의 관점에서 다윈을 조명한 책으로는 『다윈 안의 신』(지식의 숲, 2005), 『다윈주의자가 기독교인이 될 수 있는가』(청년정신, 2002) 등이 있다.

http://www.bbc.co.uk/education/darwin/leghist/bowler.htm
BBC가 다윈 특집 주간에 만든 다윈과 다윈주의 자료들
http://darwin-online.org.uk/list.html
다윈의 모든 저작 목록이 있는 홈페이지
http://pages.britishlibrary.net/charles.darwin4/coral/coral_fm.html
다윈의 모든 저작들을 온라인으로 공개한 사이트
http://www.lib.cam.ac.uk/Departments/Darwin/index.html
영국 케임브리지 대학에서 진행되고 있는 다윈 편지 모음 프로젝트

진화론인가 창조론인가

최근 미국 교육계와 학계에서는 창조론과 진화론 논쟁의 불씨가 다시 살아나고 있다. 2005년 펜실베니아 주 도버 지역 교육위원회가 학교에서 진화론과 함께 창조론과 유사한 지적 설계론을 가르치도록 하자 학부모들이 반대해 법정 공방으로 이어지기도 했다. 지적 설계론은 자연은 매우 복잡하고 정교해 다윈의 진화론만으로는 설명하기 어려운 점이 많아 하나님과 같은 창조자가 개입, 설계한 것이 틀림없다는 주장이다. 또한 교육위원회는 진화론이 확립된 사실이 아니라 아직까지는 하나의 이론일 뿐이라는 점을 강조하면서 생명의 근원에 대해 진화론 이외의 다른 이론도 존재한다는 것을 학생들이 알 권리가 있다고 주장하였다. 하지만 학부모들은 지적 설계론은 과학적 이론이 아니라 '종교'이며, 따라서 정교 분리를 명시한 헌법을 위반한 것이라고 지적하고 있다.

진화론과 창조론 논쟁은 매우 오래된 것이지만 최근에는 2003년 톰 베일이 『그랜드캐니언, 다른 견해』라는 책에서 그랜드캐니언을 창조론의 관점에서 해석해 제기된 적이 있다. 톰 베일은 그랜드캐니언은 4500년 전 대홍수에 의해 형성되었고, 협곡의 형태나 바위굴곡 등이 이를 분명하게 보여준다고 주장하여, 미국 공교육에 창조론의 도입을 반대하는 전미과학교육센터와 대립하기도 했다. 전미과학교육센터는 그랜드캐니언은 4500년 전에 형성된 것이 아니라 200만 년 전에서 500만 년 전 사이에 형성되었다고 반박했다. 창조론자들은 그랜드캐니언에서 발견된 조개화석 구조가 그랜드캐니언이 갑작스러운 홍수에 의해 형성됐음을 보여주는 증거라고 주장했고, 진화론자들은 홍수가 아닌 잔잔한 물 속에서 묻혀 있다가 화석이 된 것이라고 설명한다. 지적 실계론을 비롯한 기독교 계통의 창조론 지지자들은 주로 진화론

버틀러법안을 어긴 죄로 기소된 존 스콥스(왼쪽)가 재판정으로 가는 길에 "read your bible"이라 적힌 플래카드 아래를 걷고 있다.

의 문제점을 지적하는 방식으로 자신들의 입장을 옹호한다. 하지만 지적 설계론이나 창조론을 직접 지지하는 증거를 제시하지 못하는 한 기존 과학이론의 문제점을 지적하는 것만으로는 주류 과학계의 호응을 기대하기는 어려울 것 같다. 어떤 과학 이론도 해결해야 할 문제점을 가지지 않은 경우는 없는 데다가 현대 진화론은 생물학 전체를 통합하는 근간이론의 역할까지 수행하고 있기 때문이다.

미국에서 진화론과 창조론의 공방에서 유명한 사건은 이른바 원숭이 재판(Monkey Trial)이다. 원숭이 재판은 1925년 미국의 테네시 주의 데이턴이라는 작은 마을에서 벌어진 재판으로 진화론자와 창조론자가 법정에서 맞붙은 사건이다. 이 사건의 발단은 그해 제정되었던 진화론 교육금지법인 버틀러법이었고, 그 법을 어겨 진화론을 가르친 존 스콥스가 기소됨으로써 재판으로 이어진 것이다. 창조론자들은 '원숭이가 인간의 조상인가'라며 비난했고, 진화론자들은 '진화론 교육금지는 반문명적 발상'이라고 응수했다. 이 재판으로 미 전역이 떠들썩했다.

4차원의 시공간 속으로 : 알베르트 아인슈타인

●

이중원

뉴턴적 세계관을 허물어뜨린 20세기 과학 혁명

17세기 과학 혁명에 아이작 뉴턴이 있었다면, 20세기 과학 혁명에는 알베르트 아인슈타인이 있다. 근대 과학 혁명을 완결 짓고 고전 물리학을 확립하여 이후 모든 과학들의 전형을 창출한 사람이 뉴턴이었다면, 아인슈타인은 300년간 지속되어 온 뉴턴 패러다임을 종식시키고 20세기 현대 과학의 새로운 패러다임을 열었다.

지금부터 100여 년 전인 1905년, 아인슈타인은 지난 세기의 과학의 연구 성과들을 송두리째 뒤흔들 세 편의 논문을 스위스 《물리 연감》에 발표하였다. 광양자(photon) 가설†, 브라운 운동(Brownian motion) 이론†, 그리고 특수 상대성 이론이 바로 그것이다. 당

알베르트 아인슈타인(Albert Einstein, 1879~1955)_ 20세기 현대 과학의 새로운 패러다임을 연 아인슈타인. 아인슈타인의 이론은 3세기 동안 근대인의 머릿속을 지배하던 세계관을 허물어뜨렸다.

시 아인슈타인은 아직 박사 학위를 받지 못했고 뛰어
난 학문 업적도 없었으며, 스위스 특허국에서 검사관
으로 열심히 일하던 스물여섯의 젊은 청년이었다. 아
인슈타인의 이 논문들을 읽어 본 저명한 물리학자 루
이 드브로이는, "한밤의 어둠 속에서 번쩍이는 로켓
이 광대한 미지의 영역에 짧지만 강력한 광채를 갑자
기 드리웠다"고 술회하였다. 이 논문들이 고전 물리
학에서 상상할 수조차 없었던 혁명적인 내용을 담고
있음을 표현한 것이다.

루이 드브로이(Louis Victor de Broglie, 1892~1987)_ 양자(量子)에 관한 이론적 연구를 수행한 물리학자로, 1924년 「양자론의 연구」라는 논문에서 물질입자인 전자(電子)도 파동으로서의 성질을 가진다는 물질파(物質波, 드브로이파) 이론을 제시하였다. 이에 기반한 양자론 연구 업적으로 그는 1929년에 노벨 물리학상을 받았다.

　그러나 그 가운데서도 20세기 현대 물리학의 새로
운 출발을 예고함은 물론, 이후의 철학 사상에도 심
대한 영향을 끼친 것은 뭐니 뭐니 해도 상대성 이론
이다. 상대성 이론은 1905년 발표된 특수 상대성 이
론(논문의 원제목은 「움직이는 물체의 전기역학에 관하여」이
다)과 1916년에 이를 등속도 운동이 아닌 가속도 운동으로까지
일반화한 일반 상대성 이론으로 이루어져 있다. 상대성 이론은
20세기 현대 물리학의 발전에 지대한 영향을 끼쳤다. 상대성 이

---

† 빛이 광양자라는 입자들로 구성되어 있다는 가설로, 그동안 당연하게 받아들여져 왔던 빛의 파동성과 함께 빛
의 입자성을 옹호한다. 또한 빛 에너지의 변화가 불연속적임을 함축하고 있는데, 특정한 에너지를 지닌 광양자들
이 유입 혹은 방출될 때마다 불연속적인 방식으로 빛 에너지의 값이 변화할 것이기 때문이다. 에너지의 불연속적
인 변화는 과거에는 상상하기조차 어려웠던 생각이었다.
‡ 비평형상태에 있는 액체나 기체 속의 미세한 입자들은 끊임없이 서로 충돌하며 불규칙한 운동을 한다는 이론이
다. 아인슈타인은 이러한 불규칙한 요동운동을 어떻게 통계적으로 설명할 것인가라는 문제에 관심을 갖고, 비평형
통계이론을 발전시켰다.

론은 뉴턴의 만유인력 법칙을 중력장(gradvitational field)[†]의 물리학으로 한 단계 발전시켜 우주론이라는 새로운 탐구 영역을 개척했고[‡], 그동안 개념적으로 매우 혼란스러웠던 입자와 장, 질량과 에너지, 그리고 물질과 운동 사이의 관계를 매우 명확하게 정립하였다[††].

당시 상대성 이론의 성공에 대한 일반 대중들의 반응이 얼마나 뜨거웠는가를 보여 주는 하나의 일화가 있다. 1919년 11월 7일, 영국의 《더 타임스》는 "과학의 혁명" 또는 "뉴턴주의는 무너졌다"라는 제목의 머릿기사를 냈다. 아인슈타인의 일반 상대성 이론이 영국 과학자들의 천체 관측에 의해 입증되었음을 대서특필한 기사였다. 1차 세계대전이 한창 진행 중이던 1916년, 특수 상대성 이론이 발표된 지 11년째 되던 해에, 아인슈타인은 일반 상대성 이론을 발표하면서 이 이론을 검증해 줄 세 가지

[†] 지구가 물체에 미치는 중력은 지구와 물체가 우주에서처럼 서로 떨어져 있어도 작용하는데, 이유는 지구가 가지는 질량 때문이다. 이 질량으로 인하여 지구의 중력이 지구와 떨어져 있는 물체에 영향을 미치는 공간을 지구의 중력장이라고 한다.

[‡] 20세기에 들어와 전파망원경이 만들어지면서 우주에 관한 수많은 관측 자료들이 축적되었고 이에 따라 천체 현상에 관한 객관적인 사실에 바탕을 둔 엄밀 과학으로서 우주론이 발달하기 시작하였다. 특히 1929년 허블(E. Hubble)에 의하여 밝혀진 우주의 팽창은 현대 우주론의 발판이 된 중요한 사실인데, 이 관측 사실에 대한 이론적 설명의 중요한 출발점이 된 것이 바로 아인슈타인의 일반 상대성 이론에서 제시된 중력장 방정식이다. 중력장 방정식은 우주를 구성하는 물질들의 밀도와 우주 공간의 기하학적 구조를 연결 짓는 방정식으로서, 우주 공간의 팽창 속도를 결정하게 해 준다. 이에 기반하여 현대 우주론에서는 우주의 기원과 팽창, 은하와 별의 형성과 변화 메커니즘 등을 다룬다.

[††] 아인슈타인은 물질의 운동으로 발생하는 (운동) 에너지가 바로 물질의 질량으로 바뀔 수 있고 그 역도 가능하다는, 이른바 질량-에너지 등가원리를 주장하였다. 이는 특수 상대성 이론의 결과인데, 물질의 운동에 따라 물질의 질량이 변화할 수 있음을 의미하는 것으로서, 물질의 질량을 물질의 고유한 불변적 성질로 간주했던 전통적인 뉴턴적 사고를 부정하고 있다.

가능한 관측 사례들도 함께 제시했다. 그 중 하나가 바로 "빛이 중력장 속에서 휜다"는 것이었다. 이는 예전에 그 누구도 상상하지 못했던 생각이다. 빛은 언제나 직진하는 것으로 알려져 있었기 때문이다. 그러나 1919년 영국의 과학자들은 개기일식 때, 태양 저편의 별빛이 태양을 지나 지구로 오는 과정에서 태양 중력에 의해 휜다는 사실을 직접 관측하였다.

1919년 영국의 과학자들이 찍은 개기일식 사진. 이 사진으로 빛이 중력장의 영향을 받아 휜다는 사실이 증명되었다.

아인슈타인의 일반 상대성 이론이 예측한 대로 말이다. 이 일이 있은 후로 아인슈타인은 일약 대중적인 유명인사가 되었다.

시간과 공간은 긴밀히 연결되어 있다

한편 상대성 이론은 시간·공간이라는 세계에 관한 우리의 중요한 관념의 일부를 근본적으로 바꾸어 놓았다. 일반적으로 상대성 이론이란 관찰자가 정지해 있지 않고 등속 운동(특수)이나 가속 운동(일반)을 하는 경우에, 물체의 운동을 기술하는 물리학의 기본 이론으로 알려져 있다. 가령 다음의 사고 실험을 생각해 보자. 버스를 타고 있는 관찰자 ㄱ씨가 버스 안에서 공을 바로 위로 던졌다고 해 보자. 이때 버스가 등속 운동을 하고 있었다면, 그 공은 관찰자 ㄱ씨의 입장에서 볼 때 위로 올린 공이 다시 제자리로 떨어지는 수직 직선 운동을 하는 것으로 나타날 것이다. 그러나 이 동일한 상황을 버스 밖에 서 있던 관찰자 ㄴ

씨가 보았다면, 포물선 운동을 하는 것으로 관측된다. 즉 관찰자가 어떤 운동 상황에 처해 있느냐에 따라, 물체의 운동 양상 (현상적 측면)이 다르게 나타난다. 그런데 공의 운동을 지배하는 물리법칙(본질적 측면), 곧 중력법칙에는 변함이 없다.

이제 이 상황을 시간-공간의 문제와 연결하기 위해, 공의 운동을 수학적으로 서술해 보자. 관찰자 ㄱ씨는 자신이 중심인 시간-공간 좌표계를 설정하여 공의 운동을 수직 운동으로 그려낼 것이며, 관찰자 ㄴ씨는 그 자신이 중심인 새로운 시간-공간 좌표계에서 포물선 운동으로 그려낼 것이다. 그러나 이들 모두는 동일한 자연법칙의 지배를 받는 운동이므로 두 운동이 일관성을 가지려면, 두 시간-공간 좌표계들 사이에 어떤 연관규칙(또는 변환규칙)이 있어야 한다. 즉 관찰자 ㄱ씨의 시간-공간과 관찰자 ㄴ씨의 시간-공간 사이에 특정한 방식의 연관 관계가 성립해야 한다.

특수 상대성 이론이 제공하는 이 연관 규칙으로부터, 시간과 공간에 관한 존재론적 의미를 다음과 같이 얻을 수 있다. 첫째 시간과 공간은 서로 긴밀히 연관되어 함께 변한다는 것이다. 공간적 위치가 달라지면 시간적 흐름도 따라 달라진다. 이처럼 공간과 시간은 서로 분리·독립되어 있지 않고, 하나의 덩어리를 구성하고 있다. 따라서 아인슈타인은 시간과 공간을 따로 둘 필요 없이 이들을 묶어 4차원의 시-공간(space-time)으로 간주한다. 이는 우리가 살아가고 있는 일상에서의 시간, 공간 개념과 다르다.

〈정지해 있을 때〉　　　　　　　〈빠르게 움직일 때〉

특수 상대성 이론에서 자동차가 빠른 속도로 움직이면 자동차가 수축되어 보이는 현상을 보여주는 시뮬레이션.

　둘째 시간과 공간은 물체의 운동에 따라 달라진다. 즉 물체의 운동에 상대적이다. 가령 여의도 광장을 (보다 더) 빠르게 질주하는 관찰자에게 시간은 (보다 더) 더디 가고, 질주 방향과 평행하게 놓여 있는 63빌딩의 가로 길이는 (보다 더) 수축되어 보인다. 이는 시간과 공간이 물질세계와 무관하게 선재(先在)하거나 이의 변화에 상관없이 불변하는 어떤 절대적인 존재가 아니라, 물질세계의 운동에 의존하는 운동 상대적인 것임을 분명히 한다. 한편 아인슈타인의 시-공간 개념 안에는 모든 사람들에게 공통적인 '현재' 시점이란 존재하지 않는다. 즉 객관적이고 절대적인 의미를 갖는 '현재'란 없다. 다만 '관찰자 ㄱ씨의 현재'나 '관찰자 ㄴ씨의 현재'만이 있을 뿐이며, 이 '현재'들이 반드시 동시적일 필요는 없다.(동시의 상대성)

　일반 상대성 이론에 오면 이러한 상황은 한층 심화된다. 시-공간의 본질은 물체의 운동뿐만 아니라 물체들의 물질적 분포와도 밀접한 관련을 가진다. 실제로 중력에 의해 그 주위의 시

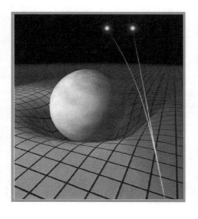

태양과 같이 질량이 무거운 물체에는 공간이 휘어진다는 것을 보여주는 그림. 이는 유클리드 기하학의 공리가 적용되지 않는 공간의 존재를 잘 보여 준다.

공간은 뒤틀리고 휘어진다. 일반 상대성 이론의 기하학적 특성은 무한히 평평한 공간을 다루는 유클리드 기하학이 아니라, 휜 공간을 다루는 비유클리드 기하학에 의해 올바로 기술될 수 있다. 가령 블랙홀 주위의 시공간과 태양 주위의 시공간은 다른데, 이는 시공간의 기하학적 구조가 물질적 분포로부터 규정되기 때문에 그러하다. 시간과 공간에 관한 이러한 새로운 관념은 우주의 본질에 대한 새로운 이해의 가능성을 열어 놓았다.

과학 혁명, 일상인들의 삶과 세계관을 바꾸다

우리의 삶 속에서 시간·공간만큼이나 우리와 가장 밀접한 관련을 가지면서도, 그것의 본질이 진정 무엇인가에 대해 무관심하거나 무지한 것도 그리 흔치 않을 것이다. 아마도 시공간의 본질을 우리가 알건 모르건, 우리의 생활에 어떤 불편함이나 변

아인슈타인의 『나의 비망록』(1949) 중에서

순전히 기하학적인 기술의 관점에서 본다면, 모든 공간 좌표계들은 자기들끼리 논리적으로 등치이다. 그런데 (뉴턴의) 역학 방정식들은 그러한 좌표계들 가운데 특정한 것, 곧 관성계에 대해서만 정당성을 주장할 수 있다. 따라서 특정한 것을 선택할 필요성을 정당화하기 위해서는, 역학 이론이 관심을 갖는 대상들—질량, 거리—의 바깥에 놓여 있는 다른 어떤 것을 살펴 볼 필요가 있다. 이런 이유로 뉴턴은 "절대공간"을 본래부터 결정되어 있는 것으로, 즉 모든 역학적 사건에 현재하는 능동적 참여자로 아주 명시적으로 도입했다. 그는 "절대적"이라는 말을 질량이나 운동에 의해 명백히 영향 받지 않는다는 것으로 이해했다. 그런데 이러한 상황은 특별히 불쾌해 보이는데, 그것은 다른 모든 물체에 비해 특별한 취급을 받는 관성계가 서로에 대해 일정한 속도로 움직이는 방식으로 무수히 많이 존재한다는 사실 때문이다.

(중략)

특수 상대성 이론이 어느 정도까지는 물리적 연속체의 4차원성을 처음으로 발견했다거나, 또는 새로이 도입했다고 하는 것은 널리 퍼진 오류이다. 물론 결코 그렇지 않다. 고전 역학 역시 시간과 공간의 4차원 연속체에 근거한 것이다. 그러나 고전 물리학의 4차원 연속체에서는 일정한 시간 값을 가진 부분 공간들이 기준계의 선택과 무관하게 절대적 실재성을 가진다. 이 사실 때문에 4차원 연속체는 자연스럽게 3차원과 1차원(시간)으로 나뉘고, 4차원적인 관점은 필연적이지 않게 된다. 반면 특수 상대성 이론은 공간좌표와 시간좌표가 자연법칙에 개입하는 방식에서 상호 형식적으로 의존하도록 만들어 낸다.

화도 일어나지 않는다고 생각했기 때문이리라. 그러나 시간과 공간이 무엇인가라는 질문은 실은 인간의 아주 오래된 주제 가운데 하나다. 자연에 대한 과학적 인식이 확립된 근대 이전에도, 사람들은 대체로 물체가 존재하고 운동이 가능하기 위한 공허한 장소로서 공간을 생각하였고, 시간은 공간과는 분리 독립된 것으로 바라보았다. 그리고 물질이 존재하지 않더라도 공간과 시간은 자체로 존재할 것이라고 생각하였다. 이러한 사고는 유클리드 기하학을 통해 공간의 특성을 엄밀하게 분석하면서, 그리고 그것이 우리의 일상적인 경험과 충돌하지 않는다는 경험적 판단 등에 힘입어 매우 일반적인 것으로 받아들여졌다. 더욱이 뉴턴의 고전 물리학이 시간 · 공간에 관한 이 같은 전통적 관념을 토대로, 자연 현상을 매우 성공적으로 설명해 냄으로써 그러한 생각은 한층 더 굳어졌다고 할 수 있을 것이다. 이런 배경 때문에 자연에 대한 과학적 인식이 획기적으로 발전한 20세기 초에 와서도, 시간과 공간에 관한 이 같은 전통적 이해는 쉽게 변화하거나 부정되지 않고 있었다 해도 과언이 아니다. 실제로 아인슈타인의 특수 상대성 이론을 쉽게 받아들이지 못했던 당시 많은 과학자들에게서도, 이런 모습이 분명 존재했으리라는 것을 우리는 충분히 추정해 볼 수 있다.

그러나 상대성 이론의 성공은, 우리가 아무리 일상생활에서 그러한 일상적인 관념들의 문제점을 느끼지 못한다 하더라도, 심지어 일상적 관념이 우리의 일상생활에 훨씬 더 유용한 것으로 선택된다 하더라도, 그것은 잘못된 관념임을 분명하게 보여

주고 있다. 이는 또한 시간 · 공간을 포함하여 자연에 관한 우리
의 관념들이 새로운 과학 이론의 등장 및 성공에 따라 언제라도
변화할 수 있음을 여실히 보여주는 것이기도 하다. 이처럼 상대
성 이론의 등장은 우리가 당연하게 여기고 있던 일상의 개념
체계를 송두리째 뒤흔들어 놓았을 뿐 아니라, 새로운 개념
체계로 우리를 안내해 주었다. 나아가 개념 체계의 변화가 자
연에 대한 인식의 지평을 새롭게 넓혀 준다는 점도 함께 일깨워
주었다.

≡ 더 읽어볼 만한 자료들 ══════════════════════════

『E＝mc²』(생각의 나무, 2005), 데이비드 보더니스 지음, 김민희 옮김
『아인슈타인의 나의 세계관』(중심, 2003), 알베르트 아인슈타인 지음, 홍수원 외 옮김

http://www.westegg.com/einstein/
아인슈타인의 온라인 페이지로 아인슈타인의 글, 사진, 평, 유용한 사이트 등이 소개되어
있다.
http://www.alberteinstein.info/
아인슈타인 아카이브
http://www.humboldt1.com/~gralsto/einstein/einstein.html
아인슈타인 홈페이지

유클리드 기하학과 비유클리드 기하학

유클리드 기하학은 그리스의 수학자 유클리드가 『원론』에서 전개한 10개의 공리 및 공준, 또는 이 체계를 수정(평행선의 공준의 대치)한 것을 바탕으로 한 점·선·각·표면·입체 등에 대해 연구한 내용을 말한다. 유클리드 기하학은 공간에 대한 수학으로서의 내용만큼이나 유클리드가 수학을 소개하고 발전시키기 위해 사용했던 체계적인 연역적 방법으로 유명하다.

특히 유클리드의 제5공리 "직선 밖의 한 점 P를 지나고 그 직선과 만나지 않는 직선은 점 P와 주어진 직선을 포함하는 평면에서 오직 하나이다"는 이후 비유클리드 기하학이 탄생할 수 있는 근거를 제공했다. 유클리드 기하학에서는 직선 밖의 한 점을 지나 그 직선과 만나지 않는 직선은 하나밖에 없다는 것을 가정하고 있다. 즉, 평행선은 아무리 연장하여도 만나지 않는다고 가정하고 있는데, 19세기에 들어와서는 이 가정을 부정해도 유클리드 기하학의 다른 정리와 모순을 일으키지 않는다는 사실이 밝혀지게 되었다. 그래서 야노스 보여이(János Bolyai), 니콜라이 로바체프스키(Nikolay Lobachersky)는 직선 밖의 한 점을 지나는 직선은 무한히 있다고 가정하여 유클리드 기하학의 나머지 공리와 결합시켜 새로운 기하학을 세울 수 있었다.

비유클리드 기하학이라는 명칭은 가우스가 처음으로 사용하였는데, 당시에는 그 의미를 엄밀하게 정의하기 쉽지 않았다. 크리

유클리드(Euclid) BC300년경 활동한 그리스 수학자. 그의 『원론』은 플라톤의 수학론을 기초로 한 것으로 기하학의 경전으로 꼽힌다.

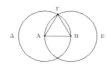

Ἐπὶ τῆς δοθείσης εὐθείας πεπερασμένης τρίγωνον ἰσόπλευρον συστήσασθαι.

Ἔστω ἡ δοθεῖσα εὐθεῖα πεπερασμένη ἡ ΑΒ.

Δεῖ δὴ ἐπὶ τῆς ΑΒ εὐθείας τρίγωνον ἰσόπλευρον συστήσασθαι.

Κέντρῳ μὲν τῷ Α διαστήματι δὲ τῷ ΑΒ κύκλος γεγράφθω ὁ ΒΓΔ, καὶ πάλιν κέντρῳ μὲν τῷ Β διαστήματι δὲ τῷ ΒΑ κύκλος γεγράφθω ὁ ΑΓΕ, καὶ ἀπὸ τοῦ Γ σημείου, καθ᾽ ὃ τέμνουσιν ἀλλήλους οἱ κύκλοι, ἐπὶ τὰ Α, Β σημεῖα ἐπεζεύχθωσαν εὐθεῖαι αἱ ΓΑ, ΓΒ.

Καὶ ἐπεὶ τὸ Α σημεῖον κέντρον ἐστὶ τοῦ ΓΔΒ κύκλου, ἴση ἐστὶν ἡ ΑΓ τῇ ΑΒ· πάλιν, ἐπεὶ τὸ Β σημεῖον κέντρον ἐστὶ τοῦ ΓΑΕ κύκλου, ἴση ἐστὶν ἡ ΒΓ τῇ ΒΑ. ἐδείχθη δὲ καὶ ἡ ΓΑ τῇ ΑΒ ἴση· ἑκατέρα ἄρα τῶν ΓΑ, ΓΒ τῇ ΑΒ ἐστὶν ἴση. τὰ δὲ τῷ αὐτῷ ἴσα καὶ ἀλλήλοις ἐστὶν ἴσα· καὶ ἡ ΓΑ ἄρα τῇ ΓΒ ἐστὶν ἴση· αἱ τρεῖς ἄρα αἱ ΓΑ, ΑΒ, ΒΓ ἴσαι ἀλλήλαις εἰσίν.

Ἰσόπλευρον ἄρα ἐστὶ τὸ ΑΒΓ τρίγωνον, καὶ συνέσταται ἐπὶ τῆς δοθείσης εὐθείας πεπερασμένης τῆς ΑΒ.

[Ἐπὶ τῆς δοθείσης ἄρα εὐθείας πεπερασμένης τρίγωνον ἰσόπλευρον συνέσταται]· ὅπερ ἔδει ποιῆσαι.

유클리드의 『원론』에 나오는 기하학 공리 증명 부분

스티안 F. 클라인(Christian F. Klein)은 가우스와 보여이 및 로바체프스키의 기하학을 쌍곡선 기하학, 이를 다소 수정한 리만 기하학을 타원 기하학이라 하였고, 이들 두 새로운 기하학을 합하여 포물선 기하학이라고 하였다. 유클리드 기하학에서는 삼각형의 내각의 합은 180°가 되나 쌍곡선 기하학에서는 그보다 작게 되며, 타원 기하학에서는 그보다 커진다. 또 비유클리드 기하학의 대상이 되는 공간을 비유클리드 공간이라 한다.

비유클리드의 기하학의 발견은 19세기 수학사상 가장 중요한 사건의 하나로 볼 수 있다. 비유클리드 기하학의 발견은 공리를 자명한 명제로만 여겨왔던 기존의 사고방식에 혁명적인 변혁을 가져왔으며, 사상사에 있어서도 진화론이나 상대성 이론의 탄생과도 비견되는 것으로서 물리적 세계에 대한 인간의 생각을 급변시켰다.

우리는 세계를 완벽하게 알 수 없다: 양자 이론

●

이중원

세계는 우연적이고, 불연속적이고, 확률적이다

20세기 현대 과학의 혁명, 특히 현대 물리학의 발전에 상대성 이론 못지않게 커다란 영향을 미친 이론이 있다. 바로 양자 이론이다. 양자 이론은 미시 세계의 사물들이 거시 세계의 그것과 달리 불연속적이고 확률적인 방식으로 존재하고 운동한다는 충격적 내용을 던져 주었다. 300년 이상 지속되어 온 뉴턴 패러다임이 완벽하게 해체되는 순간이다.

　뉴턴은 자연을 하나의 거대한 기계, 즉 인과적이고 결정론적인 관계들에 따라 움직이는 거대한 기계와 같다고 생각하였다. 뉴턴이 보기에 이 우주는 신의 완벽한 창조물로서 규칙적이고 조화로운 존재자이며, 따라서 자연법칙에 의해 언제나 정확하고 완벽하게 예측될 수 있는 것이다. 또한 뉴턴은 "자연을 수학

의 언어로 씌어진 교과서"로 보고 이 같은 결정론적 우주를 수
학(언어)을 통해 완벽하게 그려낼 수 있다고 믿었다. 자연을 수
학적으로 분석한다는 것은, 단순히 경험 현상을 설명하고 예측
한다는 도구적 유용성의 차원을 넘어서서 존재 그 자체를 그려
낸다는 존재론적 의미를 지니는 것이었다. 그 누구도 심지어 아
인슈타인조차도 신의 완전함, 그 신이 창조한 우주의 결정론적
속성, 그리고 수학을 통해 이 우주를 완전하게 그려낼 수 있다
는 뉴턴의 믿음을 의심하지 않았다.

그런데 20세기 초에 새로이 등장한 양자 이론은 이러한 믿음
들을 근본부터 뒤흔들어 놓았다. 양자(量子, quantum) 개념은 빛
에너지가 고전적인 경우처럼 연속적으로 변화하는 어떤 연
속체가 아니라, 띄엄띄엄 불연속적으로 존
재하는 에너지 양자로 되어 있다는 막스 플
랑크(Max Planck, 1858~1947)의 주장에서 출
발하였다. 1900년 독일의 물리학자 플랑크는,
19세기 말에 쏟아진 빛의 복사 현상에 관한
실험 결과들을 고전 이론들이 설명하지 못하
자, 이들을 설명할 수 있는 새로운 이론을 제
안하였다. 이 과정에서 플랑크는 이 같은 양
자 개념을 가정하면서, 이는 단지 수학적 기
교일 뿐 물리적 의미가 전혀 없다고 강변하였
다. 플랑크는 이러한 주장을 굽히지 않고 끝
까지 관철시켰고, 그래서 평생 자신의 양자

플랑크와 아인슈타인_ 플랑크와 아인슈타인은
양자역학의 발전에 중요한 기여를 했으면서도
이론이 함축하는 불완전한 세상을 불편하게 생
각했다.

고전 역학과 양자 역학의 세계의 차이를 상징적으로 표현하고 있는 그림. 양자 역학의 세계는 일정한 확률(가능성) 혹은 잠재성의 상태로 존재한다.

개념에서 발전한 완성된 양자 이론을 받아들이지 않았다. 역사적 아이러니가 아닐 수 없다. 반면 아인슈타인은 1905년 광양자(光量子) 가설을 통해, 플랑크와는 달리 빛이 실재하는 입자로 구성되어 있음을 강력하게 옹호하였다. 이처럼 아인슈타인은 초기에 양자가 실재하는 입자임을 확립하는 데 결정적인 역할을 하였다. 그렇지만 아인슈타인 역시 이후 두 가지 이유를 들어 양자 이론 자체를 늘 못마땅하게 생각하였다.

양자 이론에 따르면 우연 또는 확률, 곧 예측 불가능성이 이 우주를 지배하게 된다. 즉 양자 이론은 비록 우리가 우주의 현재 상태를 완벽하게 알고 있다 하더라도, 미래의 상태가 무엇인가에 대해서는 오직 확률적 예측만이 가능하다고 주장한다. 이는 결정론적 사고에 대한 전면 부정이다. 또한 올바른 과학 이론이라면 우주를 실재하는 그대로 완벽하게 그려낼 수 있어야 하는데, 양자 이론은 그러지 못하다는 것이다. 이것이 바로 아인슈타인이 양자 이론을 못마땅하게 생각했던 이유들이다. 그렇다면 도대체 양자 이론이 어떠하기에 이러한 불만들이 터져 나오게 되었는가?

지킬 박사도 아니고 하이드도 아닌 '중첩상태'

양자 이론이 사물의 운동 또는 현상을 서술하는 방법은 고전 역학의 그것과 매우 다르다. 하나의 사고 실험을 통해 비유적으로 살펴보자. 영화 〈지킬 박사와 하이드〉에서 주인공 '갑'은 어떤 때는 '지킬 박사'로, 어떤 때는 괴물 '하이드'로 나타난다. 이러한 상황은 고전 역학의 관점에서 다음과 같이 설명된다. '갑'이 설령 어떤 법칙에 의해 '지킬 박사'에서 '하이드'로, 혹은 '하이드'에서 '지킬 박사'로 자유롭게 변신할 수 있다 하더라도, 실제로 '갑'의 상태로서 언제나 허용 가능한 것은 둘 가운데 하나, 곧 '지킬 박사' 아니면 '하이드' 중 하나다. 사람들이 '갑'을 직접 관찰하건 하지 않건, 그 어느 순간에도 둘이 동시에 '갑'의 상태를 구성하는 데 참여할 수는 없다. 즉 '갑'이 동시에 두 상태를 아우를 수는 없다. 그러나 양자 이론의 관점은 이와 매우 다르다.

우선 우리가 실제적인 경험세계 안에서 '갑'을 직접 관찰하였다면, 그 순간 우리에게 목격된 '갑'의 모습은 '지킬 박사' 아니면 '하이드' 둘 가운데 하나다. 사실상 일상의 경험세계에서 충분히 확인할 수 있듯이, 우리의 경험 가능한 영역 안에서 '갑' 은 '지킬 박사' 아니면 '하이드' 둘 가운데 하나의 모습으로만 존재하기 때문이다. 달리 말해 '지킬 박사' 아니면 '하이드' 의 모습만이 우리에게 경험 가능하다고 할 수 있다. 이에 관한 한 고전 역학의 관점과 양자 역학의 관점이 다르지 않고, 또 다를 수 없다. 그러나 이러한 경험 가능한 영역을 벗어나 생각해 보면, 가령 '갑' 은 사람들에 의해 목격(경험)되기 전에 진정 어떤 모습으로 존재하고 있는가를 생각해 보면, 양자 이론의 관점은 고전 역학의 그것과 매우 다름을 알 수 있다. 경험되기 전의 '갑' 의 상태는 사실상 (이론을 통해) 추상적으로 추론되거나 규정될 수밖에 없는데, 이를 양자 역학의 관점에서 순전히 이론적으로 표현해 보면, '갑' 의 상태는 보통 '지킬 박사' 와 '하이드' 모두가 잠재적인 가능성으로 동시에 존재하는 복합 상태로 표현된다.† 그러니까 '지킬 박사' 와 '하이드' 각각이 (고전 역학의 경우와 달리) 일정한 확률(가능성) 혹은 잠재성을 갖고 '갑' 의 상태 구성에 동시에 참여하는 것이다.

---

† 이를 물리학에서는 흔히 '포갬상태' 혹은 '중첩상태' 라고 부른다. 이는 '지킬 박사' 와 '하이드' 가 잠재적인 가능성으로 동시에 공존하는 상태라고 달리 말할 수 있다. 그러나 이의 구체적인 물리적 존재 형태가 무엇인지는 알 수 없다. 다만 분명한 것은 이러한 복합적인 가능 상태는 단순히 반인반수(半人半獸)와 같이 '지킬 박사' 와 '하이드' 가 반쪽씩 혼합된 물리적 상태와는 거리가 멀며, 언제라도 '지킬 박사' 의 모습 혹은 '하이드' 의 모습을 온전히 산출할 수 있는 능력(혹은 가능성)을 지니고 있는 상태로 이해되어야 한다는 점이다.

거시 세계와 미시 세계를 보는 서로 다른 방법: 상보성의 원리

바로 여기에 양자 역학의 첫 번째 난해함이 숨어 있다. '갑'이 문제의 복합 상태에 있을 때 '갑'의 실제 모습이 구체적으로 무엇인지, 달리 말해 양자 역학적인 복합 상태가 물리적으로 (자연에 실재하는 것들 가운데) 어떤 존재에 대응되는지 알 수가 없다는 점이다. 이 문제와 관련하여 1935년 아인슈타인, 포돌스키, 로젠은 "양자 이론은 물리적 실재를 완전하게 기술할 수 있는가?"라는 논문에서 양자 역학의 주요 개념들이 물리적인 실재들을 제대로 표현하지 못한다고 비판하였다.[†] 즉 양자 이론이 현상을 성공적으로 설명한다는 면에서 틀리거나 잘못된 이론은 아닐지라도, 실재를 완전하게 표현하지 못한다는 면에서 불완전한 이론이라고 비판하였다. 어떤 이론이 완전하다면 이론 안에 들어 있는 언어적 표상들이 실제로 존재하는 그 무엇을 지시해야 하는데, 양자 이론 내에는 그러한 지시가 불명료한 언어적 표상들이 존재하므로 결국 양자 이론은 불완전하다는 주장이다.

그러나 30여 년 동안 양자 이론의 구축과 완성에

닐스 보어(Niels Bohr, 1885~1962)_ 덴마크 코펜하겐 출생의 물리학자로 20세기 초에 등장한 양자 이론의 고전적 형태를 사실상 완성시킨 사람이다. 러더퍼드(Ernest Rutherford)가 제안한 원자의 핵 모형에 플랑크의 양자 가설을 적용하여 원자 이론을 세웠고, 이를 통해 수소의 스펙트럼 계열을 성공적으로 설명하였다. 이 보어의 원자 이론이 후에 양자 역학으로 발전하였다. 1922년 원자구조론 연구 업적으로 노벨물리학상을 받았다.

[†] A. Einstein, B. Podolsky, N. Rosen, "Can Quantum Mechanical Description of Physical Reality be considered Complete?" *Physical Review* 47 (1935), 777~780. 이 논문은 흔히 저자들의 이름 앞 글자만을 따서 EPR 논문이라고도 불린다.

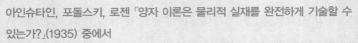

아인슈타인, 포돌스키, 로젠 「양자 이론은 물리적 실재를 완전하게 기술할 수
있는가?」(1935) 중에서

물리 이론을 진지하게 고찰하려면 어떤 이론에 대해서 독립적인 객관
적 실재와 이론이 작용하기 위해 필요한 물리적 개념들 간의 차이를 고
려해야만 한다. 이 개념들은 객관적 실재에 부합하도록 의도되었고, 이
개념들에 의해 우리는 실재를 상상해 보게 된다.

어떤 물리 이론이 성공적인가를 판단하려고 한다면 우리는 다음 두 질
문을 자문해 볼 수 있을 것이다. (1) '그 이론은 옳은가?' 그리고 (2)
'그 이론이 하고 있는 설명은 완전한가?' 이 두 질문 모두에 대해 긍정
적인 답을 할 수 있을 때에, 그 이론의 개념들이 충분하다고 말할 수 있
다. 이론의 정확함은 이론의 결론과 인간의 경험이 서로 어느 정도로
일치하는가에 의해 판단된다. 이 경험만으로도 우리는 실재에 관한 추
론을 할 수 있게 되는데, 물리학에서는 이 경험이 실험과 측정의 형태
를 취한다. 여기서 우리가 양자 역학에 적용해서 고찰하고자 하는 것은
이 두 번째 질문이다.

완전하다는 말에 부여된 의미가 무엇이든지 간에, 완전한 이론에 대한
다음의 요구사항은 필수적인 것처럼 보인다. 물리적 실재의 모든 요소
들은 그에 대응하는 요소(counterpart)가 물리 이론에 있어야만 한다.
우리는 이것을 완전성의 조건이라고 부른다. 물리적 실재의 요소들이
무엇인가를 우리가 결정할 수 있게 된다면, 두 번째 질문에 대한 답변
은 쉽게 얻어진다.

보어와 아인슈타인 아인슈타인은 양자 이론이 실재를 완전하게 표현하지 못한다는 면에서 불완전한 이론이라고 주장했다. 어떤 이론이 완전하다면 이론 안에 들어 있는 언어적 표상들이 실제로 존재하는 그 무엇을 지시해야 하는데, 양자 이론 내에는 그런 지시가 불명료한 언어적 표상들이 존재하므로, 결국 양자 이론은 불완전하다는 주장이다. 이에 반해 닐스 보어는 거시 세계와 미시 세계를 기술하는 다른 방법이 필요하다는 상보성의 원리를 제안했다.

힘써 온 코펜하겐 학파의 거장 닐스 보어는, 이 문제와 관련하여 1935년에 아인슈타인의 논문과 같은 제목으로 반박 논문을 발표하여 아인슈타인의 주장을 비판하였다. 보어는 우선 우리가 경험적으로 접근 가능한 거시 세계와 경험적인 접근이 쉽지 않은 원자들의 미시 세계를 구분하고, 각각의 세계에 대해 서로 다른 개념들과 표현 방식이 필요함을 역설하였다. 우리가 거시 세계에서 얻은 용어와 개념들로 미시 세계를 서술하려 할 때 그러한 용어들 자체에 근본적인 한계가 있을 수밖에 없다는 이유 때문이다. 그리고 이 간극을 해소하기 위해 그는 (특정한 영역에 국한된) "상호 배타적인 것들"을 상호 보완적으로 사용한다면 전체에 대해 충분히 완벽한 기술을 이끌어 낼 수 있다는 상보성 원리를 제안하였다. 결국 보어는 상보성 원리를 적용하여, 우리가 원자들의 영역 안에서 일어나는 현상을 양자 이론을 통해 완벽하게 기술할 수 있음을 주장한 것이다.

양자 역학과 관련한 두 번째 난해함을 살펴보기 위해 위의 복합 상태 개념을 시간에 따른 '갑'의 상태 변화에 적용해 보자. 예를 들어 오늘 아침 10시에 '갑'이 '지킬 박사'의 모습으로 '을'에 의해 목격되었다고 하자. 그리고 그 후 얼마 동안 아무도

책 속 으로

보어 「원자 물리학과 인간의 지식」(1955) 중에서

서로 다른 실험 상황에서 관측된 (배타적인) 현상들 간의 관계를 규정하기 위해 상보성이라는 용어가 도입되었는데, 그것은 이 같은 현상들이 함께한다면 원자들에 관한 정의 가능한 모든 정보들을 완벽하게 규명할 수 있음을 강조하고 있다. 상보성 개념은 기존의 물리적인 설명 방식을 버리기는커녕, 거기서 우리를 경험 세계에서의 관찰자로 직접 간주한다. 그런데 이 경험 세계 안에서는 현상 서술을 위한 개념들이 모호하지 않게 사용되기 위해 근본적으로 관찰 상황에 의존해야만 한다. 한편 고전 물리학의 개념 체계를 수학적으로 일반화함으로써, 작용 양자의 논리적 결합의 여지를 갖는 공식화도 가능해졌다. 이른바 양자 역학이라 불리는 이러한 시도는 잘 정의된 관찰 상황에서 얻은 증거들과 관련하여 통계적인 규칙성을 공식화하는 것을 목표로 한다. 그리고 원리적으로 이러한 서술의 완전함은 실험 조건들의 규정 가능한 변화를 포함하는 정도까지 고전 역학적인 관념들을 유지하는 데에 달려 있다.

그를 보지 못했다고 하자. 그렇다면 10시 이후 '갑'은 과연 어떤 상태에 있는 것일까? 고전 역학의 관점에서 보면 (누군가가 목격했건 목격하지 않았건) 10시 이후의 '갑'의 상태는 10시에 목격된 바와 같은 '지킬 박사'의 모습이거나, 아니면 중간에 어떤 과정을 거쳐 변신을 한 '하이드'의 모습이거나 둘 중의 하나다. 두 모습이 동시에 가능성으로 공존하는 것은 허용되지 않는다. 그러나 양자 역학의 관점에서 보면, '갑'의 상태는 누군가에 의해 목격되기 전까지는 '지킬 박사'와 '하이드'가 가능성으로 동시에 공존하는 복합적 가능 상태로 표현된다. 앞서 언급한 바와 같이 이 복합적 가능 상태에서 '지킬 박사'와 '하이드'는 각기 특정한 확률을 가지고 공존하고 있으므로, 결국 '갑'의 상태는 '지킬 박사'의 모습으로 나타날 확률이 얼마이고 '하이드'의 모습으로 나타날 확률이 얼마인 그러한 상태로 이해될 수 있다. 바로 여기서 현재 상태를 우리가 정확히 알고 있다 하더라도, 미래의 상태에 대해서는 오직 확률적인 예측만이 가능하다는 비결정론적 상황이 발생한다. 아인슈타인은 "신은 주사위 놀이를 하지 않는다"는 말로 이에 강하게 반발하였다.

리처드 파인먼(Richard Feynman, 1915~1988)_ 미국의 이론 물리학자로 1941~45년 미국 원자폭탄 계획에 참여하였고, 1965년에는 양자전기역학의 초기 공식화에 대한 부정확성을 수정한 연구로 노벨 물리학상을 수상하였다. 그는 어려운 과학 이야기를 명쾌하게 전달하는 과학의 전도사로 더 유명하다.

신비롭고 당혹스러운 양자 역학

이러한 논쟁적인 상황은 지금도 계속되고 있다. 그럼에도 불구하고 양자 이론이 굳이 위와 같은 방식으로

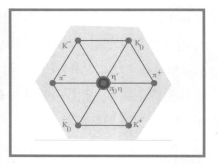

머레이 겔만(Murray Gell-mann, 1929~)과 팔중도 모형_ 겔만은 미국의 이론 물리학자로 양자 이론을 한층 심화시켰다. 1961년 수많은 소립자들을 8개씩 조(組)로 나눌 수 있다는 팔중도 모형(eightfold way model)을 발표하여 미지의 소립자를 예견하고 발견하였다. 또한 1964년에는 소립자가 보다 작은 쿼크(Quark)라는 입자들로 구성된다는 쿼크 이론을 발표하였다. 이 외에도 양자장 이론, 약한 힘에 대한 해명 등 여러 업적으로 1969년 노벨 물리학상을 수상하였다.

현상을 복잡하게 서술하는 이유는 어디에 있는가? 어떤 특별한 이유가 있는 것은 아니다. 그러한 방식으로 서술하면 고전 역학이 설명할 수 없었던 현상들을, 양자 이론은 모두 성공적으로 설명할 수 있다는 설명적 적합성(혹은 우월성)이 이유라면 이유다. 오늘날 양자 이론은 현상에 대한 설명력과 예측력에서 그리고 그 적용 범위에서 가장 성공적이고 진보한 이론으로 알려져 있다. 분자·원자·소립자와 같은 아주 미소한 대상들은 물론이고 고전 물리학이 적용되어 온 중간 크기의 대상들에 대해서조차, 그리고 최근의 양자 중력 이론에서 보듯 우주의 대상들에게까지 적용되는, 뛰어난 현상 설명력을 갖고 있다. 오늘날 양자 이론을 논하지 않고 현대 과학기술을 논할 수 없을 정도다.

그러나 앞의 논쟁에서도 보았듯이 이 같은 놀라운 성공에도 불구하고 양자 이론은 여전히 하나의 수수께끼다. 몇몇 저명한 물리학자들의 이야기가 바로 이러한 상황을 잘 표현해 주고 있다. 리처드 파인먼은 "나는 양자 역학을 이해하는 사람은 아무도 없다고 말해도 좋으리라 생각한다"고 말하였고, 머레이 겔만은 "양자 역학은 우리 가운데 누구도 제대로 이해하지 못하지만 우리가 사용할 줄 아는 무척 신비스럽고 당혹스러운 학문이다"라고 술회하였다. 앞서 언급했던 아이슈타인과 보어의 논쟁도 처음 제기된 이후 70여 년이 지난 지금에도 아직 끝나지 않았다. 사실상 이러한 논쟁들은 양자 이론의 성공과는 별개의 문제들이다. 이것들은 양자 이론 안에 담겨진 개념들의 의미, 양자 이론이 자연을 기술하는 방식, 양자 이론의 존재론적 기초, 확률에 대한 해석, 결정론과 비결정론의 조화, 새로운 논리학의 가능성 등 오히려 철학의 주요 문제들에 더 가깝다. 양자 이론의 태동이 20세기 철학의 발전에 큰 의의를 가지는 이유가 바로 여기에 있다.

≡ 더 읽어볼 **만한** 자료들

『물리 철학』(전파과학사, 1991), 막스 플랑크 지음, 이정호 옮김
『물리 법칙의 특성』(해나무, 2003), 리처드 파인먼 지음, 안동완 옮김
『부분과 전체』(지식산업사, 2005), 베르너 하이젠베르크 지음, 김용준 옮김

http://www.nbi.dk/NBA/webpage.html
닐스 보어 아카이브

수학적 세계에는 참이지만 증명 불가능한 명제가 있다: 쿠르트 괴델

●

이상욱

수학의 근본 문제와 씨름한 괴델

과학자 중에는 백신을 만들어 전염병과 싸우거나 물속에서 잘 분해되는 세제를 만들어 환경오염을 줄이는 것처럼 구체적인 목표를 가지고 특정한 문제를 풀려고 노력하는 사람이 많다. 이 점에 있어서는 수학자들도 예외는 아니다. 어떤 수학자는 유체역학에서 매우 중요한 편미분 방정식인 내비어-스톡스 방정식을 풀려고 노력하고, 또 다른 수학자는 오랫동안 풀리지 않았던 난제인 페르마의 정리를 증명하기도 한다. 하지만 수학자들은 보다 일반적인 방식으로 연구를 하기도 한다. 특정 문제의 해답을 직접 찾는 대신에 그 문제에 해답이 있는지 여부를 우선 알아내려고 노력하기도 하는 것이다. 일단 문제에 답이 존재한다는 점을 증명하고 나면 다른 수학자들이 그 답의 구체적인 모습을 찾아 나서게 된다.

수학자들은 이것보다 더 일반적인 연구를 하기도 하는데, 그것은 일정한 조건을 만족시키는 모든 문제에 대해 그것이 가지는 일반적인 특징을 알아내는 것이다. 예를 들어, 우리는 사람이 만들 수 있는 논리체계 중에서 일정한 정도의 복잡한 구조를 가진 모든 논리체계를 대상으로 그것이 정합적이거나 완전한

쿠르트 괴델(Kurt Gödel, 1906~1978)_ 괴델의 정리와 불완전성의 정리를 발표하여 논리학 및 수학 기초론에 큰 영향을 미쳤다.

지를 물어 볼 수 있다. 여기서 정합적이란 그 논리체계에서 모순이 발생하지 않는다는 의미이고 완전하다는 것은 참인 진술은 모두 증명 가능하다는 의미이다. 일견 너무도 추상적으로 보이는 이러한 물음으로부터 수학의 본성은 무엇인지, 수학과 논리학의 관계는 무엇인지, 그리고 인간의 마음은 기계와 어떻게 다른지와 같이 매우 근본적인 질문들에 한꺼번에 대답할 수 있다. 여기서 우리는 이런 엄청난 문제들과 씨름하고 자신의 이름이 붙은 불완전성 정리로 중요한 해답을 제시한 괴델이 왜 수학자와 철학자들에게 추앙받는지 그 이유를 이해할 수 있다.

비엔나 모임의 영향

쿠르트 괴델은 지금은 체코 공화국에 속하는 브르노의 유대인 가문에서 1906년 태어나 그곳에서 어린 시절을 보냈다. 브르노는 당시 오스트리아-헝가리 제국에 속한 모라비아의 수도로서

에른스트 마흐나 그레고르 멘델과 같이 과학 연구와 그에 대한 철학적 고찰에 중요한 기여를 한 사람들이 태어난 유서 깊은 도시이다. 괴델이 어린 시절을 보낸 브루노나 나중에 학창 시절을 보낸 비엔나 모두 제국의 주요 도시답게 풍부한 문화유산과 국제적인 감각이 생동하는 곳이었다. 이러한 지적, 문화적 분위기에서 성장한 괴델은 특별히 외국어에 큰 관심을 가지게 되었고 유창하게 할 수 있었던 독일어, 영어, 프랑스어는 물론이고 라틴어, 그리스어, 이탈리아어, 네덜란드어에도 상당히 실력을 가진 '국제인'이었다.

괴델은 1924년에 비엔나로 와서 대학 공부를 시작하게 되는데 당시 괴델이 심취한 분야는 철학, 물리학, 논리학, 수학 분야였다. 처음에 괴델은 이론물리학을 전공할 생각으로 한스 티링(Hans Thirring, 1888~1976)의 강의를 수강했다. 마침 이론물리학 강의가 열리던 건물 지하에는 수학연구소가 자리 잡고 있었는데 비엔나 대학에서 공부를 시작한 지 2년 후 괴델은 '아래층으로' 내려가기로 결정했다. 괴델이 수학으로 전공을 바꿀 결심을 한 데에는 비엔나 모임의 주요 구성원이었던 카를 멩거(Karl Menger, 1902~1985)와 한스 한(Hans Hahn, 1879~1934)의 집합론에 대한 강의의 영향이 컸다. 자연스럽게 괴델은 비엔나 모임의 학자가 쓴 저술에 관심을 갖게 되었고 슐리크나 카르납의 철학 강의를 수강하기도 했다.

괴델은 1926년부터 1929년까지 매주 목요일 저녁 수학연구소의 세미나실에서 이루어지던 비엔나 모임의 세미나에 정기적으로 참석하였다. 괴델은 수학적 구조와 언어의 형식적인 논리를 동일하게 생각한 카르납의 접근이나 말할 수 없는 것에 대한 언어의 한계를 탐구함으로써 세계가 존재하는 방식에 대한 한계까지 규정하려 한 비트겐슈타인의 언어관에 그다지 공감할 수 없었다. 훗날 괴델은 수학적 세계에 대해서는 참이지만 우리에게 허용된 형식적 방법을 통해서는 증명 불가능한 명제가 존재할 수 있다는 내용의 수학적 결론에 이르게 되는데, 이는 청년시절 자신이 비트겐슈타인과 비엔나 모임의 철학자들에 대해 남몰래 가졌던 반론이 결실을 보았다고 생각할 수도 있다.

결국 괴델은 물리학이나 철학보다는 수학과 논리학의 연구에 집중하게 되었고 1929년부터 수학연구소에서 열리는 카를 멩거의 세미나에 참석한다. 여기서 괴델은 당시 학계에서 이름을 날리던 여러 학자들, 특히 폴란드의 논리학자 알프레드 타르스키(Alfred Tarski, 1902~1983)와 헝가리의 박학다식한 수학자 폰 노이만과 만나게 된다. 멩거는《수학 콜로키움의 결과들》이라는 학술지를 발간하고 있었는데 괴델은 다수의 중요한 논문을 이곳에 출간하게 된다. 이상에서 알 수 있듯이 괴델의 두 불완전성 정리를 포함하는 학술적 업적은 괴델이 비엔나라는 독특한 지적 환경에서 단련되지 않았으면 결코 이룩될 수 없는 다학문적 성격의 것이었다. 이런 의미에서 괴델은

존 폰 노이만 (John von Neumann, 1903~1957)_ 폰 노이만은 에니악과 같이 새로운 프로그램을 수행할 때마다 수천 개의 스위치와 회로를 변경하는 방식이 아니라, 주기억 장치에 프로그램을 내장시켜 놓고 명령어를 하나씩 불러 실행시키는 당시로써는 혁신적인 방식인 컴퓨터 프로그램 내장방식을 제안하였다. 이 방식을 적용시킨 에드삭(EDSAC: Electronic Delay Storage Automatic Calculator)을 1949년에 만들었으며 이 방식은 오늘날 모든 컴퓨터 설계의 기본이 되고 있다. 튜링도 폰 노이만과 비슷한 생각을 보다 추상적인 튜링 기계의 형태로 제시하였다.

자신이 적극적으로 받아들인 영향이나 남몰래 의심을 품던 생각에 대한 대응 모두에서 철저하게 비엔나적이었다.

기본적인 논리체계의 완전성을 증명하는 것에서 시작

괴델은 학창시절 선배 교수와 학생들 모두에게 인기 있는 학생이었다. 멩거의 수학 세미나에서 괴델은 비상한 재능이 있다는 평가를 두루 얻고 있었고, 동료 학생들 사이에서는 예쁜 여학생과 열애를 즐기는 것으로 유명했다고 한다. 훗날 고독한 은둔주의자로 알려진 괴델의 청년시절이라고는 믿기지 않을 정도의 비엔나적인 삶이었던 셈이다. 괴델은 1928년 7월부터 랑게가세

괴델과 그의 아내였던 아델레 님부르스키

72번지의 집에서 살기 시작했는데, 맞은편 집에는 당시에는 사진작가의 부인이었지만 이후 괴델의 아내가 될 아델레 님부르스키 (Adele Nimbursky)가 살고 있었다. 괴델은 박사학위 논문을 준비하면서 이제는 이혼녀가 된 아델레와 오랜 연애를 했는데 결혼에 이르는 과정은 부모님의 격렬한 반대로 순탄치 않았다. 아델레는 괴델의 부모가 싫어할 만한 모든 특징을 가지고 있었다. 이혼녀에다, 카바레에서 일하는 댄서였으며, 괴델보다 여섯 살이나 많았고 마지막으로 하층민 출신 가톨릭 교도였다. 그럼에도 불구하고 괴델은 자신

의 연애생활과 부모님을 모시는 일을 곧잘 병행했던 것 같다. 1929년 괴델의 아버지가 돌아가시자 괴델의 어머니는 비엔나로 와서 괴델과 함께 살기 시작했고 괴델은 착한 아들답게 문화생활을 원하시던 어머니를 모시고 오페라 구경을 하러 다녔다.

괴델은 1930년 박사학위를 취득했는데 학위논문 주제는 일차술어 논리의 완전성에 대한 것이었다. 일차술어 논리란 우리의 자연 언어가 가진 (주어+서술어)의 구조를 형식적으로 체계화한 것이다. 예를 들어, "장미는 붉다"는 Ra라는 형태로 형식화될 수 있다. 여기서 R은 '붉다'는 술어이고 a는 장미에 대응되는 논리 상수이다. 일차술어 논리는 고대 논리학의 대가인 아리스토텔레스에게는 알려지지 않은 보다 풍부한 체계를 갖추고 있었다. 일차술어 논리를 사용하면 아리스토텔레스의 삼단논법만을 넘어서는 추론이 가능하다.

일차술어 논리와 같은 형식논리 체계가 완전하다는 것은 그 형식논리 체계에서 참인 진술이 모두 증명 가능하다는 것이다. 대강 이야기하자면 형식논리가 갖추고 있는 증명 방법과 논리적 내용이 충분히 강력해서 그 형식논리에 담겨진 참된 내용을 모두 타당하게 증명해 낼 수 있다는 의미이다. 괴델은 후일 산술을 형식화한 체계의 불완전성을 증명한 것으로 대중적으로 유명해졌지만 실제로 처음에는 매우 기본적인 논리체계라 할 수 있는 일차술어 논리의 완전성을 증명한 것으로 자신의 눈부신 학문적 경력을 시작했다는 점이 특이하다.

기초적인 산수체계조차 결정 불가능한 명제가 있다

괴델의 다음 작업은 일차술어 논리보다 더 풍부한 수학적 구조를 가지는 형식체계에서도 비슷한 방식으로 완전성을 증명할 수 있는지를 탐구하는 것이었다. 오스트리아가 속한 독일 교육체계에서는 대학에서 정식으로 강의하기 위해서는 박사학위 논문에 연이어 '하빌리타치온(Habilitation)'이라고 알려진 교수자격 논문을 또 써야 한다. 괴델은 교수자격 논문에서 괴델의 불완전성 정리로 알려진 중요한 연구 결과를 발표했다. 그 내용은 페아노 산수를 형식화한 논리체계가 정합적이라고 가정할 때 그 체계 내에는 결정 불가능한, 즉 참으로 증명 가능하지도 않고 그렇다고 거짓으로 논박 가능하지도 않은 명제가 필수적으로 포함되어 있다는 것이다.

주세페 페아노(Giuseppe Peano, 1858~1932)_ 자연수론을 처음으로 공리론적으로 전개하였다. 근대 수학적 논리학의 개척자로, 현재 쓰는 논리 기호를 도입하였다.

페아노 산수란 더하기, 빼기, 곱하기, 나누기의 사칙연산을 공리체계화시킨 것으로 당시 대다수의 수학자들은 이 페아노 산수를 기초로 해서 모든 수학을 형식화시킬 수 있을 것으로 기대하고 있었다. 그런데 괴델은 이런 기초적인 산수체계에서조차 결정 불가능한 명제가 있다는 만족스럽지 않은 결론에 도달한 것이다. 게다가 이렇게 결정 불가능한 명제 중에는 '이 논리체계가 정합적이다'는 명제가 포함되어 있었다. 하지만 이 명제는 가정에 의해 반드시 참일 수밖에 없으므로 결국 페아노 산수체계를 형식화한 논리체계는 불완전하다는 결론에 이르게 된다.

좀 더 자세히 살펴보자. 결정불가능한 명제의 예로 다음을 생각해 보자.

A: '이 진술은 참으로 증명 가능하지 않다.'

A는 자기 자신이 증명 가능한지 여부에 대해 말하는 자기 지시성 문장이다. 이런 문장이 결정 불가능한, 역설적 상황을 가져옴은 잘 알려져 있다. 일찍이 그리스 철학자 에피메니데스가 '모든 크레타 섬 사람들은 거짓말쟁이다' 고 주장하는 크레타 섬 사람을 제안했다. 이 경우 우리는 그 사람 말을 믿을 수도 없고 믿지 않을 수도 없는 난처한 상황에 빠진다. 혹은 다음과 같은 광고 문구를 생각해 보자. '읽는 법을 배우고 싶으십니까? 다음 번호로 전화 주십시오!' 이 광고가 아직 읽지 못하는 사람들에게 무슨 소용이 있을까?

어쨌든 A로 돌아와 A가 참으로 증명 가능한지 살펴보자. 만약 A가 증명 가능하다면 그 말은 곧 A는 참이라는 이야기이므로 A가 말하는 내용이 참이어야 한다. 즉 A가 증명 가능하지 않아야 한다. 그런데 우리는 A가 처음에 증명 가능하다고 전제하고서 이 결론을 이끌어 냈으므로 명백한 모순에 직면한다. 그러므로 A가 증명가능하다는 전제는 받아들일 수 없는 가능성이다.

다른 상황은 어떨까? 만약 A가 증명 가능하지 않다고 가정해 보자. 어떤 명제가 증명 가능하지 않다면 그 명제가 참인지 거짓인지는 아직 확인되지 않은 상태라고 할 수 있다. 그런데 이 가정은 A가 진술하는 내용 그 자체이므로 A는 가정에 의해 참이어야 한다. 그 경우 A는 참이면서도 증명 가능하지 않은 명제가 된다. 만약 어떤 정합적인 형식체계가 A를 가지고 있다면 정의에 따라 그 체계는 완전하지 않게 된다.

괴델의 뛰어난 업적은 이런 의미의 결정 불가능한 문장 A를 페아노 산수를 형식화한 논리체계 내에서 소수(prime number)를 사용하여 확정적으로 표현할 수 있는 방법을 개발했다는 사실이다. 이를 괴델 숫자 붙이기(Gödel numbering)라고 한다. 괴델은 또한 A와 같은 결정 불가능한 명제, 특히 '이 형식체계는 모순을 일으키지 않는다'는 명제가 원래 체계에 다른 공리나 추론 규칙을 추가하여 더 큰 체계를 만들면, 그 강화된 체계에서는 증명 가능하다는 점도 보였다. 다시 말하자면, 우리의 사칙연산이 정합적이라는 점을 사칙연산 내에서 증명하는 것은 불가능하지만, 그보다 더 풍부한 구조를 가진 수학체계 내에서는 증명할 수 있다는 것이다. 수학의 증명 가능성에 대해 다소 희망적인 결과라고 할 수 있다.

하지만 아직 최후의 일격이 남아 있었다. 괴델은 이렇게 확대한 체계에도 여전히 원래 A처럼 결정 불가능한 명제가 존재하며 이를 해결하기 위해 또 체계를 확대시켜도 여전히 이와 같은 명제가 무한히 계속 존재할 수밖에 없음을 증명했다. 간단히 말하자면, 수학의 특정 분야를 형식화한 체계가 불완전하다는 점을 교정하기 위해 아무리 복잡한 구조를 덧붙여도 원칙적

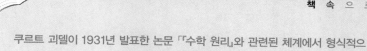

쿠르트 괴델이 1931년 발표한 논문 『『수학 원리』와 관련된 체계에서 형식적으로 결정 불가능한 명제들에 관하여 I』 중에서

잘 알려졌다시피, 수학이 보다 엄밀해지는 방향으로 발전하는 과정에서 수학의 많은 영역을 형식화함으로써 어떤 수학적 정리든지 몇 가지 기계적 규칙을 사용해서 증명할 수 있게 되었다. 이제껏 구성된 형식 체계 중 가장 포괄적인 것은 [역주: 러셀과 화이트헤드에 의해 제안된] 『수학 원리』의 형식 체계와 제르멜로와 프랭켈에 의해 만들어지고 폰 노이만에 의해 발전된 집합론의 공리 체계이다. 이 두 형식 체계는 충분히 포괄적이어서 체계 내부에 현재 수학에서 사용되는 모든 증명 방법이 형식화되어 있다. 이는 곧 이들 증명 방법 모두를 각각의 형식 체계 내에서 몇몇 공리와 추론 규칙으로 규정할 수 있다는 의미이다. 그러므로 우리는 이들 공리들과 추론 규칙이 각각의 체계 내에서 형식적으로 표현될 수 있는 모든 수학적 질문을 결정할 수 있으리라고 추측해 볼 수 있다. 아래에서 이러한 추측이 틀렸음이 드러날 것이다. 또한 각각의 형식 체계에서 정수론의 비교적 간단한 문제들임에도 불구하고 공리에만 근거해서 결정될 수 없는 것들이 존재한다는 사실도 증명될 것이다. 이러한 상황은 결코 두 형식 체계가 특별하기 때문이 아니다. 실은 이러한 상황은 광범위한 종류의 형식 체계에서 모두 나타난다. 이런 상황이 발생하는 형식 체계 중에는 특히 앞서 언급한 두 형식 체계에 유한한 수의 공리를 덧붙여서 얻어질 수 있는 형식 체계가 포함된다. 이 과정에서 요구되는 조건은 각주 4에서 규정된 종류의 거짓 명제가 새로 더해진 공리 덕분에 증명 가능하게 되는 경우는 없다는 것이다.

으로 불완전성은 결코 제거될 수 없다는 것이다.

괴델과 불완전성의 정리

괴델의 불완전성 증명이 갖는 수학적, 철학적 의미는 심대하다. 20세기 초 수학자들과 논리학자들은 수학의 기초를 튼튼하게 다지려는 노력에 힘을 모으고 있었다. 이전 세대의 위대한 수학자 힐베르트는 수학이 튼튼한 기초를 갖기 위해서는 참으로 알려진 모든 수학 명제가 엄밀한 방식으로 구성된 공리체계 내에서 하나도 빠짐없이 증명 가능해야 한다고 주장했다. 물론 모든 수학적 진리에 대한 증명을 한꺼번에 알아낼 수는 없을 것이다. 수학적 진리 중에는 우리가 아직 모르고 있는 것도 있을 수 있고, 증명 과정이 너무 어려워서 아직 아무도 증명에 성공하지 못한 수학적 진리도 있을 수 있기 때문이다. 하지만 힐베르트는 궁극적으로는 모든 수학적 진리가 엄밀한 방식으로 증명 가능함을 요구하는 것이 수학이 탄탄한 기초를 갖기 위해 당연히 요구해야 할, 그리고 실현 가능한 목표라고 생각했다.

힐베르트를 비롯한 여러 수학자들의 이러한 믿음에 결정타를 날린 것이 바로 괴델의 불완전성 정리였다. 괴델에 따르면 우리의 증명 능력과 무관하게, 수학과 같은 형식체계에는 내재적 한계 때문에 결코 증명 가능하지 않으면서도 여전히 참인 명제가 있을 수밖에 없다. 힐베르트가 살아서 괴델의 정리에 대해 들었다면 무척 곤혹스러워 했을 것이다. 괴델 이후 수학 기초론의 논의는 훨씬 더 제한된 목표를 추구할 수밖에 없었다.

괴델은 힐베르트의 기대를 져버리는 증명을 하나 더 하려고 하다가 오직 절반만 성공했다. 힐베르트는 1900년 세계 수학자 대회에서 20세기 수학자들이 풀어야 할 중요한 문제를 제시했는데 그 중 하나가 실수를 가지고 무한 집합을 만들면 정수의 무한 집합과 개수가 같거나 아니면 실수 전체의 무한 집합과 개수가 같음을 증명하라는 것이었다. 이는 게오르크 칸토어의 연속체 가설(continuum hypothesis)로 알려진 내용인데, 괴델은 이 연속체 가설이 집합론의 다른 공리들과 독립적임을 증명하고 싶어 했다. 즉, 힐베르트의 기대와는 달리 연속체 가설이 참이든, 거짓이든 어느 경우에도 집합론과 모순을 일으키지 않는다는 생각이었다.

괴델은 이 생각의 오직 한축, 즉 연속체 가설이 참일 경우 집합론과 모순이 없다는 점을 증명했고, 나머지 반은 1963년 폴 코헨(Paul J. Cohen)이 증명했다. 일찍이 아인슈타인의 일반 상대성 이론에서 중요한 역할을 한 비유클리드 기하학은 유클리드 기하학의 평행선 공리가 나머지 공리들과 독립적이라는 사실이 증명됨으로써 본격적으로 탐구되기 시작했다. 평행선 공리와 연속체 가설이 겪은 유사한 수학적 운명을 살펴볼 때 괴델의 작업이 가져올 수도 있는 과학 연구 흐름에 대한 영향을 추측해 보는 것도 흥미롭다.

괴델과 아인슈타인(1954년)_ 이 두 학자는 수십 년 동안 삶을 함께한 절친한 친구 사이였다.

괴델은 1940년 오스트리아의 정치적 상황이 악화되면서 미국으로 이민을 떠나 프린스턴 고등연구소에 자리를 잡게 된다. 이곳에서 그의 연구 주제는 점차 순수 수학이나 논리학에서 벗어나 우주론이나 철학, 특히 수학의 철학적 기초에 대한 연구로 옮겨간다. 괴델은 자신의 불완전성 정리가 우리 인간의 마음이 도형이나 숫자와 같은 수학적 대상을 마치 책상이나 의자처럼 직접 지각하며 그들의 성질을 직관적으로 파악할 수 있는 능력을 보유하고 있음을 확실히 보여 주었다고 생각했다. 또한 괴델은 불완전성 정리에 따르면 기계적인 방식으로 구현될 수 있는 형식적 증명은 결코 그와 같은 일을 해낼 수 없다는 결론이 따라 나온다고 생각했다. 이러한 생각은 수학적 대상이 물리적 대상만큼이나 실재하는 것이라는 플라톤주의로 이어졌고, 인간의 마음이 갖는 독특한 능력에 대한 신비주의적 사변으로 발전되었다.

괴델의 말년은 독특한 그의 성격 덕분에 갖가지 사고로 이어지고 비극적으로 끝을 맺었다. 거의 편집증적으로 꼼꼼하게 모든 일을 확인했던 괴델은 미국 시민권을 얻기 위해 판사 앞에서 미국 헌법에 대한 의견을 말하게 되었을 때, 미국 헌법이 독재를 허용한다고 줄기차게 논변하는 바람에 주변 사람을 당황스럽게 했다. 곁에 있었던 아인슈타인이 아니었다면 괴델은 복잡한 일에 휘말릴 수도 있었다. 괴델은 말년에 누군가 자신을 독살한다는 생각에 사로잡혀서 자신이 먹는 음식은 꼭 스스로 요리를 하곤 했는데, 그나마 괴델에게 억지로라도 음식을 먹일 수 있었던 유일한 사람이었던 아내 아델레가 먼저 죽고 나자 괴델은 음식을 전적으로 거부하게 되었다. 결국 괴델은 1978년 '영양실조와 기아'로 쓸쓸히 세상을 떠나고 말았다. 당시 그의 몸무게는 27킬로그램에 불과했다고 한다.

≡ 더 읽어볼 만한 자료들 ═══════════════

『괴델』(존 캐스티, 베르너 드파울리 지음, 몸과마음, 2002, 박정일 옮김)은 두 컴퓨터 과학자에 의해 씌어진 괴델의 전기로 괴델과 비엔나 모임 학자들 사이의 관계에 대해 다소 천편일률적인 해석을 하고 있기는 하지만 괴델의 사상에서 그의 개인적 경험이 차지하는 영향에 대해 생생하게 묘사하고 있다.
『괴델과 아인슈타인』, 팰레 유어그라우 지음(지호, 2005, 곽영직 · 오채환 옮김)
『괴델, 에셔, 바흐: 영원한 황금노끈』(더글러스 호프스태터 지음, 까치글방, 1999, 박여성 옮김)은 두 권으로 번역된 기념비적인 저작으로 괴델의 불완전성 정리가 함축하는 바를 수학이나 논리학만이 아니라 예술 분야에까지 확대하여 해설하고 있다.

수수께끼를 풀며 기계의 마음에 대해 생각하다: 알란 튜링

●

이상욱

컴퓨터의 비밀: 이진법의 사칙연산만으로 고도의 지적인 작업을 할 수 있는 이유

어느덧 우리에게 컴퓨터는 너무나 일상적인 물건이 되어 버렸다. 우리는 컴퓨터를 가지고 갖가지 일을 한다. 웹을 검색해서 맛있는 식당을 찾아보기도 하고, 신나는 게임에 몰두하기도 하며, 친구들과 메신저로 수다를 떨기도 한다. 그리고 물론 숙제로 내야 할 서평을 쓰거나 여기저기서 수집한 복잡한 자료를 통계 프로그램으로 처리하기는 일 같은 '지적인' 작업도 한다. 이런 일을 할 수 있게 도와주는 컴퓨터는 누가 봐도 똑똑하다고 할 수 있다. 컴퓨터로 그림을 그리면 초보자라도 조금만 배우면 풍부한 도형과 색을 자유자재로 사용할 수 있다. 손으로 그릴 때 그 정도 수준에 도달하려면 훨씬 오랜 기간을 배워야 할 것이다. 게다가 컴퓨터는 내 글에서 내가 미처 발견하지 못한, 맞춤법이 틀린 부분도 곧잘 잡아낸다. 최근에는 아예 소설을 쓰는 컴퓨터나 그림을 그리는 컴퓨터도 등장했다고 한다. 이쯤 되면 컴퓨터가 인간이 가진 지적 능력의 거의 대부분을 발휘하는 진정한 '인공지능'을 갖추었다고 할 만하다.

알 란 튜 링(Alan Turing, 1912~1954)_ 복잡한 일도 원리적으로 단순한 사칙연산으로 분해될 수 있다는 증명과 이 과정을 기계가 이해할 수 있는 프로그램이라는 형식으로 실현할 수 있다는 증명을 제시한 튜링은 인공지능의 시조(始祖)로 통한다.

하지만 조금만 생각해 보면 컴퓨터가 지능을 가지고 있다고 생각하기에는 무언가 좀 이상하다. 전자 기계로서 컴퓨터는 매우 단순한 일을 반복적으로, 매우 빠른 속도로 처리할 뿐이다. 컴퓨터(computer)라는 이름 자체가 '계산을 하는 장치'라는 의미이다. 실제로 컴퓨터가 하는 일은 계산, 좀 더 정확하게 말하자면 사칙연산에 불과하다. 그렇게 간단한 계산을 수행함으로써 어떻게 건물을 설계하고 수학적 증명을 하는 일처럼 고도의 지적인 작업을 할 수 있을까? 비밀은 구성성(compositionality)에 있다. 아무리 복잡한 일도 잘게 쪼개면 그 각각은 매우 간단한 일로 만들 수 있다는 사실이다.

수십 대의 차가 서로 충돌해서 아수라장이 된 대형 교통사고를 상상해 보자. 이 사태를 수습하기 위해서는 정말로 어마어마하게 많은 일을 해야 할 것이다. 이 일을 총지휘하는 사람은 경험도 많고 관련 지식도 많이 알아야 하겠지만 그보다 더 중요한 것은 유능한 부하가 많아야 한다. 아무리 뛰어난 사람이라도 큰 규모의 복잡한 사건을 혼자 처리할 수는 없다. 사고처리는 대강 다음과 같이 진행될 것이다. 사태의 전반에 대해 부하1에게 보고받은 후, 부하2에게 사고 차량을 빨리 사고 현장에서 빼내서 다른 곳으로 이동시키라고 지시한다. 부하3에게는 사상자를 처리하도록 하고, 부하4에게는 이런 일들이 원활하게 이루어질 수 있도록 교통 통제를 맡긴다. 마지막으로 부하5에게는 사고의 진행 상황을 모두 기록하고 정리하여 언론에 알릴 수 있도록 준비하라고 지시한다.

여기에서 우리는 두 특징에 주목해야 한다. 첫째 각각의 부하들이 처리할 일들은 개별적으로 진행되기는 하지만 일정한 순서에 따라야 할 경우가 많다는 것이다. 사고 차량을 정리하기 위해서는 교통 통제가 먼저 이루어져야 하고, 사상자도 사고 현장에서 다른 곳으로 이동시켜야 한다. 그러므로 이렇게 잘게 쪼개진 일들은 어떤 일은 먼저하고 다른 일은 나중에 하는 식으로 일종의 작업 흐름도의 형태로 정리될 수 있다. 또 다른 특징은 이 명령을 받는 부하들도 각자 자신의 하급자들에게 다시 일을 세분해서 맡길 것이라는 점이다. 결국 이렇게 일을 나누어 맡기는 과정은 사고 현장 주위에 안전선을 치는 일처럼 구체적인 수준까지 계속될 것이다.

순전히 계산만 하는 컴퓨터가 너무도 복잡하게 보이는 수많은 일을 수행할 수 있는 비법이 바로 여기에 있다. 아무리 복잡해 보이는 일도 잘게 나누다 보면 점점 간단한 일이 되고, 결국에는 단순한 계산을 다양한 방식으로 결합한 것에 이르게 된다. 그래서 이진법의 사칙연산밖에 할 줄 모른다고 생각되는 컴퓨터가 상당한 지적 능력을 가진 사람들도 하기 어려운 일들을 척척 해내는 것이다.

하지만 이렇게 생각해 볼 수 있다고 해서 정말로 그런 일이 가능하다는 보장은 없다. 특히 처음 컴퓨터를 제작하려는 생각을 하기 위해서는 복잡한 일을 정말로 단순한 사칙연산으로 분해할 수 있는지를 먼저 따져보고 시작했을 것이다. 게다가 교통사고 처리 과정의 예에서도 보았듯이 복잡한 일들을 단순한 계산의 조합으로 실행하려면 그것들을 순차적으로 어떻게 실행할 것인지에 대한 일종의 작업 흐름도가 필요하다. 마찬가지로 컴퓨터가 복잡한 일을 할 수 있기 위해서는 어떤 일을 어떤 방식으로 차례대로 할 것인지를 컴퓨터에게 알려줄 수 있어야 한다. 현재 우리는 이 알려주는 방식을 프로그램이라고 한다. 하지만 기계 장치인 컴퓨터가 우리의 언어로 된 프로그램을 직접 이해하리라고 기대할 수는 없다. 그래서 컴퓨터가 알아들을 수 있는 방식, 즉 숫자의 조합으로 할 일을 순차적으로 지시하는 것이 가능해야만, 어려운 작업도 척척 하는 컴퓨터를 만들 수 있다.

놀랍게도 컴퓨터를 만들기 위해 반드시 해결해야 할 이 두 가지 문제, 즉 복잡한 일이 원리적으로 단순한 사칙연산으로 분해될 수 있다는 증명과 이 과정을 기계가 알아들을 수 있는 프로그램이라는 형식으로 실현할 수 있다는 증명이 알란 튜링이라는 영국 수학자에 의해 한꺼번에 해결되었다. 흔히 우리는 컴퓨터의 역사에서 엄청나게 크고 수많은 전선이 달린 무지막지한 컴퓨터 에니악(ENIAC, Electronic Numerical Integrator and

세계 최초의 컴퓨터라고 알려진 에니악(ENIAC)

Computer)과 이를 만드는 데 큰 기여를 한 폰 노이만에 주목하지만, 실제로 그런 기계가 제작될 수 있는 이론적 바탕은 모두 2차 대전 직전 튜링의 연구에서 나왔다고 해도 과언이 아니다. 튜링은 이론적 바탕만 제공한 것이 아니라 실제로 자신의 설계에 따라 컴퓨터를 직접 만들기도 했다. 2차 대전이 끝난 후 튜링은 맨체스터 대학교에서 최소한의 저장 공간과 계산 능력을 요구하는 컴퓨터를 만들었지만, 자금 부족으로 미국 팀과의 경쟁에서 이길 수 없었다. 그럼에도 불구하고 계산의 본성과 지적 능력을 요구하는 작업이 계산하는 기계를 통해 이루어질 수 있는 과정에 대한 튜링의 연구는 눈부시다고밖에 말할 수 없는 탁월한 것이었다.

과학 혁명, 세계관을 바꾸다

유년시절의 그늘

알란 마티슨 튜링은 1912년 런던에서 중상류 계층 집안의 둘째 아들로 태어났다. 튜링은 실은 인도에서 태어날 뻔했다. 그의 아버지 줄리어스 튜링은 영국 제국의 관리로 인도 남부의 넓은 지역을 관리하며 공무원으로서 화려한 경력을 쌓고 있었다. 줄리어스는 튜링의 어머니 에셜 사라 스토니와 유럽으로 향하던 배 위에서 만나 사랑에 빠졌다. 두 사람은 미국 횡단 여행을 함께 하며 사랑을 나누다가 더블린에서 결혼하고 인도에 정착했다. 하지만 튜링의 어머니가 튜링을 임신했을 때 인도의 열악한 교육 환경과 전염병을 염려한 튜링의 아버지가 용케 휴가를 얻어 온 가족을 런던으로 데려온 바람에 튜링은 런던에서 태어나게 되었다. 튜링의 아버지는 영국에서 오래 머물 수 없었고, 튜링의 어머니 역시 남편과 함께 있기 위해 튜링이 만 한 살이 겨우 넘었을 때 다른 가족에게 맡기고 인도로 떠나 버렸다. 그 후 가끔씩 튜링의 어머니는 영국으로 돌아와 아들을 보긴 했지만 튜링은 부모의 따뜻한 보살핌을 모르고 자라면서 다른 사람과 잘 어울리지 못하는 내성적인 아이로 자라났다.

튜링은 커서 퍼블릭 스쿨이라고 불리는 영국 기숙학교에서 끔찍한 시간을 보냈다. 당시 영국은 사회적 지위에 의해 결정되는 계층이 매우 뚜렷한 사회로서 중상류층 부모가 기숙학교에 아이를 집어넣고 자주 보러 오지 않는 일은 흔한 일이었다. 하지만 부모의 정에 굶주렸던 튜링에게는 엄격한 학교생활에 적

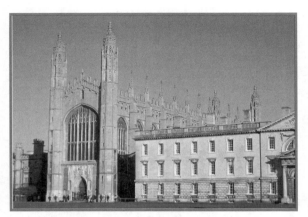

튜링이 학생으로 있었던 1931년과 펠로로 있었던 1935년 이후 킹스 칼리지의 컴퓨터실로 이름 붙여진 건물

응하기가 더욱 힘들었고 세속적인 가치나 권위에 대해 도전적인 그의 태도도 이때부터 생겨났다. 튜링은 수학과 과학을 매우 잘했다. 하지만 당시 영국 기숙학교는 그리스 로마의 옛글을 통해 마음을 수양시키고 격렬한 스포츠를 통해 신체를 단련시키는 일을 강조했다. 과학과 수학에 대한 튜링의 재능은 부인하기에는 너무도 분명했지만 별다르게 생각되지 않았다.

튜링은 기숙학교에서 그에게 큰 영향을 끼친 크리스토퍼 모콤(Christopher Morcom)이라는 학생과 만나게 된다. 모콤은 튜링처럼 수학과 과학을 좋아했지만 친구들과도 잘 어울리고 글씨도 단정하게 쓰는 촉망받는 학생이었다. 튜링은 모콤을 숭배했으며 모콤처럼 되기를 원했다. 모콤에 대한 튜링의 '첫사랑'은 후일 그의 동성애 성향의 첫 신호였다. 불행하게도 모콤은 결핵으로 사망하고 말았고 튜링은 이 일로 아주 깊은 마음의 상처를 받았다.

컴퓨터의 시조가 된 아이디어: 튜링 기계

튜링은 아주 우수한 성적으로 케임브리지 대학교의 킹스 칼리지에 장학생으로 입학했다. 대학에서 튜링은 자신의 수학적 천재성이 인정받는다는 사실을 발견했고 이 상황 변화를 마음껏 만끽했다. 튜링은 '중심 극한 정리'라는 통계학의 중요 정리를 독자적으로 재발견 해내며 케임브리지 대학교의 특별 연구원이 된다.

그러던 중 1935년 튜링은 수학 기초론에 대한 강의를 듣고 힐베르트의 야심찬 계획이 괴델에 의해 무산되었다는 사실을 알게 된다. 힐베르트는 모든 수학적 명제에 대해 그것이 증명 가능한지의 여부를 '분명하게 규정된(definite)' 방식으로 확인할 수 있는 방법을 요구했다. 괴델은 이 문제를 수학을 형식화한 논리 체계에서의 증명 가능성으로 바꾸어 부정적으로 대답했지만, 튜링은 보다 일반적인 접근을 취했다. 튜링은 어려운 문제를 풀 때마다 항상 지나칠 정도로 독창적이어서 원래 문제를 다른 사람이 상상할 수 없을 정도로 일반화시켜 해결하는 재주가 있었다. 튜링은 '분명하게 규정된'이라는 힐베르트의 요구 사항을 숫자를 쓰고, 지우고, 다음 항목으로 움직이는 것과 같은 극단적으로 단순한 기계적 행위를 통해 이루어질 수 있는 것으로 규정하자고 제안했다. 이러한 작용이나 동작은 누구에게나 명백하게 이해될 수 있었고, 이런 명백하고 간단한 동작의 결합으로 수학 명제의 참·거짓이 결정될 수 있다면 힐베르트의 기대는 충족될 것이다.

그러나 1936년 튜링이 도달한 결론은 괴델과 마찬가지로 부정적이었다. 괴델처럼 논리학의 추론 규칙으로 한정시키지 않고 기계적으로 계산될 수 있는 모든 가능한 경우로 수학적 증명 방법을 극단적으로 일반화해도 힐베르트의 기대는 충족되지 않는다는 것을 증명한 것이다. 하지만 튜링의 연구가 가지는 진정한 의의는 단순히 괴델의 정리를 일반화시킨 데 있는 것이 아니었다. 튜링의 연구는 우리가 직관적으로 알지만 명확하게 규정할 수 없는 '계산 가능하다'는 속성을 튜링 기계라는 추상적 대상으로 설명해 냈다는 데 그 의의가 있다. 여기서 한걸음 더 나아가 튜링은 직관적으로 계산 가능한 모든 것은 그에 대응되는 튜링 기계로 계산 가능하다는 주장까지 하게 된다. 튜링은 이러한 대담한 생각을 자신의 생각과 논리적으로 동등한 주장을 한 프린스턴의 논리학자 알론조 처치(Alonzo Church, 1903~1995)의 지도하에 박사학위 논문을 쓰면서 공식적으로 제안하게 되는데 이를 튜링-처치 논제라고 한다.

튜링 기계란 매우 추상적인 의미의 '기계'이다. 이 기계는 원칙적으로 무한하게 제공될

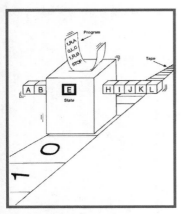

튜링 기계를 도해한 그림

수 있고 칸이 나누어진 테이프와 그 테이프에 제한된 숫자의 기호를 읽거나, 쓰거나, 지울 수 있는 장치, 그리고 이 장치가 어떤 일을 어떤 순서로 해야 되는지를 그 장치의 내부 상태와 테이프에 기록된 기호에 따라 규정한 표로 이루어진다. 다소 복잡해 보이지만 대강 이야기해서 튜링 기계는 특정 작업을 수행할 수 있는 컴퓨터 프로그램이라고 생각하면 된다. 덧셈을 하는 프로그램을 생각해 보자. 덧셈을 하기 위해서는 더할 수를 읽은 다음 두 수를 더해서 그 결과를 출력하면 된다. 이 과정이 위에서 설명한 튜링 기계를 사용하여 수행될 수 있다는 점은 쉽게 이해할 수 있다. 튜링은 여기에서 더 나아가 모든 종류의 튜링 기계, 즉 모든 종류의 계산을 수행하는 프로그램을 흉내 낼 수 있는 보편 기계를 상상했다. 이런 보편 기계는 원칙적으로 모든 종류의 계산을 수행할 수 있을 것이다. 여러 가지 프로그램을 통해 다양한 일을 수행할 수 있는 우리의 컴퓨터가 튜링이 꿈꾸었던 보편 튜링 기계에 가장 가까운 형태라고 할 수 있다.

인간의 지능과 동등한 능력을 가진 기계가 등장할 것이다

비록 튜링이 계산 가능성을 기계적으로 해명하면서 당시에 널리 쓰이던 전신이라는 구체적 기계를 염두에 두긴 하였지만, 튜링-처치 논제를 주장할 때까지만 해도 튜링의 생각은 추상적인 수준에 머물러 있었다. 하지만 튜링은 2차 대전 중에 영국 정보국을 위해 '수수께끼(Enigma)'로 알려진 독일의 암호 생성기를

알란 튜링이 1950년에 발표한 「계산 기계와 지능」 중에서

학습하는 기계라는 생각은 이 글을 읽는 몇몇 독자들에게는 모순처럼 느껴질 것이다. 기계가 작동하는 규칙이 어떻게 바뀔 수 있겠는가? 작동 규칙은 기계의 과거 경험이나 앞으로 경험하게 될 변화와 무관하게 기계가 어떻게 반응해야 할지를 완벽하게 기술해야만 한다. 그런 이유로 작동 규칙은 시간에 따라 변하지 않아야 할 것이다. 이 점은 실제로 사실이다. 모순처럼 보이는 것이 실은 모순이 아님을 설명하기 위해서는 학습 과정에서 바뀌는 규칙은 늘 타당한 것이 아니라 당분간만 타당한, 다소 덜 야심적인 종류의 것이라는 사실이 중요하다. 독자들은 미국의 헌법에 대해 비슷한 상황을 떠올려 볼 수 있을 것이다.

학습하는 기계의 중요한 특징은 기계 안에서 어떤 일이 벌어지는지에 대해 가르치는 사람이 거의 전적으로 모르고 있음에도 불구하고 자신의 학생, 즉 기계가 어떤 행동을 보일지를 어느 정도까지는 예측할 수 있다는 사실이다. 이 점은 이미 효용성이 증명된 설계(혹은 프로그램)를 장착한 초보자 기계가 앞선 교육을 통해 성장한 후에 실시되는 교육에 대해서 특히 맞는 말이다. 기계를 교육하는 상황은 기계를 사용하여 계산을 할 때 따르는 표준적인 절차와 분명히 대비된다. 계산 과정에서 우리의 목표는 계산의 각 단계마다 기계가 갖는 상태에 대해 분명하게 정신적으로 파악하고 있어야 한다는 것이다. 이 목표는 오직 상당한 노력을 기울여야만 달성될 수 있다. '기계는 오직 우리가 어떻게 명령해야 하는지 아는 것만을 수행할 수 있다'는 생각은 이 점을 고려할 때 이상하게 느껴진다. 우리가 기계에 집어넣을 수 있는 프로그램의 대부분은 기계로 하여금 우리가 전혀 이해할 수 없는 일이나 완벽하게 무작위적이라고 생각되는 행동을 하게 한다. 지적인 행동은 아마도 계산 과정에서 나타나는 완벽하게 통제된 행동으로부터 벗어나는 과정에서 나타날 것이다. 하지만 이런 벗어남은 무작위적 행동이나 무의미한 반복적 행동을 결과하지 않을 정도의 약간의 벗어남이어야 한다.

연구하면서 계산기를 실제로 만드는 일에 관심을 갖게 되었다. 적군의 암호체계를 해독하기 위해 튜링은 수많은 '컴퓨터'를 동원했다. 당시에 컴퓨터란 계산을 하는 사람을 의미했다. 튜링은 수많은 '컴퓨터'를 한 방에 모아놓고 각각은 간단한 계산만 하게 지시한 후 그것들을 엮어서 결국에는 암호의 전체 의미를 알아내는 성과를 이루었다. 튜링은 이 작업을 설계하고 감독하면서 전체 계산의 아주 작은 부분만을 계산하는 사람은 전체 작업에 대해 전혀 모르고서도 여전히 당시 최고의 암호체계를 해독하는 놀라운 일에 기여할 수 있음에 주목했다. 튜링은 각각의 계산하는 사람의 역할을 간단한 기계 조작으로 대치할 수 있음을 깨달았고, 이러한 간단한 기계 조작을 모두 결합하여 하나의 기계를 만들면 암호 풀기나 논리적 추론, 수학 명제를 증명하기와 같은 지적인 작업도 기계가 해낼 수 있다는 생각에 이르게 된 것이다. 우리에게 익숙한 컴퓨터가 이론적으로나 현실적으로 가능하다는 깨달음을 얻은 것이다.

2차 대전 당시 독일의 암호 생성기 에니그마(Enigma)

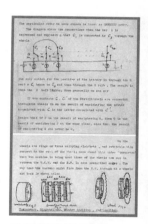

에니그마와 관련한 튜링의 노트

튜링은 여기에서 한걸음 더 나아가 인간의 지능과 동등한 능력을 기계가 가지게 되는 시기가 조만간 도래하리라 예상하고, 특정 기계가 정말로 지능을 가졌는지의 여부를 어떻게 알 수 있을 것인지를 고민했다. 튜링은 인간 지능의 본성에 대해 철학자들이 합의에 이르지 못하고 있음을 답답해했고, 요원해 보이는 지능의 정의에 의거한 검사가 아니라 누구나 동의할 수 있는 전제에 근거한 검사를 제안했다. 누구도 인간이 지능을 가지고 있다는 점을 부인하지 않는다. 그러므로 만약 기계가 인간과 경쟁하여 뒤지지 않는 지적 행태를 보여 준다면 인간과 마찬가지로 지능을 가진다고 간주해야 한다는 생각이었다.

지능의 본성과 같은 논쟁적인 원론적 물음을 슬쩍 비껴가면서 실제적인 문제 해결을 추구하는 튜링의 이런 실용적 태도는 케임브리지 대학 재학 시절 튜링과 비트겐슈타인의 짧은 만남에서도 드러난다. 튜링은 힐베르트 문제를 놓고 고민하면서, 당시 케임브리지에서는 괴팍한 천재로 알려진 비트겐슈타인의 수학의 기초에 대한 강의를 들었다. 숫자와 같은 수학적 개념이 인간의 사회적 행위를 통해 의미를 부여받는 방식이나 문화적 행동에 의해 규정되는 과정에 관련된 비트겐슈타인의 관심에 튜링은 도저히 공감할 수 없었다. 튜링이 보기에 수학에 그러한 측면이 있는 것은 사실이지만, 그런 규약적인 측면을 강조해서는 구체적인 수학 연구에서 어떠한 진전도 이루어 낼 수 없었다. 튜링에게는 문제를 명확하게 정의하여 풀 수 있는 형태로 만든 후에 이에 대한 해답을 찾는 것이 중요하게 생각되었던 것이다.

그래서 튜링은 기계가 지능을 가졌는지 여부를 검사하는 이른바 '튜링 검사'를 제안했다. 이 검사의 특징은 두 가지이다. 하나는 지능에 대한 비교 검사라는 것이고 다른 하나는 통계적 결론을 내린다는 점이다. 검사자는 피검사자인 기계와 인간에게 오직 간접적인 방식, 즉 문자화된 대화의 형태로 질문하고 답변을 듣는다. 인간과 기계는 각자 자신이 진짜 인간이라고 검사자를 설득하기 위해 최선을 다해 질문에 답한다. 검사자는 인간처럼 진정한 지능을 가진 존재만이 대답할 수 있는 여러 질문을 던지고 이에 대한 답변을 종합하여 누가 진짜 인간이고 누가 기계인지를 판단해야 한다. 검사자가 기계를 선택하면 기계는 적어도 인간에게 부여되는 지능을 가진 것으로 인정된다.

여기서도 알 수 있듯이, 튜링 검사에서 기계의 지능은 인간의 지능을 얼마나 잘 흉내 내는지에 따라 주어진다. 이는 튜링에게는 어쩔 수 없는 선택이었겠지만 실제로 기계에게 공평하지 않은 특징이라고 할 수 있다. 이는 마치 외국인에게 한국의 전통문화에 대한 질문을 던진 후 잘 대답하지 못하면 지능이 떨어진다고 말하는 것과 마찬가지이기 때문이다. 만약 외계인이 튜링 검사를 받는다면, 결코 지능을 가진다고 인정받지 못할 것이다.

또 다른 특징은 주어진 질문에 대해 대답하는 대상이 지능을 가지고 있음을 보여 주는 답변이 하나 이상이기에 특정 기계가 튜링 검사를 통과했는지의 여부는 여러 번의 검사를 시행하여 '평균적으로' 기계가 인간보다 성적이 좋을 때로 한정해야 한다는 것이다. 실제로 특별히 '기계적인' 답변을 하는 인간과 짝지어진 기계는 우연히 한 번에 튜링 검사를 통과할 수도 있다. 이렇게 평균적인 승률을

마라톤을 하는 튜링_ 튜링은 마라톤 풀코스를 2시간 46분 3초에 주파할 정도였다고 한다.

따져 시행된 튜링 검사를 통과한 기계는 아직 나타나지 않았다. 대다수의 인공지능 연구자들은 인간 지능에 고유한 독특한 성격 때문에 앞으로도 기계가 인간 지능을 완벽하게 흉내 내어 튜링 검사를 통과할 가능성은 높지 않다고 생각한다.

튜링은 전후 자신이 조국을 위해 전쟁 중에 한 일에 대해 기밀유지의 이유로 인정받지 못한 데다, 맨체스터에서 컴퓨터를 제작하는 작업도 충분한 지원을 얻지 못해 실패로 돌아가자 크나큰 좌절감에 빠졌다. 튜링은 이를 극복하기 위해 마라톤을 시작하여 1948년 올림픽에서 영국 대표로 거의 출전할 뻔했다.

하지만 튜링은 1952년 자신의 성적 취향으로 개인적 삶과 학자적 삶에 있어 결정적인 타격을 입게 된다. 그는 동네 술집에서 만난 매력적인 청년을 자신의 집에 초대해 함께 밤을 보냈는데 이 청년이 다음날 집에서 몇 가지 물건을 훔쳐간 것을 발견

독사과를 먹고 자살한 것으로 알려진 튜링의 메모에는 "사회는 나를 여자로 변하도록 강요했으므로, 나는 순수한 여자가 할 만한 방식으로 죽음을 택한다."고 적혀 있었다고 한다. 독사과를 먹은 백설공주와 튜링이 사과를 들고 있다.

하고 순진하게 경찰에 신고했던 것이다. 경찰은 범인을 잡았고 그 과정에서 튜링의 동성애 사실이 알려지게 되었다. 당시 법률에 따르면 튜링은 감옥에 가거나 자신의 잘못된 성적 취향을 교정하기 위해 남성 호르몬을 정기적으로 주사 맞아야 했다. 지금은 동성애에 대해 이런 방식으로 생각하지 않지만 당시만 해도 동성애란 남성이 남성답지 못하고 여성은 여성답지 못해 생긴 질병으로 성 호르몬을 강화함으로써 치유될 수 있다고 믿었다. 이 모든 고초

를 겪으며 튜링은 심리적으로 크게 충격을 받게 되었고 결국에
는 1954년 마치 화학 실험을 하다가 실수로 독극물에 감염된 것
처럼 꾸며서 자살로 생을 마감한다. 자살 현장에는 반쯤 먹다
남은 사과가 놓여 있었다. 자신이 풀기 위해 몰두하던 독일 암
호체계만큼이나 수수께끼 같은 삶을 살다 간 사람에게 어울리
는 마지막이었다.

≡ 더 읽어볼 만한 자료들 ════════════════════════════════

『인공지능 이야기』(존 카스티, 사이언스북스, 1999, 이민아 옮김)는 비트겐슈타인, 홀데
인, 스노우, 슈뢰딩거, 튜링 등 인공지능과 관련된 철학자, 과학자들 다섯 명이 가상대담을
벌이는 형식으로 구성된 책으로 인공지능에 대한 다양한 생각들을 살펴 볼 수 있다.
『수학자, 컴퓨터를 만들다: 라이프니츠에서 튜링까지』(마틴 데이비스 저, 지식의 풍경,
2005, 박정일 옮김)는 논리학과 수학기초론에 대한 튜링의 작업을 계승한 탁월한 연구
를 수행한 수학자가 직접 저술한 책으로 계산기계 발전과정에서 수학적, 논리적 사유의
역할에 대해 기술하고 있다. 튜링의 삶과 업적에 대한 상당히 자세한 내용을 담고 있다.

http://www.turing.org.uk/turing/
튜링에 대한 두꺼운 전기를 쓴 앤드류 호지스가 운영하는 튜링의 홈페이지로 튜링의 간
단한 일대기를 볼 수 있다.
http://www.alanturing.net/
튜링의 필적이 남아 있는 문서, 저작, 인공지능과 관련된 자료 등이 있는 튜링의 아카이
브. 최근에 2차 대전 당시 암호해독과 관련한 일급비밀 자료도 추가되었다.
http://www.loebner.net/Prizef/TuringArticle.html
튜링이 1950년에 발표한 기념비적인 논문 「계산 기계와 지능」의 영어 전문을 볼 수 있다.

생명은 유전자 정보의 총합: 분자생물학

●

홍성욱

분자생물학, 과학의 여왕 자리에 오르다

20세기 후반부에 분자생물학은 뉴턴 이후 줄곧 과학의 '여왕' 자리를 차지했던 물리학을 그 자리에서 밀어냈다. 인간을 포함한 생명의 신비는 아리스토텔레스 시기부터 과학자들의 진지한 탐구 대상이었지만, 분자생물학은 생명 현상을 물질적·환원적·실험적 틀을 사용해 근본적으로 새롭게 규정했다. 분자생물학은 생명의 본질이 유전자에 존재한다고 보았고, 생명 그 자체가 유전자에 각인된 정보의 총합이라고 정의했으며, 관찰하는 과학이었던 생물학을 적극적인 실험과학으로 탈바꿈시켰다. 이를 통해 분자생물학은 "인간이란 무엇인가"라는 질문에 대한 해답의 방향을 바꾸어 버렸던 것이다.

 부모와 자식이 닮는다는 사실은 부모에서 자식으로 무엇인가가 건네진다는 것을 의미했다. 그렇지만 이것이 무엇이며, 어디에 존재하고, 또 어떻게 건네지는가라는 문제는 오랫동안 풀리지 않고 있었다. 콩을 대상으로 실험을 했던 19세기 브르노의 수도승 그레고르 멘델은 세포 속에 있는 변하지 않는 어떤 실체가 유전을 관장함을 확신하고 이를 마치 입자와도 같은 '인자'라고 명명했다. 멘델의 업적은 그가 존경해 마지않았던 다윈에 의해서도 주목을 받지 못한 채 역사의 망각 속으로 사라졌지만, 수십 년 뒤에 재발견되어 20세기 유전학의 출발점이 되었다. 멘델주의자였던 독일의 생물학자 요한센(Wilhelm L. Johannsen, 1857~1927)은 멘델의 인자에 '유전자'(gene)라는 이름을 붙였다.

그레고르 멘델(Gregor Mendel, 1822~1884)_ 우열, 분리, 독립의 법칙으로 알려진 멘델의 법칙을 제안한 오스트리아의 성직자. 멘델의 법칙은 발표될 당시 주목하는 사람이 없어 20세기까지 햇빛을 보지 못하였다.

점점 밝혀지는 유전자의 비밀

20세기 들어서 유전자의 비밀이 서서히 밝혀지기 시작했다. 미국의 생물학자 토머스 모건(Thomas H. Morgan, 1866~1945)은 초파리 실험을 통해 유전자가 세포의 염색체에 있다는 것을 알아냈으며, 염색체 위에 초파리의 유전자 지도를 그리는 데 성공했다. 20세기 초엽의 영국 의사 아치벌드 개로드(Archibald Garrod, 1857~1936)는 특정 유전병이 인체의 신진대사를 담당하는 효소와 관련이 있다는 사실로부터 유전자가 효소의 생성까지 관장

막스 델브뤼크(Max Delbrück, 1906~1981)_ 독일 태생의 미국 생물학자로 박테리오파지를 재료로 분자 유전학의 기초를 닦았으며, 파지의 유전적 재구성 현상 발견하여 1969년에 노벨 생리·의학상을 받았다.

한다고 주장했다. 유전자가 생명체의 대사를 관장한다는 개로드의 가설은 1930년대를 통해 실험적으로 입증되었고, 이후 하나의 유전자가 하나의 효소에 대응한다는 '1유전자 1효소' 가설이 세워졌다.

새로운 생물학적 발견들이 연이어 이루어지던 1930~40년대에 생명에 대한 철학적 재정의가 물리학자들에 의해 이루어졌다. 양자 물리학의 코펜하겐 해석을 만들었던 닐스 보어는 1932년 코펜하겐에서 했던 '빛과 생명'이라는 강연에서 물질세계를 설명하는 양자 역학의 원리가 생명현상을 설명하는 데에도 그대로 사용될 수 있다고 하면서, 유기체가 가지고 있다고 알려진 '생기력(vital force)'의 존재를 부정했다. 그렇지만 보어는 생명현상이 물리현상으로 환원될 수 있다고 주장하지는 않았다. 보어는 양자 역학에서 상보성 원리를 제창했는데 그의 상보성 원리에 따르면 빛의 입자성과 빛의 파동성은 상보적으로 존재하는 것이었다. 생명현상에 대한 그의 해석의 요점은 물리현상과 생명현상도 상보적으로 존재한다는 것이었다. 보어의 강연은 나중에 미국으로 건너가 바이러스를 대상으로 해서 분자생물학의 기초를 정립한 막스 델브뤼크(Max Delbrück, 1906~1981)과 같은 학자를 이론 물리학에서 생물학으로 전향하게 만들었다.

유전자는 '우주를 설계한 신의 마음'

양자 물리학의 세계에서 보어의 코펜하겐 학파와 격렬한 논쟁을 벌였던 오스트리아 물리학자 에르빈 슈뢰딩거는 나치의 권력이 강해지던 1930년대 말엽에 베를린 대학 교수직을 그만두고 제2차 세계대전 동안에는 아일랜드의 더블린에서 망명생활을 하고 있었다. 이 당시 그는 '소박한 물리학자'의 관점에서 통계 물리학과 양자 물리학을 사용해 생명현상을 분석한 뒤에, 이를 『생명이란 무엇인가?』라는 소책자에 담아 1944년에 출판했다.

에르빈 슈뢰딩거 (Erwin Schrödinger, 1887~1961)_ 오스트리아의 물리학자로 파동 역학과 양자 역학의 기초를 확립하는 데 기여했다. 양자 역학이 유전 구조를 설명하는 데 어떻게 이용될 수 있는지를 보여준 그의 저서 『생명이란 무엇인가』는 분자생물학의 발전에 큰 영향을 끼쳤으며 그 분야의 중요한 개론서로 꼽히고 있다.

슈뢰딩거가 물리학적 방법을 사용해 이 책에서 해결하려고 했던 문제는, 유전자는 왜 변하지 않는가, 유전자는 어떻게 복제될 수 있는가, 생명체는 어떻게 그 자체가 붕괴되려는 경향에 맞서는가, 그리고 의식과 자유의지의 본질은 무엇인가와 같은 과학적 · 철학적 문제였다. 그는 물리현상과 생명현상이 단지 상보적이라는 보어의 해석에 만족하지 못하고, 생명현상을 꿰뚫는 물리적 기초를 규명하고자 했던 것이다.

『생명이란 무엇인가?』의 제2장은 염색체의 기능과 유전자를 설명하고, 제3장은 염색체의 변이를 다루고 있다. 슈뢰딩거는 제4 · 5장에서 양자 물리학에 기초해 유전자의 크기를 가늠하고, 제6장에서는 생명체를 '음의 엔트로피'(negative entropy)를 갖는 것으로 정의했다. 모든 자연 현상은 엔트로피(entropy: 통계역학의 개념으로 시스템의 무질서도로 정의됨)가 증가하는 방향으로

진행되지만 생명체만이 엔트로피가 감소하는 경향을 보인다는
슈뢰딩거의 해석은 이후 과학자들, 특히 물리학자들 사이에서
폭넓게 수용되었다.

　그렇지만 이 책의 가장 급진적인 주장은 생명의 본질을 유전
자에서 찾은 뒤에, 유전자를 '정보'와 연관지어 파악한 것이다.
슈뢰딩거는 염색체에 존재하는 "일종의 암호 대본(code-script)

책 속으로

슈뢰딩거, 『생명이란 무엇인가?』 (1944) 중에서

이 염색체들, 혹은 우리가 현미경 관찰을 통해 염색체라고 부르는 축 모양
의 골격 섬유가 개개인의 미래의 발생과 성숙한 상태의 모든 패턴을 담고
있는 "암호 대본"을 포함하고 있다. 염색체의 완벽한 집합은 암호 대본 전
부를 담고 있다. 따라서 규칙에 따라 수정된 난자에는 두개의 완전한 암호
대본이 담겨 있고, 이것들은 이후 개체로 성장하는 가장 초기 형태를 형성
하는 것이다. 염색체의 구조를 암호 대본이라고 할 때 그것은 〔19세기 물
리학자〕 라플라스(Laplace)가 생각했듯이 모든 것을 관통하고 모든 인과관
계를 아는 정신〔여기서는 신을 의미〕이 염색체의 구조로부터 난자가 적절
한 환경에서 검은 수탉으로 발생하는가 아니면 얼룩무늬 암탉으로 자라는
가 아니면 파리나 옥수수로 자라는가를 미리 말할 수 있다는 것을 의미한
다. 그렇지만 암호 대본은 너무 좁은 의미이다. 염색체의 구조 그 자체는
동시에 그것이 바라보는 발생을 가져오는 데 결정적인 역할을 한다. 이들
은 법전이자 그 법을 수행하는 권력이다. 혹은 다른 유비를 들자면 이것들
은 건축가의 계획이자 그것을 짓는 건설자의 숙련을 하나로 담고 있는 것
이다.

DNA의 이중나선 구조를 발견한 제임스 왓슨(왼쪽)과 프랜시스 크릭(오른쪽)

속에 개인의 미래의 발육과 원숙한 상태에서 수행하는 기능의 총체적 패턴"이 모두 들어 있다고 하면서, 염색체에 들어 있는 유전자를 '세상을 꿰뚫는 마음', 곧 우주를 설계한 신의 마음에 비유했다. 유전자는 수정란을 검은 수탉으로 발생시킬 수도 있고, 이를 암탉으로도, 파리나 풍뎅이로도, 심지어 아리따운 여인으로 만들 수도 있는 것이기 때문이었다. 슈뢰딩거에 따르면 유전자는 그 속에 미래의 계획과 이 계획을 수행하는 권력을 동시에 품고 있는 것으로, 비유를 들어 말하자면 건축가의 청사진과 건설업자의 집짓는 솜씨를 하나로 합친 것에 해당했다.

인간의 모든 것도 CD 한 장에 담을 수 있다: 인간 게놈 계획

당시 전쟁 연구에 싫상해 있던 젊은 물리학자들은 슈뢰딩거의 책을 읽고 생물학에 빠져들었다. 1953년에 DNA의 구조를 발견해 노벨상을 공동 수상한 모리스 윌킨스(Maurice Wilkins, 1916~2004), 프랜시스 크릭(Francis Crick, 1916~2004), 제임스 왓슨(James Watson, 1928~)은 모두 슈뢰딩거의 책을 읽고 생명현상의 물리적 기초에 매혹된 뒤에 분자생물학의 세계에 뛰어들었다. 특히 제임스 왓슨은 조류학에 관심을 두던 대학생 시절에 도서관에서 우연히 발견한 슈뢰딩거의 책을 읽고 유전자의 중요성을 깨달았으며, 곧바로 생명의 본질인 유전자에 대해 더 공부하고 싶은 마음에 분자생물학으로 전공을 바꾸었다. 불과 몇 년 뒤에 이들은 염색체 속에서 유전자를 가지고 있는 DNA의 이중나선 구조를 밝힘으로써 20세기 생물학의 혁명에 팡파르를 울렸다.

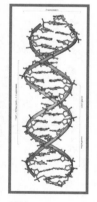

DNA

　이후 분자생물학자들은 생명체의 본질이 유전자로 환원될 수 있으며, 유전자에 각인된 유전 정보를 해독하면 '생명의 신비'를 풀 수 있다고 강조했다. 노벨상을 수상한 자크 모노(Jacque Monod, 1910~1976)는 (분자생물학의 관점에서 보면) "거대한 코끼리나 박테리아가 아무런 차이가 없다"고 역설했다. 유전자가 발생과 유전에 대한 정보는 물론 이를 발현시키는 프로그램까지 전부 갖고 있다고 보았다는 점에서 초기 분자생물학의 환원주의는 '유전자 결정론'의 색채를 띠었다. 인간 게놈 계획

(Human Genome Project)을 추진했던 과학자들은 인간의 모든 것이 시디(CD) 한 장에 담길 수 있다고 큰소리쳤다.

게놈 계획 초기에는 유전자 결정론의 철학이 득세했다. 게놈 계획의 추진자들은 인간 게놈만 해독이 되면 유전, 진화, 발생에 대한 모든 신비가 풀릴 것처럼 생각했으며, 게놈 계획을 비판했던 사람들은 게놈 지도가 가져올 차별과 유전자 치료를 통한 사회 불평등의 확대를 걱정했다. 그렇지만 게놈 계획이 끝난 지금, 인간의 유전자는 원래 생각했던 10만~15만 개보다 훨씬 적은 3만 개 정도에 불과하다는 것이 밝혀졌고, 유전자의 기능은 원래 생각했던 것보다 무척 복잡하며, 유전자가 세포나 유기체에 일방적인 명령을 내리는 것이 아니라 세포나 유기체, 그리고 환경과 상호작용을 한다는 것이 드러났다. 유전자가 생명의 본질의 전부가 아니며 환경의 영향을 받는 생명체는 유전자로만은 환원되지 않는다는 것은 1990년대 이후에 생물학자들에게 아주 조금씩 서서히 받아들여졌다.

죽은 고양이를 복제해 드립니다

분자생물학은 생명현상에 대해 적극적 개입과 실험의 방법을 사용하기 시작했다. 분자생물학자들은 1970년대를 통해 DNA에서 원하는 유전자를 떼어 내 증식시키고 이를 다른 DNA에 붙이는 유전자 재조합의 방법을 개발했다. 유전자 재조합 방법을 사용해 이전에는 천연적으로만 얻을 수 있었던 인슐린과 같

복제양 돌리_ 핵을 제거한 양의 난자에 다른 양의 젖샘 세포의 핵을 이식하여 탄생시킨 복제양 돌리. 이런 복제가 가능한 이유 중 하나가 젖샘 세포의 핵이 DNA에 암호화된 형태로 한 개체의 모든 유전정보를 가지고 있기 때문이다.

은 효소가 만들어졌고, 이러한 성과에 힘입어 바이오테크 (biotech, BT) 산업은 차세대 산업의 선두주자로 격상되었다. 1980년대와 90년대를 통해 생명공학은 이전에는 지구상에 존재하지 않았던 유전자 조작 식물은 물론 장기 이식을 위해 인간의 유전자를 가진 동물도 만들었다. 불가능하다고 여겨졌던 체세포를 이용한 동물의 복제는 1997년에 이언 윌멋(Ian Wilmut) 박사가 복제양 돌리(Dolly)를 만든 이후에 지금은 일상적으로 행해져, 미국에서는 죽은 고양이를 복제해 주는 사업이 개업을 해서 성업 중이다.

분자생물학은 "생명이란 무엇인가", "인간은 무엇을 의미하는가"라는 질문을 유전자와 유전 정보라는 관점에서 새롭게 바라보게 했다. 그렇지만 1900년에 멘델의 법칙이 재발견된 이래 지금까지 숨 가쁘게 발전한 분자생물학은 사람들에게 프랑켄슈타인의 공포를 상기시킬 정도로 질주하고 있다. 생명의 신비를 규명하기 위해 어떤 조작과 실험도 서슴지 않았던 시기를 지나 이제 우리는 과학 연구의 어디까지가 허용되어야 하며, 또 얼마나 빠른 속도로 과학이 발전해야 하는가라는 근본적인 질문을 다시 던져야 하는 시점에 와 있다.

≡ **더 읽어볼 만한 자료들** ══════════════════════

슈뢰딩거의 『생명이란 무엇인가』는 한울출판사(2001)에서 번역되어 출판되었다. 슈뢰딩거에 대한 가장 자세한 전기인, 월터 무어가 쓴 『슈뢰딩거의 삶』(사이언스북스, 1997)도 번역본으로 읽을 수 있다. 분자생물학의 역사에 대해서는 미셸 모랑주가 쓴 『분자생물학』(몸과마음, 2004)이 추천할 만하다. 이블린 폭스 켈러의 『유전자의 세기는 끝났다』는 1980년대부터 유전자 결정론이 서서히 극복되는 과정을 보여 준다.

http://plato.stanford.edu/entries/molecular-biology/
스탠퍼드 대학교에서 나온 온라인 철학 사전의 분자생물학 항목. 참고 문헌과 링크도 유용하다.

인간유전체 프로젝트

인간게놈프로젝트 또는 휴먼게놈프로젝트라고도 한다. 1990년 미국을 중심으로 프랑스, 영국, 일본 등 15개국이 함께 시작한 사업으로 인간 유전체를 구성하는 염기서열을 모두 밝혀내는 것을 일차적인 목표로 했고 현재는 그러한 염기서열이 어떤 단백질을 만드는지 알아 내는 2차 프로젝트가 진행중이다. 게놈이란 한 개체가 지닌 유전자의 총합을 말하며 이는 생명현상의 유지 및 모든 형질의 발현에 필요한 유전자 정보의 총체이다. 인간의 게놈은 22쌍의 상염색체와 1쌍의 성염색체, 즉 23쌍의 서로 다른 염색체로 이루어진다. 인간 세포 속의 세포핵에는 2중 나선형으로 꼬여 있는 23쌍, 즉 46개의 염색체에 모든 유전정보가 담겨 있다는 것으로, 유전정보를 담고 있는 물질은 DNA(디옥시리보핵산)이고 이는 A(아데닌)·G(구아닌)·C(시토닌)·T(티민) 등 4가지 염기의 다양한 조합으로 이루어져 있다. 이 염기들은 게놈 상에서 수백만, 수억만 번이나 반복되며, DNA 분석에는 많은 사람들로부터 얻은 소량의 혈액이나 조직 샘플이 이용된다. 개인은 유전적으로 99.9%가 서로 동일하지만 0.1%의 차이 때문에 질병, 독극물, 병원체, 의약품 등에 대해 서로 다른 반응을 일으키게 된다. 따라서 이 프로젝트가 마지막 단계까지 완성되면 현재로서는 판단하기 힘든 질병의 초기 진단이 가능해지고 같은 질병이라도 그 정도와 유전적인 형태에 따라 치료 방법이 달라져 많은 난치병이 정복될 것으로 기대되고 있다. 이미 손상되어 기능의 재생이 불가능한 세포나 조직 또는 장기를 대체할 수 있고, 노화 방지에 따른 질병 예방과 수명 연장도 가능하게 될 것이라는 더 나아간 기대도 해 볼 수 있다. 그러나 유전정보 활용과 관련되어 개인의 사생활 침해 문제가 발생할 수 있고, 복제인간 문제 등 윤리적으로 민감한 문제가 제기되기도 하였다. 인간 유전체 연구와 관련된 여러 사회적·윤리적 쟁점에 구체적으로 대응하기 위해 1997년 11월에 열린 유네스코 29차 총회에서 '인간 게놈과 인권에 관한 보편선언'이 발표되기도 하였다.

2장

과학자들과 철학자들
'과학적인 것'에 대해 논쟁하다

실험적 사실만이 과학적인 것: 에른스트 마흐

●

홍성욱

모든 이론에 의심을 품은 과학계의 셜록 홈즈

뉴턴은 그의 대작 『프린키피아』(1687)에서 세 가지 운동법칙과 만유인력을 도입함으로써 우주에 질서를 부여했다. 그렇지만 조화로운 뉴턴의 세계관은 영원히 지속되지 못했다. 19세기 전반부에는 열역학 제1법칙인 에너지 보존법칙[†]이 발견되면서 에너지 개념이 부상했다. 또 곧바로 자연계의 엔트로피가 항상 증가한다는 열역학 제2법칙이 만들어졌다. 물리학자들이 이런 열역학 법칙들이 얼마나 근본적인 자연법칙인가를 놓고 논쟁하고 있을 때, 분광학(分光學)의 연구는 원자가 더 작은 입자로 쪼개

[†] 1842년 로버트 마이어(Robert Meyer)에 의해 확립된 법칙으로 에너지는 그 전환 과정에서 한 형태의 에너지에서 다른 형태의 에너지로 전환될 뿐이며, 에너지 전환이 일어나기 전후의 에너지의 총합은 항상 일정하게 보존된다는 것을 에너지 보존 법칙이라고 한다.

질 수 있다는 가능성을 시사했다. 뉴턴의 입자설을 뒤집고 등장한 빛의 파동 이론은 여러 현상을 잘 설명했지만, 빛이 파동이라면 으레 있어야 할 매질 에테르(ether)의 존재는 실험적으로 검출되지 않았다.[†]

오스트리아의 물리학자이자 과학철학자였던 에른스트 마흐는 이러한 혼란기에 과학의 토대를 다지는 작업에, 즉 과학(특히 물리학)에서 받아들일 수 있는 것과 그렇지 않은 것을 골라내는 작업에 평생을 바친 사람이었다. 마흐는 17세에 비엔나 대학에 입학해서 22세에 전기 실험에 대한 논문으로 박사학위를 받고, 실험물리학자로 과학계에 첫 발을 내디뎠다. 그렇지만 마흐는 이미 이 무렵에 인간의 감각, 지각, 심리학에 관심을 가지게 되었고, 물리학을 하면서 점차 실험생리학과 실험심리학에 몰두했다.

마흐는 스물여섯 살이 되던 1864년에 오스트리아 그라즈(Graz) 대학교의 수학 교수가 되었고, 3년 뒤

에른스트 마흐(Ernst Mach, 1838 ~1916)_ 지식은 감각 경험과 관찰을 개념적으로 조직한 것이라고 본 마흐는 절대 시공간과 같은 형이상학적인 개념을 거부했으며, 이는 아인슈타인이 상대성 이론에 대한 생각을 발전시키는 데 도움을 주었다. 음속에 대한 비율로 속도를 표현하는 마흐수를 창안안 학자이기도 하다.

[†] 빛의 입자설과 파동설의 대립은 과학사상 유명한 일이다. 입자설은 뉴턴이 그의 저서 『광학』(1704)에서 빛의 본체는 물체에서 사출되는 미립자라는 견해를 제시하였고, 파동설은 17세기 초 C.호이겐스가 제창하였다. 에테르라는 말은 빛의 파동설과 밀접한 관련이 있는데, 빛을 파동으로 생각했을 때 이 파동을 전파하는 매질(媒質)로 생각되었던 가상적인 물질이 바로 에테르(Ether)이다(에테르는 맑고 깨끗한 대기라는 뜻). 빛의 파동설을 처음으로 제창한 호이겐스는 단단하며 탄성이 있는 미립자의 모임으로 에테르를 상정하였다. 19세기에 T.영이 입자설로는 설명할 수 없는 빛의 간섭현상을 발견하여 파동설을 수립하기까지 빛의 입자설이 일반적으로 받아들여지게 되었다. 그러나 1905년 아인슈타인이 광양자설(光量子說), 즉 빛은 연속적인 파동으로서 공간에 퍼지는 것이 아니라 입자(粒子: 광전자)로서 불연속적으로 진행한다고 주장하면서 입자설은 부활하였고, 오늘날 양자 역학에서는 빛의 파동설과 입자설이 양립할 수 있는 것으로 다루어지고 있다.

인 1867년에 프라하 대학교의 실험물리학 교수좌로 자리를 옮긴 뒤 이 대학에서 28년 동안 재직했다. 『역학의 발달』, 『감각의 분석』과 같은 마흐의 논쟁적인 저술들이 대부분 이 시기에 나왔다. 그는 1895년에 오스트리아의 명문 비엔나 대학교의 자연 철학 교수에 초빙되었지만 지병이 악화되어 1901년에 은퇴한 뒤에 저술 활동에 전념했다. 『지식과 오류』, 『공간과 기하학』 등의 저서는 은퇴 후에 저술한 것들이었다.

마흐는 당시 물리학에서 무엇이 철학적으로 중요한 문제인가를 지적하는 데 탁월했지만, 조금이라도 의심스러운 것을 거부하는 성향이 너무 강한 나머지 원자론, 분자론, 열역학 제2법칙과 같이 당시 물리학의 놀라운 성과들을 끝까지 받아들이지 않았다. 마흐는 에너지 보존법칙도 사람이 만들어낸 '관습' 정도에 불과하다고 보면서 그 절대성을 부정했다. 남들은 의심 없이 받아들이던 이론을 계속 의심하고 새로운 설명을 찾아보려 했다는 의미에서 마흐는 당시 과학계의 '셜록 홈즈'라고 할 수 있다.

실험물리학자였던 마흐는 모든 '이론'에 대해서 비판적이거나 회의적이었다. 그는 실험적 사실을 가장 신뢰했으며, 그 다음이 개념, 관찰의 순이었고, 마지막으로 이론에 대해 가장 회의적이었다. 마흐는 실험적 사실에 비추어 이론을 바꾸는 것은 타당하지만, 역으로 사실을 이론에 끼워 맞추는 것은 잘못된 방법이라고 보았다. 만약에 한 가지 사실을 두 가지 이론이 모두 설명한다면, 어차피 두 이론 모두가 관습에 불과하기 때문에 마흐는 이 중에서 우리의 생각을 더 간단하고 '경제적'으로 만들

과학자들과 철학자들 '과학적인 것'에 대해 논쟁하다

어 주는 이론을 택하면 된다고 주장했다. 이것이 마흐가 주창했던 '생각의 경제성 원리'였다.

경험적으로 측정할 수 있는 것만이 과학

마흐에게는 여러 가지 수식어가 붙는다. 그는 경험적으로 검증불가능한 이론적 언술을 과학에서는 수용하면 안 된다고 생각했기 때문에 보통 실증주의자라고 불린다. 또 그는 종종 외부세계에 대한 감각 경험과 측정을 강조했다는 점 때문에 도구주의자, 경험론자라고도 불린다. 경험과 관찰을 강조한 마흐의 철학은 논리 실증주의 과학철학을 출범시킨 비엔나 모임의 구성원들에게 큰 영향을 주었는데, 비엔나 모임은 초기에 스스로를 '에른스트 마흐 학회'라고 불렀을 정도였다. 마흐의 영향은 조지프 슘페터[†]와 같은 경제학자, 막스 아들러[‡]와 같은 사회과학자들에게도 지대했다.

마흐의 이론에 대한 비판의 칼날은 뉴턴에까지 미쳤다. 그는 뉴턴이 주장했던 절대공간과 절대시간을 비판하고 부정했으며, 물질의 관성질량($m=F/a$)이 뉴턴이 주장했듯이 물체의 고유한 성질이 아니라 그 물체와 우주의 다른 모든 물체의 연관에서 비

[†] 슘페터(Joseph Schumpter, 1883~1950)는 경기 순환론을 제창한 오스트리아 출신 경제학자이다.
[‡] 아들러(Max Adler, 1873~1937)는 오스트리아 출신 마르크스주의 사회학자 겸 철학자로 사회민주당에서 정치가로서도 활동했다.

루트비히 볼츠만(Ludwig Boltz-
mann, 1844~1906)_ 오스트리
아의 물리학자. 통계역학을 정립하
는 데 결정적인 역할을 했던 선구자
중 한 명이다.

롯되는 양이라고 주장했다. 마흐의 대담한 주장은 훗
날 학창 시절의 젊은 아인슈타인에게 큰 영향을 미쳐
서 아인슈타인이 뉴턴 체계를 허물어버린 상대성 이
론을 만들 때 영감으로 작용했다. 아인슈타인은 일반
상대론에 대한 논문에서 마흐를 직접 언급했으며, 자
서전에서 "마흐의 타협 없는 의심의 정신과 독립심에
서 그의 위대함을 보았다"고 그를 높이 평가했다.

마흐와 아인슈타인의 관계에는 역설적인 측면이
있다. 학창 시절 아인슈타인은 마흐가 행한 뉴턴 체
계의 비판에 깊은 감명을 받았다. 이런 영향으로 아
인슈타인은 뉴턴의 이론 체계를 뛰어넘는 더 거대한 상대성 '이
론'의 체계를 세우기 위해 마흐의 뉴턴 비판을 수용했다. 하지
만 마흐는 아인슈타인과 달리 모든 이론에 대해 의심하는 성향
을 버리지는 않았다. 때문에 아인슈타인은 모든 이론을 거부한
마흐의 인식론을 "구태의연한 것"으로 간주했다. 반면에 모든
이론에 대해 회의적이었던 마흐는 아인슈타인의 상대성 이론을
끝내 받아들이지 않았다. 그는 자신이 상대성 이론의 원조 격으
로 간주되는 데에도 상당한 불쾌감을 표시했다. 마흐는 아인슈
타인의 상대성 이론에 대한 본격적인 비판을 쓰겠다고 호언장
담했지만, 이 비판은 끝내 이루어지지 못했다.

마흐는 당시에 원자론을 주창했던 물리학자 루트비히 볼츠만
과 격렬한 논쟁을 벌였으며, 나중에 독일 물리학계의 거장이 된
막스 플랑크와도 논쟁에 휘말렸다. 플랑크와는 열역학 제1, 2법

칙을 놓고 과학적 논쟁을 하기도 했지만, 독일 고등
학교에서 과학 교육을 어떻게 해야 할 것인가를 놓고
도 대립했다. 마흐는 아직 참인지 거짓인지도 모르는
복잡한 과학 이론을 학생들에게 가르칠 필요가 없다
고 보았던 반면에, 잘 확립된 이론이 참임을 믿었던
플랑크는 마흐의 이러한 주장에 강하게 반대했던 것
이다.

막스 플랑크(Max Planck, 1858~
1947)_ 독일의 이론물리학자.
1900년에 에너지가 연속적이지 않
고 불연속적이라는 가설을 제창함으
로써 양자 물리학의 문을 열었다.

세계를 인식하는 다른 관점

인식의 기초로서 인간의 감각을 강조한 마흐는 1886년에 출판
되고 1901년에 개정된 『감각의 분석』에서 물리적, 생리적, 심리
적 감각을 총체적으로 해석했다. 그는 우리가 세상에 대해 가지
고 있는 지각과 지식의 총체가 물리적, 생리적, 심리적 감각 요
소들의 복합체로 구성된다고 보았다. 때문에 마흐는 우리가 알
수 없는 '물자체(Ding an Sich)'†가 존재한다는 것을 부정했다.
마흐에 의하면 색깔, 소리, 온도, 시공간만이 아니라 외부에 존
재하는 대상이나 물질 등도 전부 감각 요소들의 복합체에 불과
한 것이었다. 외부 세계에 존재하는 외부적인 감각 요소들은 인
간의 내적인(즉 심리적인) 감각 요소들을 자극하기도 하지만 이

---

† 우리의 감각에 드러나는 현상이 아니라 인식 주관으로부터 독립하여 그 자체로서 존재하는 본체(本體) 또는 선
험적 대상(先驗的對象).

것들에 의해서 변형되기도 했다. 이런 상호작용 때문에 마흐의 감각 철학에서 주체와 객체의 구별은 자연스럽게 사라졌다.

마흐의 이러한 주장에 대해 가장 적대적인 반론을 편 사람은 철학자나 물리학자가 아니라 러시아 혁명가 블라디미르 레닌이

책 속 으 로

레닌, 『유물론과 경험비판론』 5장 2절. "물질은 소멸되었는가"

마흐의 새로운 물리학과 관련해서 마흐주의의 오류는 철학적 유물론의 기반을 무시하고 또 형이상학적 유물론과 변증법적 유물론의 차이를 무시하는 것이다. 변화하지 않는 원소의 인정, 혹은 사물의 변화하지 않는 실체를 인정하는 것은 유물론이 아니라, 오히려 그 반대, 즉 형이상학적이고 반(反)변증법적인 유물론이다. 이것이 디츠겐(J. Dietzgen)이 과학의 대상은 끝이 없고, 무한한 것만이 아니라 가장 작은 원자도 측정 불가능하며, 그 끝을 알 수 없고, 고갈됨이 없다고 말한 이유이다. 이것이 엥겔스가 코울타르에서 알리자린 발견의 예를 이용하여 기계적 유물론을 비판한 이유이다. 변증법적 유물론의 관점에서 질문을 제대로 하기 위해서는 우리는 다음과 같은 질문을 던져야 한다. 전자나 에테르와 같은 것들이 인간의 정신 밖에 객관적 실재로 존재하는가 그렇지 않은가? 과학자들은 인간 이전에, 유기체 이전에 자연 세계가 존재했다고 주저하지 않고 대답하듯이, 이 질문에 대해서도 그렇다라고 답을 할 것이다. 그렇기 때문에 이러한 질문은 유물론의 손을 들어 준다. 우리가 이미 얘기했듯이 물질이라는 개념은 인식론적으로는 인간 정신 외부에 독립적으로 존재하는 객관적 실재 이외에 다른 어떤 것도 아니기 때문이다.

블라디미르 레닌(Vladimir Lenin, 1870~1924)_ 러시아 공산당을 창설하여 혁명을 지도했던 레닌
은 마흐가 지식이 감각 경험의 총체일 뿐이라는 주장한 것에 대해, 외부의 세계는 우리의 감각과는 무
관하게 존재하는 것이라고 반론을 폈다. 레닌은 현대 물리학의 발전은 변증법적 유물론을 뒷받침한다
고 주장했다.

었다. 당시 마흐의 사상은 알렉산더 보그다노프(Aleksandr
Bogdanov, 1873~1928), 아나톨리 루나차르스키(Anatorii
Lunacharskii, 1875~1933)와 같은 볼셰비키 혁명가들에게까지 그
영향을 미쳤고, 특히 보그다노프는 관념론과 유물론의 이원론
을 극복하는 방안으로 정신이나 물질 중 어느 하나도 근본적인
것이 아니며 이 둘 모두가 경험의 구성물이라고 주장하면서 세
상에 대한 주체의 개입을 강조하는 '경험 일원론'을 제창했다.
이들은 볼셰비키당의 유물론을 인간의 경험과는 무관한 '물자
체'를 상정하는 칸트의 이원론이라고 비판했다.
　레닌은 이와 같은 견해가 마르크스주의의 유물론의 근간을
흔드는 반동이라고 간주하고, 1909년에 출판된『유물론과 경험

푸앵카레(Jules-Henri Poincaré, 1854~1912)_ 프랑스의 수학자. 수론, 삼체문제, 상대성 이론에 크게 기여했다. 『과학과 가설』(1903), 『과학과 가치』(1904)와 같은 영향력 있는 철학적 저서도 집필했다.

비판론』에서 마흐와 러시아 마흐주의자들을 원색적으로 비판했다. 레닌은 외부의 사물은 우리의 감각의 총체가 아니라 우리의 감각과는 무관하게 존재하는 것이며, 우리의 지각은 이러한 외부의 존재의 이미지에 다름 아님을 강조했다. 그는 세계는 인간이 존재하기 전부터 존재했다는 단순한 사실이 마흐주의자의 관념론을 논박할 수 있다고 하면서, 자신의 유물론이 "건전한 보통 사람"의 "소박한 믿음"에 근거한다고 강조했다. 레닌은 이 책을 쓰기 위해서 마르크스와 엥겔스의 저작은 물론 당시 푸앵카레나 조지프 톰슨(Joseph. J. Thomson, 1856~1940)과 같은 프랑스, 영국 과학자들의 저서와 논문을 찾아 읽었고, 이를 기반으로 물리학의 발전이 물질이 소멸했다는 관념론이 아니라 변증법적 유물론을 지지한다고 설파했다. 레닌의 저서는 러시아에서 널리 읽혔고 러시아 혁명 이후 오랫동안 소련 사회를 지배했다. 마흐가 자신을 비판했던 레닌의 저서에 대해서 어떤 반응을 보였는지는 알려진 바가 없다.

≡ 더 읽어볼 만한 자료들 ════════════════════════════════

국내에서 마흐의 저서나 논문은 번역된 것이 거의 없으며 마흐에 대한 연구도 거의 없다.
레닌의 『유물론과 경험비판론』은 1992년 돌베개출판사에서 번역본이 나왔다.

http://elvers.stjoe.udayton.edu/history/people/Mach.html
마흐에 대한 수많은 웹사이트를 모아둔 페이지(영문)
http://www.phy.bg.ac.yu/web_projects/giants/mach.html
마흐에 대한 아주 간략한 전기
http://www.marxists.org/reference/subject/philosophy/works/ge/mach.htm
마흐의 논쟁적인 저서인 『감각의 분석』의 도입부가 발췌되어 있다.
http://www.marxists.org/archive/lenin/works/1908/mec/
레닌의 『유물론과 경험비판론』 전문을 볼 수 있다.

조용한 물리학도에서 괴짜 철학자로:
루트비히 비트겐슈타인

●

이상욱

철학은 치유治癒다

다비트 힐베르트(David Hilbert, 1862~1943)_ 현대 수학의 아버지라 불리는 힐베르트는 기하학을 일련의 공리(公理)로 환원했고, 수학의 형식주의 기초를 세우는 데 공헌했다.

20세기 초 유럽 철학계는 아인슈타인의 상대성 이론에 의해 뉴턴의 세계관이 붕괴하는 과정에 대해 철학적 함의를 탐색하기에 분주했다. 경험적 과학 이론의 급격한 변화만큼이나 철학자들을 흥분시켰던 사건은 고트로프 프레게(Gottlob Frege, 1848~1925)와 버트란드 러셀(Bertrand Russell, 1872~1970) 등에 의해 명제의 형식적 구조만을 독립적으로 논의할 수 있는 새로운 기호논리학이 발전된 것과 수학에서 참이라고 믿어지는 모든 명제를 엄밀한 방식으로 증명하려는 다비트 힐베르트의 수학기초론 논의가 프레게-러셀의 새로운 논리학을 통해 보다 본격적으로 전개될 수 있음을 수학자들이 깨닫게 된 것이었다.

칸트에 따르면 뉴턴 역학은 경험적 세계를 다루고 있으면서도 필연적으로 참일 수 있는 선험적 종합의 대표적 지식이었다. 마찬가지로 우리가 살고 있는 세계가 3차원 유클리드 기하학에 의해 서술될 수 있다는 사실 역시 칸트 이후의 철학자들에게는 의심할 수 없는 사실이었다. 하지만 그렇게 확실시 되던 뉴턴 역학과 3차원 유클리드 공간 구조가 상대성 이론의 등장과 함께 더 이상 참으로 생각될 수 없음이 밝혀지자 다양한 성향의 철학자들은 나름대로 이와 같은 지식세계의 일대 변혁을 철학적으로 조화롭게 이해하려고 노력하게 되었다.

그 중에는 칸트의 주장을 새롭게 해석하면 칸트의 선험적 종합 개념이나 지식 이론을 새로운 과학 이론과 양립 가능하게 만들 수 있다고 주장했던 에른스트 카시러(Ernst Cassirer, 1874~1945) 등의 신칸트주의자들도 있었고, 프레게-러셀 등의 기호논리학을 새로운 과학 이론의 철학적 분석에 활용하려는 시도도 있었다. 루트비히 비트겐슈타인은 이후에 소개될 비엔나 모임에 속한 여러 철학자들과 함께 이와 같은 현대 과학에 대한 논리적 시도를 20세기의 중요한 철학적 흐름으로 완성시킨 철학자였다.

비트겐슈타인은 또한 자신의 일생 동안 영향력 있는 철학하기의 방식을 하나도 아니고 둘씩이나 시작했다는 점에서도 유명하다. 그래서 그의 철학은 흔히

루트비히 비트겐슈타인(Ludwig Wittgenstein, 1889~1951)_ 논리학 이론과 언어철학에서 탁월한 업적을 남긴 철학자로 그의 스승이었던 러셀은 비트겐슈타인을 알게 된 것이 자신의 삶에서 "가장 흥미로운 지적 모험 가운데 하나"였다고 평가했다.

전기와 후기로 나뉜다. 비트겐슈타인은 젊은 시절 우선 프레게-러셀의 기호논리학적 방법론을 원용하여 세계와 언어의 관계에 대한 엄격한 분석을 시도했고 이는 1921년 출간된 『논리철학 논고』라는 잠언모음집 형식의 책으로 완성된다. 비트겐슈타인의 전기 철학은 이후 영미 철학의 여러 분야, 특히 언어, 과학, 물질과 마음의 관계 등에 대한 논의에 막대한 영향을 끼쳤다.

『논고』 출간 이후 철학 연구에서 자신이 할 일은 다했다고 생각한 비트겐슈타인은 중등학교에서 학생을 가르치거나 누나의 비엔나 집을 설계해 주는 등의 일을 하면서 시간을 보낸다. 그

책 속 으 로

비트겐슈타인이 1921년 독일어로 발간한 『논리철학 논고』는 1922년과 1961년의 두 번에 걸쳐 영어본이 출간되었다. 『논고』는 모두 7개의 중심 문장과 그 문장에서 파생된 여러 문장들이 결합된 형태로 되어 있다. 다음에 제시되는 것은 『논고』의 전체 내용을 짐작할 수 있게 해 주는 7개 문장이다.

1. 세계는 일어난 것 모두이다.
2. 일어난 것, 즉 사실은 원자적 사실의 있음이다.
3. 사실의 논리적 그림이 생각이다.
4. 생각은 의미를 가진 명제이다.
5. 명제는 기초 명제의 진리 함수이다.
6. 진리 함수의 일반적인 형태는 $[\bar{p}, \bar{\xi}, N(\bar{\xi})]$이다.
7. 말할 수 없는 것에 대해서는 침묵해야 한다.

러던 중 비트겐슈타인 자신의 『논고』로부터 점차 멀어지게 되고 결국에는 언어가 세계와 관련 맺는 방식이나 우리의 사회문화적 관습과 함께 작동하는 방식에 대한 전혀 다른 생각을 갖게 된다. 이 시기의 비트겐슈타인에게 특별히 중요했던 것은 언어가 세계와의 일대일 대응을 통해 의미를 얻게 되는 것이 아니라 언어 사용자의 구체적이고 상황 의존적인 사용을 통해 의미가 확정된다는 깨달음이었다. 비트겐슈타인은 이러한 생각에 기반하여 철학적 문제의 본성은 거창한 형이상학적 이론이 아니라 언어가 올바르게 작동하지 않는 이유를 찾아내고 치유하는 치료적 기능이라고 제안하게 된다. 이러한 생각을 담은 비트겐슈타인 후기 철학의 결정판 『철학적 탐구』는 그의 사후 1953년에 출판되어 철학뿐만 아니라 언어학 및 사회과학에 지대한 영향을 끼쳤다.

예술, 물리학을 거쳐 철학으로

루트비히 비트겐슈타인은 1889년 4월 26일 비엔나에서, 자수성가한 유태계 철강사업가의 막내아들로 태어났다. 비트겐슈타인 가문은 당시 유럽을 통틀어서도 몇 손가락 안에 드는 거부였다. 단순히 돈만 많았던 것이 아니라 그 돈을 쓰는 방식에 있어서도 비엔나 사람다웠던 비트겐슈타인의 부모는 음악을 비롯한 예술을 사랑하고 적극적으로 후원했다. 그래서 비트겐슈타인이 어린 시절 온 집안에는 당시 비엔나 첨단의 문화예술 분위기가 넘쳐났다고 한다. 요하네스 브람스, 구스타프 말러, 아르놀트 쇤베르크, 요제프 요아힘, 파블로 카잘스, 부르노 발터 등 당시 음악계의 최고 유명 인사들이 자주 비트겐슈타인의 집을 드나들었고 집안의 아이들은 모두 음악적 재능이 뛰어났다. 그 중에서도 맏형 한스는 아버지의 뒤를 이어 사업가가 되는 대신 음악을 하길 원하다 엄격한 아버지와 충돌하게 되었고 결국에는 자살로 비극적 삶을 마감했다. 둘째 형 파울은 훌륭한 피아니스트였는데 1차 세계대전에서 오른팔을 잃은 후 우리에게는 〈볼레로〉로 유명한 모리스 라벨(Maurice Ravel)로부터 왼손만을 위한 피아노 협주곡을 헌정 받아 연주하기도 하였다. 루트비히 비트겐슈타인도 자신의 철학적 생각은 언어를 통해 말할 수 있는 것보다는 음악이나 건축과 같은 다른 예술장르를 통해 '보여줌'으로써 더 정확하게 표현될 수 있다고 말하곤 했다.

자식의 교육에 대해 매우 확고한 견해를 가지고 있었던 아버지 덕분으로 비트겐슈타인은 어려서부터 가정교사에 의해 초등 교육을 받았다. 그 후 그는 린츠의 레알슐레(실업학교)에 입학하여 공학을 공부하였는데 이 학교는 비트겐슈타인이 입학하기 전에 히틀러가 다니다가 퇴학당한 학교였다. 당시 오스트리아의 공학 교육은 물리학에 대한 탄탄한 기초를 강조했고, 이 덕분에 비트겐슈타인은 물리학을 비롯한 과학 지식의 구조와 성격에 대해 착실하게 공부할 수 있었다. 그는 당시 최고의 물리학자였던 볼츠만의 견해에 매료

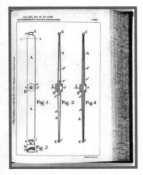

비트겐슈타인이 항공공학을 배울 때
그린 항공기 엔진 그림

되어 그에게로 가서 물리학 공부를 계속하려 마음먹었지만, 볼츠만이 갑작스럽게 죽는 바람에 대신 1908년 영국 맨체스터로 가서 항공공학을 공부하게 된다. 이즈음에 비트겐슈타인은 프레게와 러셀에 의해 시작된, 당시로는 최첨단의 기호논리학과 수학기초론 논의에 접하게 되었고 강한 인상을 받았다고 한다. 1911년 예나(Jena)로 프레게를 찾아가서 배움을 청했던 젊은 비트겐슈타인은 프레게로부터 영국의 러셀을 찾아가 공부할 것을 권유받는다. 결국 비트겐슈타인은 같은 해 케임브리지로 러셀을 찾아가 연구생으로 공부를 시작한다.

러셀의 회고에 따르면 비트겐슈타인이 어느 날 강의가 끝난 후 찾아와 자신이 바보가 아닌지 알려 달라고 질문을 했다고 한다. '왜 그러냐'는 러셀의 반문에 비트겐슈타인은 자신이 바보가 아니라면 철학을 공부하겠다고 대답했다는 것이다. 이에 러셀은 비트겐슈타인에게 방학 동안 철학적 에세이를 한 편 써올 것을 주문했고 비트겐슈타인이 제출한 에세이의 첫 문장을 읽고는 바로 비트겐슈타인에게 철학을 해야 한다고 단언했다고 한다. 이 일화는 비트겐슈타인이 현대 영미철학에서 차지하는 위치를 단적으로 보여준다. 러셀을 포함한 케임브리지의 학자들에게 비트겐슈타인의 천재성은 시간이 지날수록 너무도 분명했다. 그리고 러셀은 자신이 추구하던 철학적 작업을 충실하게, 자신이 다하지 못한 바로 그 지점에서 더 진전시키려는 비트겐슈타인에

버트란드 러셀(Bertrand Russell, 1872~1970)_ 영국의 논리학자이자 철학자로 특히 수리논리학 분야의 저서들이 유명하다. 20세기 지식인 가운데 가장 다양한 분야에 영향을 미친 인물로 평가된다.

게 매혹되었다.

언어는 세계의 논리적 구조를 우리가 지각할 수 있게 제시
한다

이때부터 시작된 비트겐슈타인의 연구의 결과가 결집된 『논리철
학 논고』는 그가 1차 세계대전에 참전할 당시 참호 속에서 적은
노트에 기초하여 1921년 독일어로 먼저 출간되었고 바로 다음
해에 영어로 출간되었다. 『논고』는 90쪽이 약간 넘는 얇은 책으
로, 장 구별도 없이 2.1.4 식으로 번호가 매겨진 잠언 투의 간결
한 문장으로 구성되어 있다. 이 책에 제시된 비트겐슈타인 철학
의 핵심은 흔히 언어에 대한 '그림 이론'이라 불린다. 간단히 이
야기하자면 언어는 세계가 어떠어떠하다고 그 구조를 그려주
는 명제로 이루어져 있다는 것이다. 이때 명제란 사고가 경험
적으로 지각 가능한 형태로 표현된 것인데, 여기서 핵심적인 것
은 우리의 사고가 세계에 대한 사실의 논리적 구조에 대응된
다는 비트겐슈타인의 주장이다. 결국 정리하자면, 언어란 세계
에 대한 참된 사실의 논리적 구조를 우리가 경험적으로 확인할
수 있는 방식으로 그려 주는(표현해 주는) 매체가 된다. 이때 '그
림'이란 정물화처럼 세계의 사실과 시각적으로 동일한 것을 의
미하기보다는 과학 이론의 용수철 모형처럼 추상화된 형태로 세
계의 '논리적' 특성을 올바르게 잡아낸 것을 의미한다.
　비트겐슈타인이 제안한 언어의 그림 이론에 따르면 언어가

세계의 논리적 구조를 우리가 지각 가능한 형태로 제시해 주고 있으므로, 경험적 방식으로 세계를 탐구하는 자연과학적 지식은 세계가 존재하는 방식을 그대로 잡아낼 수 있는 가능성이 확보된다. 하지만 일상 언어는 사실의 논리적 구조가 제대로 드러나지 않고 감추어져 있기에 이를 드러내기 위해서는 철학적 '해명' 작업이 필요하다. 이 해명 작업에 프레게-러셀이 도입한 기호논리학적 분석 방법이 동원될 수 있다는 것이 비트겐슈타인의 생각이었다. 이렇게 언어에 대한 적절한 논리적 분석과 해명이 이루어지고 나면, 과거 철학자들이 중대한 철학적 문제라고 여겨왔던 것들이 실제로는 언어의 '혼동'에서 비롯되었음을 알아 낼 수도 있다. 실제로 비트겐슈타인은 전통적으로 중요시되었던 형이상학과 윤리학의 대부분 주장들이 모두 세계의 논리적 구조와 적절히 대응될 수 없는 무의미한 것임을 주장했다. 이 점을 강조하듯 『논고』의 마지막 문장은 '말할 수 없는 것에 대해서는 침묵해야 한다'는 내용을 담고 있다.

『논고』는 출간 즉시 학계의 주목을 받으며 수많은 사람들에 의해 논의되었다. 당시 비엔나에서 정기적으로 모임을 갖던 일군의 철학자들도 『논고』에 깊은 관심을 표명했는데 1927년에 잠시 비엔나에 머물던 비트겐슈타인이 이 비엔나 모임(Vienna Circle)의 학자들과 의견을 교환하기도 했다. 그러나 비트겐슈타인과 후일 논리 실증주의자로 알려질 비엔나 모임의 학자들 사이의 토론은 불규칙적이었고 학자마다 받은 영향력이 달랐다. 비트겐슈타인은 비엔나 모임의 정기 토론회에 참석하기를 거부했고 항상 자신이 지정한 사람들과 단독 모임을 갖기를 원했다.

토론 자체를 당혹스러워 했고 자신의 견해에 대한 반박에 그 자리에서 재반론을 펴는 일에도 익숙하지 않았던 비트겐슈타인은 조용한 어조로 자신의 견해를 이야기하고 이를 모리츠 슐리크나 프리드리히 바이스만(Friedrich Waismann, 1896~1959)이 받아 적어 비엔나 모임의 다른 구성원들에게 전달하는 방식을 선호했다. 이렇게 전달된 비트겐슈타인의 견해는 비엔나 모임의 학자들에 의해 토의되었고 그들의 반응은 취합되어 다시 비트겐슈타인에게 전달되었다. 이러한 간접적 접촉을 통해 비트겐슈타인은 『논고』에서 『탐구』로 넘어가는 중요한 시기에 상당한 지적 자극을 얻을 수 있었고, 슐리크와 카르납을 비롯한 몇몇 비엔나 모임의 학자들도 비트겐슈타인의 영향을 지속적으로 받게 되었다.

과학이 기술記述할 수 없는 것을 철학으로 '보여주기'

하지만 비엔나 모임에서는 오토 노이라트(Otto Neurath, 1882~1945)와 같이 과학 이론에 대한 비트겐슈타인의 언어적 접근법에 회의적인 학자들도 있었다. 노이라트에게는 말할 수 있는 것과 말할 수 없는 것에 대해 선험적으로 규정한 비트겐슈타인의 철학 자체가 새로운 철학의 입장에서 공격받아야 할 형이상학이었다. 그래서인지 노이라트는 『논고』가 비엔나 모임에서 토론될 때 거의 매 문장마다 '형이상학!' 이라고 소리쳤고, 결국에는 다른 학자들이 차라리 비트겐슈타인의 견해 중에서 형이상학이 아니라고 생각될 수 있는 부분이 나올 때만 '형이상학 아님!'이라고 외치는 것이 토론을 진행하는 데 도움이 될 것이라고 말할 지경까지 이르렀다.

한편 비트겐슈타인도 자신의 견해가 비엔나 모임의 학자들에게 제대로 이해되지 않는다고 불평했다. 한때 비트겐슈타인은 '사과나무'의 비유를 들어 이와 같은 불편한 심기를 드러내기도 하였다. 카르납이 물리주의에 대한 논문에서 자신은 빼고 오직 노이라트의 영향만을 언급한 데 대해 격분한 비트겐슈타인은 자신의 정원에 만약 사과나무가 있다면 거기에 달린 사과를 슐리크나 바이스만과는 기꺼이 나누겠지만 카르납처럼 다른 사람이 말없이 가져가는 것은 참을 수 없다고 말했다. 그에 비해 카르납은 비트겐슈타인이 독창적인 사상가이기는 하지만 늘 완결되지 않은 상태에만 머물고 만다고 지적했다. 그래서인지 비트겐슈타인은 철학적 토론보다는 타고르의 시를 낭송함으로써 (그것도 청중들에게 등을 돌린 채로) 자신의 견해를 더 잘 표현할 수 있으리라 생각했다.

흔히 비트겐슈타인의 철학은 과학이 결코 기술할 수 없는 것을 철학적 작업을 통해 '보여줄' 수 있음을 밝혀냈고, 이런 점에서 언어적 과학 연구를 넘어서는 독자적 철학적 작업으로서 언어적 해명을 수립했다는 평가를 받는다. 다시 말하자면 비트겐슈타인은 과학과 철학을 철저하게 경계짓고 과학은 세계에 대해 기술하거나 설명할 수 있는 것의 총체로 그리고 철학은 그

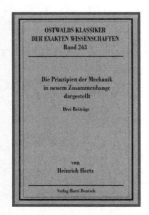

비트겐슈타인에게 영향을 준 헤르츠
의 『역학의 원리』

비트겐슈타인이 마지막으로 남긴 수
기 원고

것을 뛰어넘어 언어 비판의 분석적 형이상학의 가능
성을 탐색하는 것으로 규정했다는 것이다.

하지만 비트겐슈타인이 『논고』의 집필 과정에서
19세기 유명한 물리학자였던 하인리히 헤르츠
(Heinrich R. Hertz, 1857~1894)의 『역학의 원리』로부터
큰 영향을 받았음은 잘 알려져 있다. 게다가 언어의
논리적 구조가 세계에 대한 사실의 논리적 구조에 대
응한다는 생각도 헤르츠가 과학에서 사용하는 모형
이 어떻게 세계를 설명하는지에 대한 분석으로 제시
한 '그림으로서의 모형' 이론과 실질적으로 거의 동
일하다. 그러므로 젊은 시절 물리학도로서 고전 물리
학의 세계관을 잘 알고 있었던 비트겐슈타인이 고전
물리학이 세계를 바라보는 방식의 근본 가정을 기호
논리학의 새로운 도구를 사용하여 언어와 세계와의
관계로 확장시켰다는 해석이 상당한 설득력을 갖게
된다. 철학자들에게는 언어에 대한 분석이 세계에 대
한 경험적 탐구를 벗어나 철학의 독자적 영역을 확보
해 줄 수 있는 가능성을 제공해 준 것으로 알려진 비
트겐슈타인조차 그러한 생각에 이르게 된 과정에서
는 자연과학과 논리학을 넘나드는 범학문적 탐구가
놓여 있었던 것이다.

≡ 더 읽어볼 만한 자료들 ════════════════════

『빈, 비트겐슈타인, 그 세기말의 풍경』(스티븐 툴민, 앨랜 재닉 지음, 이제이북스, 2005,
석기용 옮김)은 19세기 말과 20세기 초의 비엔나의 문화적 배경에서 비트겐슈타인의 철
학을 논의한 책으로 특히 『논고』에 대한 윤리적 해석을 제안한 것으로 유명하다.
『비트겐슈타인 선집』(전7권) 루트비히 비트겐슈타인 저(책세상, 2006, 이영철 옮김)
두 권으로 된 비트겐슈타인의 전기로 『루트비히 비트겐슈타인: 천재의 의무』, 레이 뭉크
지음 (문화과학사, 2000, 남기창 옮김)이 있다.

http://plato.stanford.edu/entries/wittgenstein/
스탠퍼드 대학교의 철학 대백과 사전 비트겐슈타인 항목으로 간략한 전기와 전기, 후기
비트겐슈타인의 철학적 특성을 해설해 놓았다.
http://www.wittgen-cam.ac.uk/
케임브리지 대학의 비트겐슈타인 아카이브로 연대별로 비트겐슈타인의 전기를 사진과
함께 정리한 것 등을 볼 수 있다.

과학적 세계관은 삶에 봉사하며, 삶은 그것을 받아들인다: 비엔나 모임과 논리 실증주의

●

이상욱

전통적 형이상학에서 벗어나려는 새로운 흐름

비엔나 모임(Vienna Circle)이란 자연과학, 사회과학, 논리학, 수학 등의 지적 배경을 가진 서른 명 남짓의 학자들이 1차 세계대전과 2차 세계대전 사이의 시기에 비엔나에서 정기적으로 모여서 철학적 주제에 대해 토론하던 것에 붙여진 명칭이다. 모임 구성원의 지적 배경은 다양했지만 그들을 묶어 주는 주제는 철학하는 방식에 있어서의 혁신적인 변화를 추구하자는 생각이었다. 그들이 추구한 변화는 당시 과학의 혁신적 변화를 반영하는 '과학적 철학'이었다. 비엔나 모임은 철학을 경험적인 과학과는 독립적인 선험적 탐구로 이해하려는 기존의 형이상학적 태도에 대한 거부에서 비롯되었다. 그들은 당시 진행되고 있던 자연과학, 사회과학, 논리학, 수학의 최신 변화에 입각하여 철

학의 여러 문제들이 새롭게 탐구되고 그 탐구 결과가
세계를 변화시키는 데 이바지할 수 있어야 한다고 믿
었다. 비엔나 모임이 활발하게 활동하던 시기의 비엔
나는 사회주의 경향의 정치적 실험이 수행되던 시기
였고 모임의 구성원들은 새로운 세계를 위한 정치적
변혁과 철학계의 변혁을 위한 자신들의 노력 사이에
긴밀한 연관을 보았다. 그들은 자신들의 철학적 작업

모리츠 슐리크(Moritz Schlick,
1882~1936)_ 오스트리아의 철학
자로 비엔나 모임의 리더였다. 『인
식론과 현대 물리학』 등의 저서가
있다.

이 고리타분한 철학의 전통적 이미지를 부정하고, 과
학 지식이 인간 의식을 고양시키고 사회를 변혁하는
데 유용하게 활용될 수 있음을 강조하는 18세기 계몽
주의 문제의식의 연장선 위에 있다는 점을 분명히 인식하고 있
었다.

그러나 이상의 대체적인 문제의식을 벗어나면 비엔나 모임
구성원 전체를 묶어줄 수 있는 철학적 견해를 찾기란 거의 불가
능하다. 진리의 본성에 대한 생각에서도 모리츠 슐리크의 진리
대응설과 오토 노이라트의 진리정합론이 모임 내에서 서로 논
쟁을 벌였고, 존재론과 인식론의 영역에서도 현상론, 물리주의,
정합론과 토대주의가 함께 토론되었다. 일부 학자들은 그럼에
도 불구하고 정밀한 형식논리학의 사용과 수학적 분석의 중요
성이 비엔나 모임을 일관적인 철학적 흐름으로 함께 묶을 수 있
는 근거를 제공해 준다고 생각한다. 하지만, 비엔나 모임에서
슐리크와 더불어 지도자 역할을 수행했던 노이라트는 이와 같
은 논리적 흐름에 대해 분명한 반대 입장을 취했다.

과학과 철학을 넘나드는 학자들의 토론 공동체: 비엔나 모임

국내에서 비엔나 모임은 비엔나 '학단' 이나 '학파' 로 널리 알려져 있다. 하지만 실제로 비엔나 모임은 몇 가지 핵심 주장으로 요약될 수 있는 학파로 규정짓기 어려운 다양성을 가지고 있었다. 그러므로 일종의 토론 공동체인 '모임' 이라는 명칭이 적절하다.

비엔나 모임의 역사에서 중요한 전환점은 노이라트의 초청으로 1922년에 슐리크가 비엔나 대학의 자연철학 교수직을 맡기 위해 비엔나로 오게 된 사건이다. 슐리크가 맡기로 한 교수직은 마흐나 볼츠만과 같은 위대한 물리학자들이 역임했던 매우 중요한 자리였다. 이 자리를 슐리크가 계승하게 된 데는 일반 상대성 이론에 대한 슐리크의 박사학위 논문을 읽고 극찬했던 아인슈타인의 적극적인 추천이 한몫을 했다고 한다. 당시 최고의 물리학자였던 막스 플랑크 밑에서 박사학위를 받은 슐리크를 포함하여 비엔나 모임의 주요 구성원들은 모두 물리학, 수학, 경제학, 사회학 등의 분야의 전문 학자이거나 카르납처럼 물리학과 철학을 함께 전공한 후 현대 물리학의 철학적 의미에 대한 논문으로 학위를 마친 학자들로 과학과 철학을 넘나들던 사람들이었다. 이런 지적 배경을 가진 사람들의 토론 모임에서 20세기를 풍미한 논리 실증주의라는 지적 흐름이 탄생되었다는 사실이 우리의 지적 풍토에 시사하는 바는 매우 크다.

일반적으로 슐리크가 비엔나에 온 이후로 시작된 학술 토론

과학자들과 철학자들 '과학적인 것' 에 대해 논쟁하다

모임이 비엔나 모임이라고 알려져 있다. 하지만 슐리크가 1922년 빈으로 오기 전에도 꽤 오랫동안 노이라트의 주도로 독서와 토론을 하던 활발한 지적 모임이 존재했다. 이 토론 모임을 1차 비엔나 모임이라고 하고 슐리크가 주도한 이후는 2차 비엔나 모임이라고 한다. 1차 비엔나 모임의 정신적 지주는 철저하게 경험에 입각하여 과학 연구와 철학적 작업이 수행되어야 함을 강조했던 에른스트 마흐였다. 노이라트는 마흐의 지적 유산을 발전시키기 위해 에른스트 마흐 학회를 창설했는데 이 학회는 이후 대외적으로 비엔나 모임의 공식기관 역할을 했다.

'비엔나 모임'이라는 명칭이 처음 사용된 것은 1929년에 카르납, 한스 한(Hans Hahn), 노이라트의 이름으로 발표된 「세계에 대한 과학적 파악: 비엔나 모임」이라는 선언적 글에서이다. 이 글의 저자에 슐리크의 이름이 빠진 것은 이 글이 부분적으로는 그가 본(Bonn) 대학의 요청을 거부하고 비엔나에 남기로 결정한 것을 기념하기 위해 작성되었기 때문이다. 그러나 이 글에 담긴 내용 자체도 슐리크가 그다지 달가워 할 내용만은 아니었다.

카르납, 한, 노이라트에 따르면 비엔나 모임은 경험적 근거 없이 세계의 본질에 대해 무용한 논쟁을 일삼는 형이상학에 반대하는 입장과 과학 지식에 기반한 철학을 옹호했다. 여기까지는 슐리크도 적극적으로 공감하였다. 하지만 비엔나 모임이 철저하게 학술적 모임이기를 원했던 슐리크는 철학적 작업이 정치사회적 의미를 갖는 것에 대해 불편해 했다. 그래서 그는 선언의 다음 강조점, 즉 철학적 작업이 사회의 긴박한 문제들과 깊은 연관성을 가진다는 견해에는 공감하기 어려웠다.

논리와 경험이 중요하다

슐리크를 제외한 비엔나 모임의 대다수는 철학적 작업을 통해
당시 진행되고 있던 오스트리아의 사회주의적 정치적 실험에서
보통 교육의 강화와 같은 현실적 개혁에 적극적으로 동참하기
를 원했다. 노이라트와 같은 일부 학자들은 아예 이 개혁 과정
에 뛰어들어 직접 정책을 수립하고 이를 실행하기도 하였다.
1906년 발칸 전쟁 시기의 화폐에 의존하지 않는 특수 경제 상황
에 대한 논문으로 박사학위를 취득한 노이라트는 1919년 바바
리아 공화국에서 중앙계획국의 수장을 맡아 1차 세계대전 이후
의 피폐한 경제 상황에서 시민의 삶의 질을 높일 수 있는 생산
과 분배 제도를 기획하고 실현시키는 데 힘을 쏟았
다. 그는 이 시급한 문제에 대한 해결이 사회에 대한
'과학적' 연구로부터 얻어질 수 있으리라 확신했다.
　노이라트는 마르크스주의자였지만 포퍼를 그토록
경악하게 했던 마르크스주의의 역사에 대한 결정론적
설명에는 별 관심이 없었다. 그에게 중요했던 것은 형
이상학적 이론에 의지하지 않고 사회를 개혁하기 위
해 사회학과 정치학 그리고 경제학을 결합하여 당면
한 문제들의 해결책을 찾아가려는 마르크스의 방식이
었다. 노이라트는 과학에 대한 맹목적 열광이 아니라

오토 노이라트(Otto Neurath,
1882~1945)_ 오스트리아의 과학
철학자, 사회학자, 정치경제학자로
나치의 박해로 영국으로 이주하기
전까지 비엔나 모임의 수장이었다.

이러한 실천적 고려에 따라 경험적으로 연구하고 해결책을 찾는 대응 방식을 '과학적 태도'라고 명명했다. 노이라트는 이런 의미의 '과학적 태도'가 비엔나 모임에서 항상 견지될 수 있도록 하는 데 결정적인 역할을 담당했다. 노이라트가 추구한 것은 세계에 대한 과학적 파악이 바람직한 사회문화적 발전으로 이어지는 것이었다. 노이라트의 이런 전망에 대해 1929년 선언문의 저자들은 낙관적이었다. 선언적 글의 마지막 문장은 이런 정신을 잘 표현한다. "과학적 세계관은 삶에 봉사하며, 삶은 그것을 받아들인다."

이처럼 비엔나 모임은 적어도 1922년 이후에는 슐리크를 중심으로 한 바이스만, 헤르베르트 파이글 등의 우파와 노이라트를 중심으로 한 카르납, 한, 카를 멩거(Karl Menger) 등의 좌파로 나뉠 수 있었다. 이들 사이의 견해 차이는 상당히 컸지만 적어도 경험적 방법을 근본으로 한 과학 이론이 지식의 본성이나 세계에 진정으로 존재하는 것이 무엇인지와 같은 전통적인 철학적 문제에 대한 해답을 제시해 줄 수 있다는 점에서는 공통점을 보였다. 그러므로 비엔나 모임의 혁신적, 과학적 경향은 슐리크가 빈으로 온 뒤에도 그다지 변하지 않았다.

헤르베르트 파이글(Herbert Feigl, 1902~1988)

1922년 이후 비엔나 모임 내에서 진리 대응설과 토대주의적 성향이 강한 슐리크의 인식론 및 언어관이 우세하게 되었지만 1930년대의 치열한 '프로토콜 문장' 논쟁을 거치면서 점차적으로 노이라트를 중심으로 하는 반토대주의적인 물리주의가 우세를 점하게 되었다. 여기서 반토대주의적 물리주의란 과학 이론의 정당성을 항상 물리학과 같은 '근본 이론'으로 환원시키려는 데서 찾는 것이 아니라 일상적으로 확인될 수 있는 개인적, 사회적 수준의 경험적 문장에서 찾으려는 태도를 지칭한다. 노이라트에게 진정한 토대는 눈에 안 보이는 원자나 분자에 있는 것이 아니라 사회 구성원들이 확인할 수 있는 행위나 상품에 있었던 것이다. 카르납은 항상 노이라트와 슐리크를 중간에서 중재하는 역할을 맡았지만 후기로 갈수록 노이라트의 견해에 점점 가까이 가게 된다.

비엔나 모임에서는 다양한 철학적 주제가 논의되었는데 슐리크가 빈으로 오기 전까지는 주로 헤르만 헬름홀츠(Hermann Helmholtz), 마흐, 푸앵카레, 피에르 뒤헴(Pierre Duhem), 아인슈타인 등의 과학자들의 저술을 공부하며 20세기 전후로 이루어진 과학의 혁명적 변화가 기존 철학 전통에 함축하는 바에 대한 탐구가 이루어졌다. 비트겐슈타인의 『논고』는 논의되었고 러셀이나 프레게 역시 언급되었지만 비엔나 모임에 적극적으로 참여하던 학자들은 로크, 버클리, 흄 등의 영국 경험론에 대해 거의 무지했다. 그들에게 큰 영향을 끼친 철학자들은 오히려 신칸트 학파를 비롯한 유럽 지적 전통에 속하는 학자들이었다. 그러므로 비엔나 모임의 철학으로 후일 알려지게 되는 논리 실증주의를 영국 경험론과 프레게에서 시작한 새로운 논리학의 결합으로 파악하는 것은 그다지 정확하다고 볼 수는 없다. 실상은 논리 실증주의가 미국에서 새롭게 정의되는 과정에서 비엔나

과학자들과 철학자들 '과학적인 것'에 대해 논쟁하다

모임의 철학적 성격이 슐리크라는 특정 철학자의 견해에 가깝게 재규정되었다는 것이 더 타당하다.

좀 더 구체적으로 말하자면 슐리크의 입장에서 비엔나 모임의 철학을 파악했던 파이글이나 영국 경험론 전통에서 비엔나 모임의 철학을 파악했던 알프레드 에이어(Alfred Ayer)가 각각 미국과 영국에 비엔나 모임을 소개하면서 벌어진 왜곡이라고 할 수 있다. 논리 실증주의라는 용어는 이 과정에서 비엔나 모임에서 논리와 경험이 차지하는 역할을 강조하기 위해 사용되기 시작했다. 하지만 실증주의라는 용어는 당시 학계에서는 상당히 부정적인 뉘앙스를 가지고 있었기에 원래 취지에 맞게 논리 경험주의라는 용어가 2차 세계대전 이후 사용되기 시작하였다.

새로운 물리학 이론을 철학적 사유에 녹여낸 논리 실증주의

비엔나 모임은 독일에서 히틀러의 국가사회주의가 득세하면서 점점 활력을 잃게 된다. 독일이 오스트리아에서 점점 영향력을 확대하면서 대다수의 비엔나 모임 관련 학자들은 정치적 이유나 혈통적 이유로 비엔나를 떠나 다른 나라로 망명하게 된다. 거의 홀로 남아 있던 슐리크마저 1936년 빈 대학 계단에서 이 학교 철학과 졸업생인 요한 넬뵈크에게 살해당하면서 비엔나 모임은 실질적으로 끝나게 된다. 미국으로 망명한 카르납, 파이글 등은 찰스 모리스, 윌러드 콰인, 어네스트 네이글 등과 같이 그들의 생각에 호의적이었던 미국 본토 철학자들의 도움을 받

슐리크가 비엔나 대학 계단에서 넬뵈크에게 살해당한 것을 보도한 《크로넨신문》의 삽화

아 영향력을 확장하게 된다. 그러나 이 과정에서 미국의 철학
풍토에 적합하지 않았던 많은 부분이 사장되거나 변형될 수밖
에 없었다.

한편 노이라트는 영국으로 망명하면서 지속적으로 통일과학
운동을 전개했고 통일과학 백과사전을 펴낸다. 통일과학 백과
사전은 비엔나 모임의 철학적 전통이 고스란히 녹아있는 것으
로, 다양한 학문이 실업이나 가난 문제와 같은 구체적이고 복잡
한 문제를 풀기 위해 서로 생산적으로 협동해야 한다는 노이라
트의 기대를 표현하고 있다. 혹자는 논리 실증주의를 몰락시키
는 데 큰 공헌을 한 쿤의 『과학혁명의 구조』가 이 시리즈로 출판
된 것이 아이러니라고 말하기도 한다. 하지만 쿤이 공격했던 논
리 실증주의는 결코 노이라트가 비엔나 모임을 통해 꿈꾸었던
전망과 동일하지 않았고, 카르납조차 쿤이 자신의 견해를 오히

려 발전시켰다고 생각했다는 점에서 이 사건이 실제로는 그다지 역설적이지 않다고 볼 수 있다.

　논리 실증주의는 흔히 어떤 주장이든 그것이 언제 참이 될 수 있는지를 명확하게 제시하지 못하면 무의미하다는 '검증 원리'로 대표된다. 논리 실증주의자들은 또한 경험으로 검증될 수 있는 유의미한 과학과 그럴 수 없는 무의미한 '형이상학'을 구별하고 이와 같은 논의 자체를 철학에서 몰아내려고 했다고 이해된다. 여기서 논리 실증주의자들이 사용한 무기는 프레게 - 러셀의 논리학이었고, 논리 실증주의는 과학 이론을 형식논리적으로 분석하여 과학적 설명의 본성이나 경험적 증거가 특정 이론을 어떻게 수용할 만하게 만드는지에 대한 이해를 얻으려고 노력했다는 것이다. 특히 카르납은 비트겐슈타인이 탐구했던 언어의 논리적 구조를 일종의 철학적 분석 도구로 삼아 세계와 그것에 대한 우리의 지식이 가지는 다양한 논리적 구조를 탐구하려 했고, 그 결정판이 『세계의 논리적 구조』이다.

　그러나 이런 평가는 논리 실증주의의 철학을 그것이 태동한 20세기 초 비엔나라는 구체적 맥락과 분리시켜 일종의 '개념적 진공'에서 파악하려 할 때만 얻을 수 있는 결론이다. 실제로 카르납의 저작을 모든 지식을 확고한 경험적 토대 위에 세우려는 영국 경험론의 전통에서 이해하기보다는 칸트의 선험적 종합에 대한 생각을 새로운 물리학 이론에 입각하여 재론하려는 노력으로 이해하는 것이 적절하다. 카르납은 미국으로 이주하여 실용주의적 색채가 강한 미국 학계의 구미에 맞게 자신의 철학을 새롭게 해명할 필요성을 느꼈고, 이 과정에서 비엔나 모임의 문제의식을 약화시킨 것이다. 실제로 카르납이 1928년에 쓴 『세계의 논리적 구조』의 독일어판 서문과 1967년 발간된 영문판 서문의 내용은 동일한 저자가 썼는지를 의심할 수 있을 정도로 판이하게 다르다.

비엔나 모임의 철학이 논리 실증주의 그리고 논리 경험주의

루돌프 카르납이 1967년에 발간한 그의 『세계의 논리적 구조』 영문판에 실린 1928년 독일어 초판 서문

우리(역주: 비엔나 모임의 철학자들)는 우리의 철학적 작업이 기초하고 있는 태도와 전혀 다른 분야에서 현재 표출되고 있는 지적 태도 사이에 내적으로 긴밀한 연관이 있다고 느낀다. 우리는 이러한 경향을 예술 운동, 특히 건축에서 느끼며, 개인적 삶과 집단적 삶, 교육, 사회적 조직 일반의 의미 있는 형태를 추구하는 운동에서 감지한다. 우리는 우리 주변에서 기본적으로 동일한 지향점, 동일한 사고 방식과 행동 방식을 느낀다. 이들이 지향하는 바는 모든 것에 있어 명쾌함을 요구하는 한편 삶의 복잡다단한 모습은 결코 완전히 이해될 수 없음을 깨닫는 것이다. 이러한 지향점은 우리로 하여금 구체적인 것에 주목하게 함과 동시에 전체를 관통하는 일반적인 흐름을 직시하게 한다. 이러한 지향점은 모든 사람을 하나로 묶는 연대를 인정하는 동시에 개개인의 자유로운 발전을 추구한다. 우리의 작업은 이러한 태도가 미래에 널리 퍼질 것이라는 믿음에 의해 이끌려 왔다.

로 변화해 가는 과정은 철학적 사유, 특히 태동 초기의 과학 사
상과 사회문화적 환경에 민감하게 연결되어 있었던 철학적 사
유가 다른 맥락과 다른 문제의식에 옮겨질 때 얼마나 다른 방식
으로 변화할 수 있는지를 보여준다. 논리 실증주의와 논리 경험
주의는 쿤 등에 의해 1960년 도전받기 전까지 영미 과학철학의
표준적 입장으로 받아들여졌고 덕분에 '수용된 견해(received
view)'라는 명칭도 얻었다. 그러나 현재 상당수의 미국인이 유
럽인 조상을 가졌지만 유럽 전통과 다른 독특한 미국 문화 속에
서 성장한 것과 마찬가지로, '수용된 견해'는 유럽의 '비엔나
모임'에 연원을 두고는 있지만 독특한 영미 경험주의 철학과 비
엔나 모임의 과학적 철학의 문제의식이 독특하게 결합된 것으
로 이해되어야 한다.

≡ 더 읽어볼 만한 자료들 ≡

비엔나 모임의 철학자들의 저술은 국내에 거의 번역된 것이 없다. 그나마 번역된 몇 권의
책도 현재는 절판되어서 구할 수가 없다. 구할 수 있는 유일한 책은 아마도 카르납의 과
학철학 개론 책일 것이다. 하지만 이 책은 카르납이 미국에 정착한 후기에 씌어진 것으로
비엔나 모임의 철학 정신의 정수를 보여주고 있다고 보기 어렵다.
『과학철학입문』(루돌프 카르납 지음, 서광사, 2000, 윤용택 옮김)

http://www.univie.ac.at/ivc/index_e.htm
비엔나 대학에 설치된 '비엔나 모임 연구소'의 홈페이지. 주로 비엔나 모임의 학자들의
미출판 원고를 정리하여 출판하고 비엔나 모임의 학술적 의미에 대한 다양한 학술행사를
주관한다.

과학은 열린 비판과 반증을 통해 나온다: 칼 포퍼

●

이상욱

과학적 지식은 비판에 열려 있어야 한다

과학철학자 중에서 일반 과학자들에게 잘 알려진 사람은 드물다. 과학자들이 이름이라도 알고 있는 몇몇 사람 중에서도 칼 라이문트 포퍼는 특별한 위치를 차지한다. 포퍼는 과학 연구 과정에서 아무리 오랫동안 대표 이론으로 간주되었던 것이라도 그것의 장점이 아니라 문제점을 지속적으로 발견하려 노력해야 하며 문제점이 정말로 발견되었을 때는 주저 없이 기존 이론을 폐기하고 새로운 대안을 찾아야 한다고 주장했다. 긍정적으로 보면 끊임없이 더 나은 이론으로 나아가려는 도전적 태도로, 부정적으로 보면 현실적인 대안을 확보하기 전에 무책임하게 여러 장점을 지닌 이론을 폐기하는 완고한 태도로도 읽힐 수 있는 이러한 입장을 포퍼는 '비판적'이라고 규정했다. 포퍼에 따르면 자신이 강조하는 비판적 연구 태도는 특정 지적 활동을 '과학적'으로 만드는 방법론적 특징의 핵심이었다.

포퍼의 비판적인 태도를 견지하는 과학자는 어떤 편견으로부터도 자유로우면서 순전히 경험적 근거와 그로부터 연역될 수 있는 논리적 추론을 통해 과학 연구를 수행해야 한다. 여기에 더해 포퍼의 전반적인 과학관은 진리를 탐구하는 과학자의 삶에 일종의 도덕적 숭고함까지 부여한 것이었다. 과학자들이 포퍼의 과학관을 매력적이라고 생각했음은 충분히 짐작할 수 있다.

포퍼의 지적 영향력은 과학철학 분야에만 머물지 않는다. 그는 매우 영향력 있는 정치철학자이기도 했다. 전체주의와 역사주의에 대한 포퍼의 비판은 파이어아벤트처럼 적극적으로 극단적 자유주의를 옹호하지는 않으면서도 결국에는 사회

칼 포퍼(Karl Popper, 1902~1994)_
『과학적 발견의 논리』에서, 과학(지식)은 합리적인 가설의 제기와 그 반증을 통하여 시행착오적으로 성장한다는 비판적 합리주의의 인식론을 제창하였다.

를 구성하는 개개인의 자발적 선택을 강조하는 입장으로 나아갔다. 개인의 자발적 선택을 강조하는 근거는 역사란 미리 정해진 목표에 따라 계획되고 실현될 수 있는 것이 아니라 무수한 개인의 자발적 행동이 모여 개인의 수준에서는 의도하지 않았던 결과로서 나타난다는 생각이었다. 이런 점에서 포퍼는 사회주의와 같은 계획경제의 문제점을 개인의 자발적 경제활동의 결과를 예측하기 불가능하다는 점에서 찾았던 프리드리히 하이

에크(1899~1992)와 비슷한 면모를 보인다.

　이렇게 포퍼가 과학철학자와 정치철학자의 두 모습을 가지고 있음은 잘 알려져 있지만 '열린 사회'에 대한 그의 정치철학에서의 강조가 실은 '반증 가능성'을 과학 이론의 덕목으로 본 그의 과학철학과 밀접한 연관을 갖고 있다는 사실은 잘 알려져 있지 않다. 포퍼의 과학철학과 정치철학은 동전의 양면처럼 긴밀하게 연결되어 있었던 것이다.

역사주의와 정신분석학을 넘어서

포퍼는 1902년 7월 28일 비엔나의 학구적 분위기가 충만한 유대계 변호사 집안에서 태어났다. 포퍼가 지적 성장기를 보낸 비엔나는 그 당시 자타가 공인하는 유럽 문화 중심지이자 새로운 생각이 자유롭게 실험되던 곳이었다. 포퍼는 이런 환경을 최대한 활용해서 다양한 사람들과 사상으로부터 지적 자극을 받으며 자신만의 독특한 철학 세계를 구축해 나갔다.

　우선 그는 1919년 비엔나 대학 재학 시 사회주의학생동맹에 가입하여 마르크스주의자로서 짧은 활동을 하다가 탈퇴한다. 스스로의 회고에 따르면 젊은 포퍼를 실망시킨 것은 당시 마르크스주의자들의 경직된 사고, 특히 단선적 발전론에 입각해 궁극적으로 도래할 공산주의 이전에 불가피하게 거쳐야 할 단계로서 당시 발흥하고 있는 파시즘을 용인하는 태도였다. 경직된 역사주의적 사고에 입각한 이러한 태도는 포퍼에게는 역사를

만드는 개인의 적극적 역할을 무시한 무기력한 태도
로 읽혔다.

　젊은 포퍼를 실망시킨 또 다른 사건은 정통 마르크
스주의의 예언과는 달리 완전히 자본주의화하지 않
은 러시아에서 최초의 사회주의 혁명이 일어난 것이
었다. 이런 상황에서 올바른 '예측'을 제공하는 데
실패한 마르크스주의는 솔직하게 자신의 이론적 문
제점을 인정하고 새로운 이론을 개발하는 방향으로
나아가야 했다는 것이 포퍼의 생각이었다. 그러나 실
제로 벌어진 상황은 레닌의 독점자본주의 이론처럼
기존 이론에 적당한 보조 가설을 덧붙여서 마르크스
주의를 반증으로부터 구하려는 소극적 대응이었다.
포퍼에게는 이러한 마르크스주의자들의 모습이 '과학적'인 것
으로 보이지 않았다.

지그문트 프로이트(Sigmund
Freud, 1856~1939)　정신분석
학의 창시자. 히스테리 환자를 관찰
하고 최면술을 행하며, 인간의 마음
에는 무의식이 존재한다고 하였다.
꿈·착각·농담과 같은 정상 심리
에도 연구를 확대하여 심층심리학을
확립하였고, 소아성욕론(小兒性慾
論)을 수립하였다. 『꿈의 해석』, 『종
교의 기원』 등의 저서가 있다.

　한편 포퍼는 프로이트와 아들러의 심리학에 심취하여 한때는
아들러 밑에서 버림받은 아이들을 위한 사회사업에 종사하기도
했다. 그러나 이 과정에서 '무엇이든 설명할 수 있는' 정신분석
학 이론의 모호함에 실망하게 된다. 물에 빠진 아이를 구하기
위해 물 속으로 뛰어드는 사람은 자신의 능력을 증명하고 싶은
욕구로 설명하고, 같은 상황에서 물에 뛰어들기를 주저한 사람
은 열등감의 결과로 설명하는 것이 아들러 이론이라는 생각에
서였다.

　포퍼의 판단에 따르면 아들러의 이론을 포함한 정신분석 이

론은 어떤 경험적 사실이 등장해도 틀린 것으로 판명될 수 없는 난공불락의 요새와 같은 것이었다. 어떤 이론이 '과학적'이기 위해서는 경험적 사실에 의해 수정되거나 반박되는 일이 실제로 일어날 수 있어야 했다. 그런데 이런 수정이나 반박은 만약 이론이 정확히 경험적으로 무엇을 주장하는지가 분명하지 않으면 일어날 수 없었다. 결국 경험적으로 서로 상반되는 어떤 현상과도 정합적인 과학 이론이란 얼핏 보기에는 무엇이든 설명할 수 있는 근사한 이론 같지만, 실은 명확하게 자신이 주장하는 바를 제시하고 경험의 심판을 받아들이는 '과학적' 태도와는 거리가 먼 모호한 주장에 불과할 뿐이라는 것이다.

결국 포퍼는 마르크스주의와 정신분석학 이론을 과학과 비슷해 보이지만 실은 과학이 아닌 유사 과학적 이론의 대표적인 보기로 생각하게 되었다. 하지만 각각의 경우 포퍼가 유사 과학의 판정에 이르게 된 이유는 달랐다. 포퍼는 마르크스주의가 보다 평등한 사회에 대한 숭고한 목표에서 출발했음을 인정했다. 하지만 마르크스주의는 명백한 경험적 반대 증거를 무시하고 독단적으로 이론을 유지하려고 하였기에 '과학적'이라고 할 수 없었다. 정신분석 이론에 대해서도 포퍼는 역시 이 이론이 인간 심리에 대한 여러 통찰력 있는 분석을 제공하고 있다는 점을 긍정했다. 그럼에도 불구하고 포퍼가 보기에 정신분석 이론은 원칙적으로 경험적 논박이 아예 불가능할 정도로 그 내용이

알프레드 아들러(Alfred Adler, 1870~1937)_ 프로이트의 연구 모임에 참가 그 영향을 받았으나, 그 후 독자적으로 '개인심리학'을 수립하였다. 아들러는 성본능을 중시하는 프로이트의 설에 반대하여, 인간의 행동과 발달을 결정하는 것은 인간 존재에 보편적인 열등감·무력감과 이를 보상 또는 극복하려는 권력에의 의지라고 하였다.

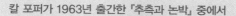

칼 포퍼가 1963년 출간한 『추측과 논박』 중에서

(원래 이 글은 포퍼가 1953년 케임브리지 대학교 피터하우스 칼리지에서 강연한 내용이다.)

… 1919년 가을부터 나는 다음 질문에 몰두해 왔다. '이론이 과학적이라고 여겨질 수 있는 것은 언제여야 하는가?', '이론을 과학적으로 간주할 수 있는 기준이 있는가?' 당시 나를 사로잡고 있던 문제는 '이론이 언제 참이 되는가?'도 아니었고, '이론을 언제 받아들일 만한가?'도 아니었다. 내가 고민했던 문제는 다른 것이었다. 나는 과학과 유사과학(pseudo-science)을 구별하고 싶었다. 그런데 나는 과학도 가끔 오류를 범하며 유사과학도 가끔씩은 참일 경우가 있다는 사실을 잘 알고 있었던 것이다.

물론 나는 내가 씨름하고 있던 문제에 대해 가장 널리 받아들여지고 있던 답이 과학은 유사과학이나 혹은 '형이상학'으로부터 경험적 방법으로 구별될 수 있다는 것임을 알고 있었다. 이때 경험적 방법이란 관찰이나 실험으로부터 출발하는, 기본적으로 귀납적인 것을 의미했다. 하지만 나는 이 대답에 만족할 수 없었다. 오히려 나는 진정한 경험적 방법을 비경험적 방법 혹은 유사-경험적 방법으로부터 어떻게 구별해 낼 것인지를 문제로 삼았다. 여기서 유사-경험적 방법이란 얼핏 보면 관찰과 실험에 호소하는 것처럼 보이지만 실제로는 과학의 기준에 도달하지 못하는 방법을 말한다. 유사과학적 방법을 사용하는 학문으로는 천궁도나 개인사에 대한 관찰에 기반한 엄청난 양의 경험적 증거를 활용하고 있는 점성술을 들 수 있다.

모호하고 구체적인 상황에서 발생할 사건에 대해 분명한 예측을 내놓지 못하기에 과학일 수 없었다.

아인슈타인의 상대성 이론은 과학 이론의 표본

마르크스주의와 아들러의 심리학에 비해, 포퍼가 직접 강의를 듣고 크게 감명을 받았던 아인슈타인의 상대성 이론은 과학 이론이 갖추어야 할 덕목을 분명히 갖추고 있었다. 아인슈타인은 그 당시까지도 매우 성공적이었던 뉴턴 물리학에 대해 용감하게 반기를 들고 시공간에 대한 전혀 새로운 이론을 제안하였다. 이는 기존의 성공적인 이론이라도 그 문제점을 적극적으로 발굴하여 대안 이론을 찾는 것을 과학적 태도의 핵심으로 생각한 포퍼에게 큰 감명을 주었다. 게다가 아인슈타인은 아직 경험적 검증이 이루어지지 않은 단계에서 자신의 대담한 이론이 맞을 경우에 예상되는 결과, 예를 들면 일식에서 별빛이 휘는 현상에 대해 분명한 예측을 제시하고 이를 관측으로 검증해 보자고 제안하기까지 했다. 아인슈타인의 이런 '과학적' 태도는 포퍼가 보기에 마르크스주의나 정신분석학 이론을 어떤 수를 써서라도 경험적 반증에서 지키려는 사람들의 그것과 극명한 대조를 보이는 것으로 느껴졌다. 젊은 시절 몸소 겪은 이러한 '과학적' 태도와 그렇지 못한 태도 사이의 분명한 차이는 곧바로 포퍼의 반증주의 과학철학의 핵심을 이루게 된다.

포퍼는 후일 논리 실증주의로 알려지게 될 생각을 토론하던

'비엔나 모임(Vienna Circle)'에 속한 학자들과도 교류를 가졌다. 그러나 포퍼는 이 모임에서 모리츠 슐리크와 루돌프 카르납이 비트겐슈타인의 영향을 지나치게 받아 과학적 방법론의 문제를 도외시하고 과학 용어의 의미 문제에만 집중한다고 생각했다. 포퍼는 논리 실증주의자들이 과학적 탐구의 핵심을 경험적 사실을 축적하여 과학의 진보로 나아가는 것으로 생각하는 것에 반발했다. 물론 포퍼 역시 모든 지식의 근원에 경험이 놓여있음을 인정했지만, 경험적 사실을 베이컨 식으로 하나하나 모아 일반 명제로 귀납해 나가는 방식으로는 과학적 진보를 얻을 수 없다고 믿었다. 그보다는 개별 과학자의 자유롭고 대담한 추측

루돌프 카르납(Rudolf Carnap, 1891~1970)_ 대표적 논리 실증 주의자인 카르납은 과학의 객관성을 인공 언어의 구성에 근거한 논리적 분석을 통해 보이려고 노력했다. 그 밖에 확률에 대한 해석과 귀납논리, 과학적 입증에 대한 분석 등에 많은 업적을 남겼다.

을 통해 제안된 가설을 경험적 증거가 결정적으로 반증하는 방식을 통해 점점 더 일반적인 이론으로 과학적 세계관을 구축하는 것이 과학이 발전하는 올바른 방법이라는 생각을 가졌다.

이론이 경험적 반증을 통과했다고 해서 곧바로 참이 되는 것은 아니다. 우리는 그 이론을 더 일반적이고 대담한 가설이 등장하기 전까지 당분간만 믿을 뿐이다. 포퍼가 보기에는 이런 절제된 반증주의적 태도가 귀납법에 대한 데이비드 흄(David Hume)의 비판에서 경험주의가 살아남을 수 있는 유일한 방법이었다. '모든 금속은 전기를 통한다'는 보편 과학 명제는 전기를 통하지 않는 금속을 하나라도 발견하면 반증(거짓으로 판명됨)될 수 있지만, 전기를 통하는 금속을 아무리 많이 모아도 결코

참으로 확증될 수는 없기 때문이다. 논리 실증주의에 대한 이런 비판을 통해 포퍼는 오토 노이라트(Otto Neurath)로부터 비엔나 모임에 대한 '공식적 반대자'라는 말을 듣기도 했다.

이상적인 과학 활동과 열린 사회는 비슷하다

대학을 졸업하고 고등학교에서 수학과 물리학을 가르치던 포퍼는 1935년 후일『과학적 발견의 논리』로 영미권에 알려질 역작,『연구의 논리(*Logik der Forschung*)』를 출판했고 이 책은 포퍼 자신도 예상하지 못했던 큰 반향을 불러왔다. 그 후 포퍼는 나치즘의 등장으로 오스트리아를 떠나 1937년에 뉴질랜드의 캔터베리 대학교에서 철학을 가르쳤고, 이후 과학적 방법론에 대한 그의 신념에 찬 옹호가 점차 알려지면서 1946년 런던 정경 대학교의 '논리학과 과학적 방법' 교수로 부임하게 된다. 포퍼가 런던 정경 대학에 부임하게 된 데는 사회과학도들이 올바른 과학적 방법론을 익혀야 사회과학의 발전을 도모할 수 있다는 당시 총장이었던 경제학자 해롤드 로빈스의 생각이 중요하게 작용했다고 한다.

런던에 온 이후 1994년 임종 때까지 포퍼는 정력적으로 저술과 강연 활동을 수행했다. 포퍼는 자만심이 무척 강했고 그를 알던 대부분의 사람에게 인간적으로 호감을 주지 못했던 것 같다. 여기에는 포퍼가 자신이 마음에 들지 않는 견해에 대해 매우 직설적으로 폭언을 퍼부었고, 그 반면 자신에 대한 비판은

과학자들과 철학자들 '과학적인 것'에 대해 논쟁하다

참아내질 못했다는 사실도 한몫을 했다. 나이가 들면서 포퍼는 대중 강연에서 자신의 견해를 비판하는 질문이 나오면 귀가 먹어서 못들은 척하기도 했다. 자유로운 토론과 합리적 비판을 강조했던 철학자로서는 다소 역설적인 모습이다.

포퍼에 따르면 전체주의는 사회가 개인의 합 이상이라는 전체론적 생각을 바탕으로 미래의 정치적 발전 양상에 대한 '과학적' 예측이 가능하다고 믿고, 그 예측에 기초해서 미래사회 구현에 도움을 줄 수 있는 정책을 시행하자는 생각이다. 이는 과거의 역사적 경험을 꼼꼼히 연구하면, 자연과학의 법칙에 버금가는 역사적 일반화를 얻을 수 있다고 믿는 역사주의와 밀접한 관련을 가진다.

그러나 포퍼는 전체론과 역사주의가 근본적으로 잘못된 전제에 서 있다고 비판한다. 미래사회가 어떻게 전개될 것인지에 영향을 미치는 요인이 너무나 많고 맥락에 따라 다양한 조합이 가능해서 실제로는 대강의 예측조차 가능하지 않음을 간과했다는 것이다. 미래는 오히려 수많은 개인의 자발적 결정이 복잡하게 결집되어 이룩되는 것이고, 이 과정은 마치 수많은 과학자가 각각 독립적으로 다양한 가설을 경험적 증거에 빗대어 시험해 보고 지속적으로 대안을 추구하는 과정과 닮았다.

그러므로 사회적 수준에서도 개인들의 자발적 참여에 기초하여 여러 사회제도를 조심스럽게 시험하는 방식으로 미래사회의 틀을 잡아나가야 한다는 것이 포퍼의 생각이었다. 이와 같은 방식으로 현명하게 미래사회를 만들어나가는 사회를 포퍼는 '열

전체론과 역사주의라는 잘못된 전제에 기반한 소련의 사회주의는 비판과 반증이 자유로운 '과학'보다는 '비과학'에, 개인들의 자유로운 결정에 기반한 '열린 사회'보다는 '닫힌 사회'에 가깝다고 포퍼는 비판한다. 사진은 러시아 혁명 이전과 이후를 비교하고 혁명의 정당성을 홍보하기 위한 포스터.

린 사회'라고 불렀고 이를 몇몇 사람의 구도에 따라 일률적으로 미래를 만들어나가는 '닫힌 사회'와 대비시켰다.

　포퍼가 보기에 이런 '열린 사회'는 과학자들이 반증주의에 입각하여 과학 활동을 수행하는 과정에서 작동하는 원칙과 정확히 동일한 원칙에 따라 운영되는 바람직한 사회이다. 닫힌 사회에 대한 포퍼의 비판은 구소련의 계획경제가 몰락한 지금에는 더 큰 호소력을 가진다. 하지만 국가 주도형의 경제 발전 전략을 현실 사회주의와 결합하여 나름대로 경제적 성공을 거두고 있는 최근 중국의 상황을 고려할 때, 구체적인 목표를 가진 거시경제적 정책이 항상 실패할 수밖에 없다는 포퍼의 주장은 지나치다고 할 수도 있다.

　과학자들과 철학자들 '과학적인 것'에 대해 논쟁하다

포퍼의 과학철학은 60년대 이후 구체적인 과학 연구에서 실제로 작동하는 연구 방법론에 대한 고찰에 기반한 토머스 쿤의 도전에 직면하게 된다. 두 사람은 과학에 대한 견해도 무척 달랐지만 담배에 대한 태도도 그에 못지않게 달랐다. 담배 피우는 사람은 물론이고 담배를 피운 사람과 같은 방에 있었던 사람과는 말도 나누지 않겠다고 공언한 포퍼에 비해 쿤은 줄담배를 피워대는 골초였다. 두 사람이 만나 논쟁을 벌일 때 포퍼는 계속 담배를 피워대는 쿤 앞에서 도대체 제대로 말조차 할 수 없었고 결국 쿤의 의견에 반론을 제기하기 어려웠다고 한다. 포퍼와 쿤이 직접 만나 벌인 논쟁이 종결된 상황은 지금도 철학적 논쟁의 우열을 가리는 흥미로운 방식의 하나로 기억되고 있다.

≡ 더 읽어볼 만한 자료들 ═══════════════════════════

칼 포퍼의 책으로 국내에 번역된 것은 많다. 그 중 주요 저작은 『열린 사회와 그 적들 1,2』(민음사, 1997, 이한구, 이명현 옮김)과 『추측과 논박 1, 2』(민음사, 2001, 이한구 옮김), 『과학적 발견의 논리』(고려원, 1994, 박우석 옮김), 『역사주의의 빈곤』(벽호, 1993, 이석윤 옮김) 등이 있다.

http://www.plato.stanford.edu/entires/popper
스텐퍼드 대학교의 철학 백과사전 포퍼 페이지로 이력, 사상 등을 볼 수 있다.
http://www.eeng.div.ie/~tkpw/
포퍼의 웹페이지로 포퍼에 대한 동료들의 비평 등을 볼 수 있다.

제멋대로 연구하는 것이 효율적이다:
파울 파이어아벤트

●

이상욱

진리로 인도하는 올바른 '과학적' 방법은 없다

일반적으로 철학자들은 일상인에게는 지나치게 추상적으로 느껴지는 주제에 대해 있을 법 하지 않은 논리적 가능성까지 생각해 가며 엄청나게 꼼꼼한 분석을 수행한다. 때문에 철학자에 대한 일반인의 인식은 어려운 문제를 깊이 있게 탐구하는, 하지만 조금은 답답하고 현실과 동떨어진 사람들이다. 그러다보니 이런 철학자 중에서 '풍운아' 라는 표현이 어울릴 만한 사람이 있으리라고 기대하기는 어렵다. 하지만 파울 파이어아벤트는 그의 자유분방한 라이프스타일이나 이곳저곳을 옮겨 다니기 좋아한 이력, 다채로운 예술가 혹은 연예인 기질 그리고 과학철학과 정치철학에 걸쳐 수많은 논쟁을 불러일으킨 그의 급진적인 견해로 인해 자타가 공인하는 요란스러운 삶을 산 철학계의 풍운

아였다.

'어떤 것[방법]이든 좋다(Anything goes)'는 그의 구호에서 짐작되듯, 파이어아벤트는 과학을 다른 지적 활동과 명확하게 구분 짓고 과학 연구를 진리로 인도해 주는 올바른 과학적 방법이란 존재하지 않는다고 공언했다. 쓸데없이 유일한 과학적 방법의 성배(聖杯)를 찾아 헤매기보다 과학자들은 각자가 해결하려는 문제에 적합한 방법을 그때그때 임시방편적으로 찾아 연구해야 한다고 파이어아벤트는 권고했다. 일종의 방법론적 무정부주의로 해석될 수 있는 그의 생각은 결국 현대사회에서 표준적인 지식으로 간주되는 서양과학이 민간에 유행하는 요법이나 고

파울 파이어아벤트 (Paul Feyerabend, 1924~1994)_ 오스트리아 태생의 과학철학자인 파이어아벤트는 칼 포퍼 밑에서 연구할 때 그의 반증주의에 매료되었으나, 나중에는 진리로 인도하는 올바른 '과학적' 방법은 없다는 상대주의적 입장을 옹호하게 된다.

대부터 전승되어 온 신화와 인식론적 지위에 있어 별다른 차이가 없다는 인식론적 무정부주의로까지 이어지게 된다.

과학지식을 포함하는 여러 지식 주장에 대해 이와 같은 상대주의적 주장을 한 사람은 여럿 있었다. 그 중에서도 파이어아벤트가 과학사상계 전반에 특별히 큰 파장을 몰고 온 이유는 그의 주장이 갈릴레오와 같은 과학의 영웅들에 대한 철저한 사례 연구에 근거했기 때문이다. 파이어아벤트에 따르면 갈릴레오와 같은 성공적인 과학자는 정확히 자신의 방법론적 무정부주의가 요구하는 방식으로 연구했기에 인상적인 과학적 업적을 이룩할 수 있었다.

부연하자면, 갈릴레오는 논리 실증주의가 강조하는 검증 원

"…실제로 갈릴레오의 발언은 단지 겉치레만의 논증이라고 할 수 있다. 왜냐하면 갈릴레오는 선전술을 사용하기 때문이다. 갈릴레오는 그가 제시해야 하는 어떤 지적인 근거에도 심리적인 속임수를 덧붙여 사용한다." 『방법에 반대하며』에서. 사진은 1632년 출판된 〈대화〉에 등장하는 살비아티(Salviati), 사그레도, 심플리치오가 논쟁하는 장면이다.

리나 포퍼가 중시하는 반증주의가 요구하는 엄격한 규칙을 따르지 않았을 뿐 아니라, 실제로 그러한 규칙을 적절한 방식으로 '어겼기 때문에' 성공할 수 있었다는 것이다. 갈릴레오와 같은 과학계의 영웅이 반증된 이론을 보조 가설을 사용하여 억지로 구해 내고 충분한 검증 절차도 거치지 않은 이론을 참인 것처럼 선전하는 방식으로 과학 연구를 수행했다는 사실을 지적한 것만으로도 과학자들과 전통적인 과학철학자들은 파이어아벤트의 주장을 꺼림칙하게 여길 수밖에 없었다. 하지만 갈릴레오의 그와 같은 바람직스럽지 못한 연구 행위가 실제로 그가 성공적으로 연구를 수행하고 물체의 운동을 설명하는 역학 이론의 혁명적 변화를 이끌어내는 데 결정적이었다는 주장은 기존 학계가 받아들이기에는 훨씬 더 힘든 파격이었다.

불완전한 갈릴레오의 이론은 어떻게 아리스토텔레스의 이론을 대체했는가

이런 파격적인 주장을 지지하기 위한 파이어아벤트의 기본 논점은 놀라울 정도로 단순하고 인상적이다. 오랜 시간에 걸쳐 체

계적으로 발전해 온 아리스토텔레스 물리학에 대항하여 새로운 역학 체계를 막 건설하려던 갈릴레오로서는 아직 초기 단계인 자신의 역학 이론으로 설명할 수 있는 경험적 사실보다 설명할 수 없는 사실이 압도적으로 많을 수밖에 없었다. 그러므로 논리 실증주의의 권고대로 어떤 과학 이론이 더 잘, 더 많이 설명하는지를 판단하여 이론을 선택해야 한다면, 갈릴레오의 이론은 아리스토텔레스 이론과의 경쟁에서 패했어야 마땅하다. 또한 포퍼의 권고를 따르더라도, 아직 한창 발전 중인 갈릴레오의 이론은 넘치는 반증 사례를 가지고 있었으므로 여전히 포기되었어야 마땅하다. 그러나 갈릴레오의 역학은 포기되지 않았고 뉴턴 등에 의해 성공적으로 발전되어 양자 역학으로 대체되기 전까지 우리가 세계를 바라보는 기본적인 방식을 구성했다. 이런 점을 고려할 때 갈릴레오가 자신의 이론을 당시에 포기했어야 한다고 말하는 것은 설득력이 떨어진다.

사실 가만히 따져보면 갈릴레오의 사례는 별로 특별할 것도 없다. 과학자가 신이 아닌 다음에야 모든 현상을 한꺼번에 만족스럽게 설명할 수 있는 기적의 이론을 순식간에 만들어낼 수는 없는 노릇이다. 그러므로 다양한 과학 이론이 경쟁하는 과정에서 새롭게 등장하는 이론은 전체적인 설명력이나 설명의 범위에 있어서 오랜 기간 여러 과학자들에 의해 발전되어 온 기존 이론에 비해 불리할 수밖에 없다. 그렇다면 도대체 새로운 이론은 어떻게 과학자들의 관심을 끌 수 있을까? 그것은 새로운 이론이 기존 이론은 해결하지 못한 어려운 문제를 깔끔하게 설명

해 내거나 기존 이론이 가진 근본적인 문제점을 극복할 수 있는
가능성을 보여줌으로써 가능하다.

논리 실증주의와 포퍼를 넘어서: 인식론적 상대주의

양자 물리학의 단초가 된 플랑크의 흑체복사 이론은 흑체(黑體)[†]
에서 나오는 에너지의 분포를 설명하지 못하던 고전 물리학에
지쳐있던 물리학자들에게 일종의 '단비'와 같은 것이었다. 하지
만 흑체 문제에 해답을 제공한다는 이점을 제외하면 플랑크의
이론은 연속적인 것으로 여겨진 에너지를 단절된 덩어리로 간
주하는 등 기존 이론과 어긋나는 점이 많았고 왜 그런 가정이
성립해야 하는지에 대한 만족스러운 설명도 제시되지 않았다.
그럼에도 불구하고 이러한 새로운 접근법의 가능성에 고무된
보어, 하이젠베르크, 파울리(Wolfgang Pauli, 1900~1958) 등의 신
진 학자들에 의해 양자 물리학은 지속적으로 연구되었고 결국
에는 고전 물리학을 대체하기에 이르렀던 것이다.

그러므로 새로운 이론이 등장할 때, 신생 이론이 가질 수밖에
없는 문제점을 들어 그것을 간단하게 반증해 버리기보다는 그
이론이 자신의 잠재력을 최대한 발휘할 수 있도록 어느 정도 기
다려 주는 것이 필요하다. 파이어아벤트의 표현에 의하면, 이론
의 발전을 이론 선택의 합리성이라는 구속복으로 제한하면 과

[†] 흑체(black body)는 입사하는 모든 복사선을 완전히 흡수하는 물체를 가리킨다.

과학자들과 철학자들 '과학적인 것'에 대해 논쟁하다

학의 발전을 가로막게 된다는 것이다. 이런 관점에서 보면 여러 문제점에도 불구하고 꾸준히 자신의 역학 체계를 만들기 위해 노력한 갈릴레오는 생산적인 방식으로 연구를 제대로 수행한 것이다. 비록 갈릴레오가 논리 실증주의나 포퍼의 방법론적 권고와 어긋나는 방식으로 연구를 수행했지만 문제는 검증 원리나 반증주의 같은 잘못된 권고에 있는 것이지 갈릴레오에게 있는 것은 아니라는 말이다.

여기까지 파이어아벤트의 논점은 단순히 하나의 과학 연구 방법론을 고집하지 말고 다양한 방법론을 적절히 혼합하고 활용하여 과학 연구를 수행하는 것이 바람직하다는 방법론적 다원주의의 제안이라고 볼 수 있다. 그런데 재미있는 점은 파이어아벤트의 방법론적 다원주의는 포퍼의 반증주의를 발전시킨 것으로 이해할 수도 있다는 사실이다. 포퍼에 따르면 현재 우리가 믿고 있는 이론을 반증시키려고 노력하는 과정에서 지식이 성장하게 된다. 그런데 한 이론을 반증하는 좋은 방법은 그 이론과 양립 가능하지 않은 대안 이론을 여럿 발전시키는 것이다. 그러므로 이런 맥락에서 이해된 파이어아벤트의 '어떤 것이든 좋다'는 훨씬 덜 급진적인 느낌을 준다. 즉, 역사적으로 보편적 타당성을 가진 유일한 방법론은 반증주의나 검증주의가 아니라 어떤 방법이든 성공적이기만 하면 무엇이든 사용하여 과학 연구를 수행하라는 제안이라는 것이다. 파이어아벤트가 여기서 멈추었다면 훨씬 덜 논쟁적인 철학자로 기억되었을 것이다.

그러나 물론 파이어아벤트는 여기서 멈추지 않았다. 그는 우선 관찰의 이론 적재성을 지적한다. 이는 경쟁하는 이론들 사이에서 중립적 판단을 내려줄 것으로 논리 실증주의자들이 기대한 관찰 문장이 제대로 이해되기 위해서는 특정 이론에 근거해야만 된다는 주장이다.

일반인들에게는 까만 바탕에 하얀 얼룩만으로 보이는 MRI 사진에서 표준적인 의학 이론으로 잘 훈련된 사람이라면 치명적일 수도 있는 종양의 초기 형태를 발견해 낼 수 있다. 이처럼 모든 관찰 문장이 특정 이론에 근거하고 있다면, 경쟁하는 이론들은 세계에 대해 서로 양립 가능하지 않는 주장을 하고 있으므로 실험이나 관찰에 근거하여 경쟁하는 이론을 평가하는 일은 원리적으로 불가능하다는 결론에 이를 수 있다. 이로부터 파이어아벤트는 세계에 대한 다양한 주장들을 인식론적으로 평가하고 비교하는 것이 무의미하다는 인식론적 비관론으로 치닫게 된다. 최종적으로 파이어아벤트가 도달한 결론은 과학과 신화, 부두교 등을 포함하는 세계에 대한 모든 지적 주장은 인식론적으로 동등하게 취급되어야 한다는 상대주의였다.

서양 과학뿐만 아니라 대안 과학도 인정해야

파이어아벤트의 개인사도 그의 철학만큼이나 다채로웠다. 그는 1924년, 1차 대전의 상처로 어수선한 비엔나의 중산층 가정에 태어났다. 후일 철학자보다는 다른 사람을 '즐겁게 해주는 사람'으로 알려지기를 원했던 파이어아벤트였지만 자신의 회고에

파울 파이어아벤트가 1976년 출간한 『자유사회에서의 과학』 중에서

일단 전문가들은 근본적인 주제나 그것의 응용과 관련된 사안에 대해 자주 다른 결론에 도달한다. 한 의사는 특정 수술을 권고하는데 다른 의사는 그 수술에 반대하고 또 다른 의사는 아예 전혀 다른 치료를 제 안하는 상황을 가족의 건강과 관련해서 적어도 한번쯤 경험해 보지 않 은 사람이 있는가? 핵발전소의 안정성이나 경제 상황, 살충제나 헤어 스프레이의 영향, 현재 교육 방식의 효율성, 지능에 인종적 요인이 미 치는 영향에 대해 벌어지고 있는 논쟁에 대해 접해 보지 못한 사람이 있는가? 둘, 셋, 다섯 혹은 그보다 더 많은 의견들이 그러한 논쟁 과정 에서 제시되며, 그들 각각의 의견에 대해 과학적인 근거에 입각하여 지 지하는 사람들이 있다. 가끔씩은 과학자 수만큼 많은 다른 의견들이 존 재한다고 말하고 싶을 정도이다. 물론 과학자들의 의견이 일치하는 영 역도 있다. 하지만 그 점이 과학자에 대한 우리의 신뢰를 높여주진 못 한다. 과학자들 사이의 의견 일치는 종종 정치적 결단의 결과이다. 다 른 의견을 가진 사람들은 억압받거나 그렇지 않으면, 믿을 만하고 거의 오류 불가능한 지식이라는 과학의 명성을 보존하기 위해 스스로 입을 다문다. 다른 경우에 의견 일치는 과학자들이 함께 가지고 있는 편견의 소산이다. 특정 입장이 관련된 사항에 대한 자세한 검증도 없이 수용되 고는, 자세한 검증을 거쳤을 때만 얻어질 수 있는 지적 권위를 누리기 도 한다. 곧이어 이야기할 점성술에 대한 과학자들의 태도가 이 경우의 전형적 예이다. 의견 일치는 비판적 정신이 감소했음을 의미할 수도 있 다. 한 견해만이 고려될 때 비판은 희미해질 수밖에 없다. 이와 같은 이 유에서 순전히 과학 '내적' 기준에만 근거한 과학자들의 의견 일치는 종종 오류로 드러나게 된다.

따르면 어린 시절에는 주로 집안에 틀어박혀 지내던 병약한 아이였다고 한다. 하지만 곧 파이어아벤트 특유의 '끼'가 나타나기 시작했다. 그는 어려서부터 배우가 되기를 원했고 상당한 재능이 있다고 생각했다.

그밖에도 그는 물리학과 천문학 그리고 문학에 특출한 재능을 보였고 철학에는 그다지 큰 관심이 없었다. 과학과 예술 모두에 재능과 관심을 가졌던 파이어아벤트는 자신이 가진 또 다른 재능 때문에 진로 선택이 더더욱 복잡해졌다. 그는 자신의 목소리에 큰 자부심을 가지고 있었고, 성악 레슨을 꽤 오랫동안 받았다. 파이어아벤트는 나이가 들어서도 노래 부르기에 큰 애착을 가졌는데, 잘 훈련된 목소리로 노래 부르는 일이 지적 작업보다 훨씬 더 큰 즐거움을 준다고 말할 정도였다. 이 당시 파이어아벤트가 꿈꾸었던 이상적 삶은 오전에는 이론 천문학 공부를 하다가 오후에는 성악 연습을 그리고 저녁때는 오페라 공연을 한 후 밤에 집에 돌아가서는 별자리를 관찰하는 것이었다. 그러던 어느 날 파이어아벤트는 헌책방에서 희곡과 소설을 묶음으로 사다가 그 안에 우연히 끼어 있던 철학책을 읽게 되었고 철학의 매력에 빠져들게 되었다.

파이어아벤트는 2차 대전 중 징집되었고 혁혁한 무공을 세워 철십자훈장을 받았다. 그러나 이 과정에서 척추 손상을 입고 한때 하반신이 마비되기도 했으며 평생을 지팡이를 짚고 다녔다. 척추 손상은

파이어아벤트는 침술과 같은 대안 과학에도 서양 과학과 동등한 지위를 부여해야 한다고 주장한다.

파이어아벤트에게 평생 큰 고통을 주었는데, 그는 표준적인 서양 의학이 자신의 고통을 경감시켜 주지 못한 반면 오히려 침술과 같은 대안 요법이 큰 효과를 가져다 준 점에 대해 주목했다. 파이어아벤트는 침술과 같은 대안 과학에도 서양 과학과 동등한 지위를 부여해야 한다고 주장했는데, 이와 같은 개인적 경험은 대안 과학에 대한 그의 신뢰를 더욱 강화했다.

진정한 '자유 사회'를 갈망한 자유의 영혼

파이어아벤트는 비엔나 대학 재학 당시 자신에게 가장 큰 영향을 준 철학자 두 사람을 만나게 되는데 그 둘은 비트겐슈타인과 포퍼이다. 파이어아벤트는 훗날 비트겐슈타인의 『철학적 탐구』에 담긴 의미의 사용 이론을 나름대로 해석하여 과학 용어의 의미가 맥락에 의해 주어진다는 생각을 발전시켰다. 이 생각을 바탕으로 그는 이론 용어와 관찰 용어의 구별을 거부하고 다양한 이론적 전통 사이의 공약 불가능성을 주장하게 된 것이다.

1951년 박사를 마친 파이어아벤트는 원래 케임브리지로 가서 비트겐슈타인 밑에서 연구할 계획이었지만 비트겐슈타인의 갑작스러운 죽음으로 결국에는 런던 정경 대학에서 포퍼와 함께 연구를 하게 된다. 비록 제2의 선택이었지만 포퍼와의 연구 기간은 생산적이었고, 파이어아벤트는 포퍼의 반증주의를 발전시키는 작업을 수행했다. 하지만 이 시기에 이미 그는 포퍼로부터 어느 정도의 거리를 두기 시작한 것 같다. 포퍼는 파이어아벤트가 자신 곁에 더 머물며 함께 연구하기를 원했고 장학금도 구해 주었지만 이를 물리치고 비엔나로 돌아간 것이 그 점을 시사한다. 그 후 두 사람은 각자의 회고록에서 상대방에 대해서는 거의 언급하지 않을 정도로 싫어하는 사이가 된다. 늘 자유롭기를 원했던 두 철학자의 관계에 적합한 결말이라고 할 수도 있겠다.

이렇게 급진적인 파이어아벤트였지만 자신에 대한 비판에는 상처받기 일쑤였다. 그리고 귀가 얇은 편이어서 다른 철학자의 견해로부터 종종 깊은 영향을 받았다. 포퍼와 비트겐슈타인 이외에도 자신과 견해가 달랐던 라카토슈로부터도 깊은 영향을 받았다. 파이어아벤트는 강의를 비롯한 교수로서의 의무를 싫어해서, 언젠가는 자신의 강의를 듣는 학생들에게 모두 A학점을 주어 학교 당국과 마찰을 빚기도 했다. 하지만 자유분방한 파이어아벤트의 강연에는 항상 청중이 몰려들었고 그는 과격한 주장이나 파격적인 행동으로 늘 '볼거리를 제공하는' 사람이었다. 한마디로 그는 대중적 인기와 사회적 논란을 즐기는 스타형 철학자였다.

파이어아벤트는 자신의 과학철학적 견해를 정치철학으로 확장시키는 데도 주저하지 않았다. 그는 현대사회에서 서양 과학이 지식의 유일한 전범으로 간주된다는 사실에 대해 비판적이었으며 동양의 침술이나 미국 원주민의 약초학처럼 다양한 대안적 '과학'에 동등한 기회를 주어야 한다고 역설했다. 어떤 주장에도 지적 권위를 인정하지 않고 모든 개인이 자신의 의견을 표출할 수 있는 극도의 자유방임 사회가 파이어아벤트가 지지한 '자유사회'였다. 이러한 견해는 그가 미국 캘리포니아에서 교수 생활을 하던 70년대의 사회적 분위기와 맞물리면서 상당한 반향을 불러일으켰다.

　파이어아벤트는 특히 마술이나 초자연적 현상에 대한 연구가 인식론적으로는 과학과 동등하다는 자신의 견해에 근거하여 원하는 사람에게는 학교 교육에서 이들 모두를 배울 수 있도록 해야 한다고 주장했다. 이러한 파이어아벤트의 주장은 미국의 특수한 상황에서 기독교 원리주의자들이 진화론의 과학적 문제점을 지적하며 성서에 근거한 창조설이 진화론과 인식론적으로 동등하며 그러므로 학교에서 동등하게 교육되어야 한다고 주장하는 과정에서 사용되기도 했다.

≡ 더 읽어볼 만한 자료들 ════════════════

파이어아벤트의 저서 중 국내에 번역된 것은 『방법에의 도전』(한겨레, 1987, 정병훈 옮김)이 있다.

http://www.galilean-library.org/feyerabend.html
폴 네월이 파이어아벤트의 방법론적 입장 '어떤 것이든 좋다'를 해설한 페이지
http://plato.stanford.edu/entries/feyerabend/
스탠퍼드 대학의 철학 대백과 사전 파이어아벤트 항목, 파이어아벤트의 상세한 해설

과학 이론은 묶음으로 경쟁한다: 임레 라카토슈

●

이상욱

포퍼와 쿤 사이 '제3의 길' 모색

20세기 과학철학은 두 번의 급격한 변화를 겪었다. 첫째는 1920년대와 30년대에 비엔나에서 과학과 철학에 관심을 가지던 일군의 학자들이 모여 현대 과학의 철학적 의미를 토론하던 비엔나 모임에서 발전한 논리 실증주의의 등장이었다. 논리 실증주의는 과학을 논리와 경험의 결합으로 이해하려 했다. 다른 하나의 급격한 변화는 60년대와 70년대를 거치면서 전개된 '역사적 전환'이었다. '역사적 전환'이란 당시 과학철학자들이 과학에 대해 보다 만족스럽게 설명하기 위해서는 과학의 역사와 과학 활동의 실제 모습에 보다 주목할 필요가 있다는 사실을 인식하면서 시작되었다. 이와 같은 주장을 하며 주류 과학철학에 진출한 사람들이 흔히 '역사적 과학철학자'로 불리는 포퍼, 쿤, 라

카토슈, 파이어아벤트, 핸슨, 툴민 등이었다. 이들은
대서양을 사이에 두고 과학 지식의 성격과 과학 지식
이 성장하는 과정 그리고 과학 연구의 합리성과 객관
성에 대해 수많은 논쟁을 벌였다.

임레 라카토슈(Imre Lakatos,
1922~1974)_ 과학철학의 양대
거장인 쿤과 포퍼 사이에서 제3의
길을 모색했다.

이 논쟁에서 임레 라카토슈가 차지하는 위치는 특
별하다. 라카토슈는 파이어아벤트와 마찬가지로 철저
한 포퍼주의자로 출발했지만 역시 파이어아벤트와 마
찬가지로 점차 포퍼로부터 멀어졌다. 라카토슈는 포
퍼의 견해를 더욱 확장시키는 과정에서 포퍼의 과학
철학이 지닌 본질적 한계를 직시하게 되었으며, 여기에는 토머
스 쿤의 새로운 과학철학이 생산적인 자극을 제공했다. 지적으
로 훨씬 자유분방했던 파이어아벤트는 포퍼와 쿤 모두로부터 거
리를 두길 원했지만, 라카토슈는 쿤을 따라 과학의 역사적인 실
제 전개 과정에 충실하면서도 포퍼를 따라 여전히 과학의 객관
성과 합리성을 확보할 수 있는 견해를 제시하려 노력했다.

포퍼와 쿤을 조화시키는 이 과정에서 라카토슈는 포퍼를 따라
개인의 자유를 강조하는 한편, 쿤보다 더 급진적인 상대주의 과
학관을 제창한 파이어아벤트와 죽을 때까지 좋은 맞수이자 친구
로 지냈다. 라카토슈는 파이어아벤트가 자신이 교수로 있던 런
던 정경 대학에 잠시 머물며 강의할 때 강의실 바로 앞에 위치한
자신의 연구실에서 나와 파이어아벤트에게 난처한 질문을 던져
대곤 했다. 맨 뒷줄에서 수업을 방해하는 라카토슈의 도전을 파
이어아벤트는 성가셔 하기는커녕 무척 즐거워했고, 두 숙적의

포퍼주의자에서 출발했지만 과학적 방법론에서 의견을 달리했던 라카토슈(왼쪽)와 파이어아벤트가 함께 내기로 했던 『과학 방법론을 위하여 그리고 반대하며』는 라카토슈의 급작스런 죽음으로 이루어지지 못했다. 사진은 마테오 모텔리니가 1999년에 펴낸 책의 표지.

눈부신 토론을 지켜보는 것으로 수업을 대신할 수 있었던 당시 학생들도 역시 행복해 했다고 한다.

파이어아벤트에 따르면 어느 날 라카토슈가 자신은 과학적 방법이 왜 필요한지에 대해 쓰고 파이어아벤트는 왜 쓸모없는지에 대해 써서 함께 묶어 책을 내면 어떻겠냐고 제안했다고 한다. 재미있는 기획이라 생각한 파이어아벤트는 적극적으로 호응했고 결국 두 사람은 『과학 방법론을 위하여 그리고 반대하며(For and Against Scientific Method)』라는 책을 함께 내기로 결정한다. 그러나 라카토슈가 1974년 심장마비로 갑작스럽게 사망하는 바람에, 파이어아벤트는 결국 자신의 맡은 부분만 따로 책으로 출판하게 되었고 이 책이 파이어아벤트를 일약 유명하게 만든 『방법에 반대하며』이다. 결국 두 사람이 모두 살아있을 때는 결실을 보지 못한 원래의 책은 1999년 라카토슈의 과학 방법론에 대한 강의 노트와 리카토슈와 파이어아벤트의 논쟁을 담은 형태로 출간되었다.

과학사 연구와 과학철학의 접목

라카토슈는 1922년 헝가리 데브레첸에서 태어났고 어릴 적 원래 이름은 임레 립쉬츠(Imre Lipschitz)였다. 립쉬츠는 2차 대전 중에 라카토슈로 성을 바꾸었다. 라카토슈는 고등학교 시절에 수학에 재능을 보여서 폰 노이만(John von Neumann) 과 같은 유명한 수학자들이 처음으로 논문을 출판했 던 학술지에 논문을 싣기도 했다. 데브레첸 대학에서 수학, 물리학, 철학을 함께 공부한 라카토슈는 2차 대 전이 발발하자 공산주의 계열의 반나치 저항운동에 가담한다. 그는 이 암울했던 시기에 지하 세포 조직

게오르크 루카치(Georg Lukács, 1885~1971)

지도자로서 상당한 명성과 악명을 모두 떨쳤던 것으로 보인다.

냉철한 판단력과 동료를 압도하는 카리스마를 가지고 있었던 라카토슈는 사상적으로 철저한 스탈린주의자였고 상황 판단에 있어서 냉혹하고 치밀했다고 한다. 한때 자신이 이끌던 조직이 보안상의 위험에 처하자 이에 책임이 있다고 생각된 에바 이작 이라는 동료에게 자살을 종용하기도 했다. 이 사실은 후에 라카 토슈가 헝가리 공산당에서 어려운 처지에 몰릴 때 불리하게 작 용하기도 했다. 라카토슈는 1947년 게오르크 루카치의 『역사와 계급의식』의 관점을 과학사에 적용한 학위 논문으로 데브레첸 대학을 졸업했는데, 현재 이 논문은 어느 곳에도 사본이 남아 있지 않다. 아마도 데브레첸 대학 도서관 소장본조차 라카토슈 가 1956년 서방으로 탈출하면서 가지고 나간 것으로 추정된다.

2차 대전이 끝나자 라카토슈는 전쟁 중의 혁혁한 공로를 인정 받아 헝가리 공산정부 내에서 매우 빠르게 정치적 영향력을 확 대시켜간다. 동료들의 증언에 따르면, 라카토슈는 올바른 목적 이라면 어떤 수단의 사용도 정당화된다고 믿는 무자비한 열성 당원이었다고 한다. 게다가 '끔찍할 정도로 똑똑해서' 모든 상

황을 계산하고 행동하는, 두려움의 대상이었다. 라카토슈는 1950년 당내 실력자가 충분히 '스탈린주의적'이지 않다고 비판하다가 숙청당하여 악명 높은 강제노동 수용소에서 3년간 생활한 뒤 풀려난다. 이때까지도 스탈린주의적 신념을 버리지 않았던 라카토슈는 구소련에서 흐루시초프 등장 이후 헝가리 내부 상황도 급격하게 변화하는 과정에서 정치적 신념을 바꾸게 된다. 라카토슈는 1954년 헝가리 학술원 도서관에서 금지된 서방 문헌을 읽고 그 중 일부를 헝가리어로 번역하는 일을 했는데 이때 포퍼의 글을 처음으로 읽고 큰 감명을 받았다고 한다.

적극적으로 작가 운동을 하던 라카토슈는 1956년 헝가리 반소 봉기가 실패로 끝나자 20만 명의 동포 헝가리인과 마찬가지로 조국을 탈출하여 비엔나를 거쳐 영국 케임브리지까지 이른다. 그는 케임브리지에서 장학금을 얻어 논리 실증주의 계열의 과학철학자 브레이스웨이트의 지도 아래 수학적 증명의 과정과 성격에 대한 박사학위 논문을 쓰는 한편 런던 정경 대학에서 가르치던 포퍼의 세미나에도 빠짐없이 참석한다. 이런 인연으로 라카토슈는 1960년 학위를 마친 후 결국 런던 정경 대학 철학과에 자리를 잡고 자신의 지적 스승이었던 포퍼와 동료가 된다. 라카토슈는 그 후 14년 동안 그곳에서 열정적으로 가르치면서 헌신적인 지지자와 극단적인 반대자를 모두 얻는다. 대부분의 다른 사람들이 그러했듯 라카토슈도 포퍼로부터 사상적으로나 인간적으로 점점 멀어지게 되었고 나중에는 복도에서 마주쳐도 서로 인사조차 하지 않을 정도로 사이가 나빠졌다고 한다.

라카토슈는 박사학위 논문에서 수학의 증명 과정이 누군가 멋진 생각을 해내고 그 생각에서 차근차근 연역적으로 전개해 코시 정리와 같은 놀라운 결론에 이르게 되는 것이 아니고 주장했다. 오히려 수학의 역사에서 중요한 정리가 증명되었던 과정은 자연과학의 발전 과정과 매우 유사하게 포퍼가 강조했던 추측과 반증을 통해 기존 증명의 문제점을 하나하나 고쳐가면서 이루어졌다는 것이다. 이는 포퍼의 반증주

오귀스탱 코시 (Augustin L. Cauchy, 1789~1875)

의 과학 연구 방법론이 수학에까지 확대 적용될 수 있음을 보인 것이다. 여기서 우리는 라카토슈가 박사학위 논문을 쓸 당시만 해도 젊은 시절 파이어아벤트가 그랬던 것처럼 충실한 포퍼주의자였음을 알 수 있다.

하지만 라카토슈는 자신의 주장을 데카르트-오일러 추측과 같은 수학사적으로 중요한 의의를 가지는 주제에 대한 꼼꼼한 역사적 분석을 통해 논증하고 있다는 점이 흥미롭다. 포퍼는 과학사의 중요성을 강조하긴 했지만 자신이 스스로 본격적인 과학사 연구를 과학철학과 접목시킨 적은 거의 없었다. 이 시기부터 이미 라카토슈는 충실한 포퍼주의자이면서 동시에 미래의 이탈을 준비하고 있었던 것이다.

뉴턴 역학은 어떻게 19세기까지 유지될 수 있었나

과학 방법론의 영역에서 라카토슈는 매력적으로 들리는 포퍼의

1781년 F.W 허셜이 발견한 천왕성

반증주의가 실제로 이론을 평가하는 작업에서는 합리적으로 적용되기 어렵다는 점을 지적했다. 예를 들어 19세기에 천체물리학자들은 천왕성의 궤도가 뉴턴 역학의 예측과 맞지 않는다는 사실을 정확하게 알고 있었다. 뉴턴도 이 사실을 알고 있었지만 당시의 관측 기술로는 천왕성의 궤도를 분명하게 확정짓기 어려웠다. 그러므로 뉴턴은 미래의 보다 정확한 관측이 자신의 이론적 예측과 맞아떨어질 가능성에 대해 낙관할 수 있었다.

하지만 19세기가 되면 관측 천문학은 이미 상당한 수준에 도달해 있었고 천왕성 궤도가 결코 뉴턴 역학의 예측과 조화를 이룰 수 없다는 점은 누구에게나 분명해졌다. 포퍼의 반증주의를 소박하게 따르자면 19세기의 과학자들은 뉴턴 역학을 부정하고 새로운 역학 이론을 찾아 나섰어야 한다. 그러나 소수의 과학자를 제외하고 대다수의 과학자들은 그러지 않았다. 대신 어떤 경험적 근거도 없이 새로운 행성인 해왕성을 천왕성 바깥에 설정하고 이 해왕성이 천왕성을 끌어당긴다고 가정하여 뉴턴 역학의 예측과 천왕성 궤도 사이의 차이를 설명했다. 별다른 경험적 근거도 없이 행성 하나를 통째로 만들어 내 위기에 몰렸던 뉴턴 역학을 '구제' 한 것이었다.

이는 포퍼에 따르자면 비합리적인 이론 수정의 극단적인 형태처럼 보일 것이다. 명백한 반증 사례를 무시하고 적절한 경험적 증거도 없이 해왕성이 존재한다는 보조 가설을 사용하여 뉴턴 역학을 유지했기 때문이다. 하지만 과학자들은 예상한 장소에서 새로운 행성을 실제로 발견했고 뉴턴 역학에 대한 신뢰를 버리지 않았던 과학자들은 뉴턴 역학의 승리를 만족스럽게 지켜볼 수 있었다.

사실 과학자들의 행동은 합리적인 것이었다. 19세기에 이르면 뉴턴 역학은 이미 수많은 과학 이론과 일상생활에서 널리 활용되고 있는 근본 이론이었다. 이러한 이론을 적당한 대안 없이 반증 사례가 있다고 무조건 포기하다 보면 과학 연구가 생산적으로 이루어지기 어렵다. 게다가 역사상 어떤 이론도 반증 사례가 하나도 없는 이론은 없었다. 포퍼의 반증주의를 글자그대로 따르자면 우리는 어떤 이론도 결코 수용하지 말았어야 한다. 물론 포퍼도 이런 비판을 염두에 두고 반증 위기에 처한 이론을 수정할지의 여부는 방법론적 판단을 요구한다고 말한 바 있다. 여기서 방법론적 판단이란 반증 사례가 충분히 강력해서 기존 이론을 포기하는 것이 적절한지, 아니면 기존 이론을 좀 더 발전시켜서 반증 사례를 설명해 보려고 노력하는 것이 적절한지에 대한 판단을 의미한다.

그러나 문제는 이런 판단이 언제 정당한지를 미리 결정하는 것이 그리 간단하지 않다는 데 있다. 예를 들어, 천체물리학자들은 천왕성의 궤도에 대해 성공적이었던 방법을 똑같이 사용하여 수성이 태양에 가장 가까이 가는 지점이 매년 바뀌는 현상, 즉 '근일점(近日點)†의 이동'을 설명하려 했다. 이 경우도

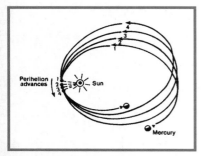

수성의 근일점이 공전하는 궤도에 따라 달라지는 것을
보여주는 그림.

천체물리학자들이 제안한 설명은 수성 안쪽에 벌칸이라는 새로운 행성이 있어서 수성을 끌어당기기 때문에 수성의 근일점이 해마다 바뀐다는 것이었다. 하지만 수성 안쪽에 설정했던 벌칸이라는 새로운 행성은 결코 발견되지 않았고, 실제로 수성 근일점 이동은 뉴턴 역학이 원칙적으로 다룰 수 없는 진정한 반증 사례였던 것으로 드러났다. 그러나 이 사실을 벌칸을 제안했던 과학자들이 미리 알 방법은 없었다. 오직 아인슈타인의 일반 상대성 이론이라는 뉴턴 역학의 대안 이론이 등장해서, 일반 상대성 이론이 수성의 근일점 이동을 성공적으로 설명하고 나서야 뉴턴 역학의 문제점이 분명해졌던 것이다.

그러므로 상황은 복잡해진다. 천왕성의 궤도 예에서 볼 수 있듯이 우리는 하나의 과학 이론을 그것과 위배되는 경험적 증거가 나타날 때 단순히 반증시켜버릴 것이 아니라 그 이론이 잠재력을 충분히 발휘할 수 있도록 일종의 '시간'을 줄 필요가 있다. 이 점에 있어 라카토슈는 쿤이나 파이어아벤트와 같은 목소리를 낸다. 하지만 벌칸의 예에서 알 수 있듯이 이러한 '시간'을 무한정 줄 수는 없다. 이 점에 있어 라카토슈는 파이어아

---

† 근일점(perihelion)은 태양 주변을 도는 천체가 태양과 가장 가까워지는 지점으로, 그 위치는 태양과 다른 행성의 중력에 의해 조금씩 변하게 된다.

과학자들과 철학자들 '과학적인 것'에 대해 논쟁하다

벤트와 다른 목소리를 낸다.

발전적 연구 프로그램 그리고 퇴보적 연구 프로그램

그렇다면 이론과 경험의 불일치 상황에서 우리는 어떤 판단을 내릴 것인가? 라카토슈의 대답의 핵심은 이론에 대한 판단은 단순히 그 이론 자체가 아니라 그 이론이 역사적으로 어떤 '실적'을 보이며 변화했는지를 평가함으로써 이루어져야 한다는 것이다. 즉, 문제가 되고 있는 이론이 속한 이론 계열과 경쟁 이론이 속한 다른 이론 계열을 비교 평가함으로써 문제의 이론에게 '시간'을 좀 더 줄 것인지의 여부를 결정해야 한다는 것이다.

이런 이론 계열을 라카토슈는 '연구 프로그램'이라 불렀다. 라카토슈는 보조 가설을 사용하여 단순히 기존 이론의 문제점만을 살짝 피해가는 것이 아니라 새로운 현상을 설명하여 과학 지식을 성장시키는 경향을 보이는 것을 '발전적' 연구 프로그램이라고 불렀다. 뉴턴 역학이 천왕성의 궤도를 설명하면서 해왕성이라는 새로운 행성의 존재도 예측했다는 사실은 당시의 뉴턴 역학이 '발전적' 연구 프로그램이었음을 보여준다. 이에 비해 18세기의 플로지스톤 이론처럼 이론의 문제점을 플로지스톤이 음의 무게를 갖는다는 식의 임시방편 가설을 도입하여 피해 나가는 경우는 '퇴보적' 연구 프로그램에 해당된다. 라카토슈는 우리가 발전적 연구 프로그램을 선택하고 퇴보적 연구 프로그램을 거부하면 포퍼가 강조했던 과학 연구의 합리성을 보다 유연

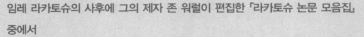

임레 라카토슈의 사후에 그의 제자 존 워럴이 편집한 『라카토슈 논문 모음집』
중에서

이상의 논의를 요약하면 다음과 같다. 경험적 진보의 특징은 사소한 검
증이 아니다. 사소한 검증은 너무나 많다고 말한 점에 있어 포퍼는 옳
다. 돌을 공중에서 놓을 때마다 땅을 향해 떨어진다는 사실은 아무리
많이 반복되더라도 결코 뉴턴 이론의 성공으로 여겨질 수 없다. 하지만
포퍼가 그토록 자주 지적했듯이, 이른바 '반박'을 경험적 실패의 특징
이라고 할 수도 없다. 모든 연구 프로그램은 항상 수많은 변칙 사례〔역
주: 잘 해결되지 않은 어려운 문제〕들을 가지고 있으면서 성장하기 때문
이다. 경험적 진보를 위해 정말로 중요한 것은 인상적이고, 예기치 않
았던, 깜짝 놀랄 만한 예측이다. 이런 예측 몇 개만 있어도 연구 프로그
램의 경쟁에서 저울추를 어느 한쪽으로 확실히 기울일 수 있다. 만약
어떤 연구 프로그램이 사실이 밝혀진 이후에 그 사실을 설명하기에 급
급하다면 그것은 형편없이 퇴행적인 연구 프로그램이라고 할 수 있다.
이제 과학 혁명이 어떻게 발생할 수 있는지 생각해 보자. 만약 서로 경
쟁하는 두 연구 프로그램이 있고, 하나는 진보적이고 다른 하나는 퇴행
적이라면, 과학자들은 진보적인 연구 프로그램에 합류하려는 경향을
보인다. 이것이 과학 혁명의 합리적 기준이다. 하지만 비록 두 연구 프
로그램 중 어느 것이 진보적이고 어느 것이 퇴행적인지를 분명히 하는
것이 지적으로 정직한 일이지만, 포기하지 않고 퇴행적인 연구 프로그
램을 진보적으로 바꾸려고 노력하는 일은 정직한 과학자가 할 수 없는
행동은 아니다.

한 방식으로 여전히 유지할 수 있다고 생각했다. 이처럼 합리적 이론 평가를 강조하고 그 방법을 규칙의 형태로 줄 수 있다는 점에 있어 라카토슈는 쿤 및 파이어아벤트와 명확히 구별된다.

라카토슈는 자신의 과거를 적극적으로 부인하려는 듯 영국에서는 대표적인 보수 논객으로 활동하며 좌파 지식인이나 정치인들 주장의 허점을 조목조목 반박한 것으로 유명했다. 라카토슈는 제자와의 관계도 각별했는데 그가 마지막으로 지도했던 제자는 마침 엄청난 부자여서 라카토슈를 기념하기 위해 '라카토슈 상'을 제정했다. 최근 발간된 과학철학 분야의 책 중 영향력이 큰 책에 주는 이 상은 과학철학계 최고의 영예로운 상이 되었다.

≡ 더 읽어볼 만한 자료들 ════════════════════

임레 라카토슈의 책으로 국내에 번역된 것은 『수학적 발견의 논리』(2001, 아르케, 우정호 옮김)와 라카토슈가 짓고 그의 제자 존 워럴이 엮은 책인 『과학적 연구 프로그램의 방법론』(2002, 아카넷, 신중섭 옮김) 그리고 라카토슈와 포퍼, 쿤 등이 벌인 과학철학 논쟁을 포괄적으로 다룬 것을 모은 책인 『현대 과학철학 논쟁』(2002, 아르케, 김동식·조승옥 옮김)이 있다.

http://www.lse.ac.uk/collections/lakatos//scienceAndPseudoscience.htm
늘 열정적인 삶을 살았던 라카토슈가 특유의 카랑카랑한 목소리로 과학과 비과학의 차이를 강조하는 라카토슈의 육성을 직접 들을 수 있다.

3장

인간과 생명을 둘러싼
또 하나의 전쟁: 진화 전쟁

유전자가 인간의 주인이다: 리처드 도킨스

●

이상욱

아프리카에서 자라난 논쟁적인 진화 전도사

과학자치고 리처드 도킨스만큼 대중적 인기와 학술적 논쟁을 결합시킨 사람도 흔치 않다. 제2차 대전 중 영국 공군에 자원한 아버지가 케냐로 배속되는 바람에 도킨스는 1941년 나이로비에서 태어났고 압도할 정도로 아름다운 아프리카의 자연에 큰 감명을 받으며 어린 시절을 보냈다. 영국으로 돌아와 옥스퍼드에 진학한 도킨스는 노벨상 수상자인 니코 틴버겐(Nikolaas Tinbergen, 1907~1988) 교수에게 배운 후 촉망받는 젊은 동물행동학자로 자신의 학문적 여정을 시작했다. 그러나 곧 간결한 문체와 생생한 비유를 사용하여 논쟁적인 주장을 명쾌한 방식으로 전개하는 도킨스 특유의 글쓰기는 『이기적 유전자』, 『확장된 표현형』 등의 문제작으로 발표되면서 대중적 인기와 학술적 논란에 중심에 놓이게 되었다.

　『이기적 유전자』로 대중적 명성을 얻은 도킨스는
그의 특유의 글쓰기 재능이 널리 인정되어 현재 옥스
퍼드 대학교에서 과학의 대중적 이해를 전담하는 찰
스 시모니 석좌교수직을 맡고 있다. 이 석좌교수직을
맡으면서 도킨스는 진화론을 포함한 현대 과학의 의
미에 대해 보다 본격적으로 연구하고, 왕성하게 그
연구 내용을 발표할 수 있게 되었다. 이후 도킨스는
더욱 정력적으로 과학과 종교, 과학적 지식의 축적적
성격 등에 대한 과감한 주장을 솔직하고 직설적으로
제시함으로써 지속적으로 자신의 도발적 위치를 확

리처드 도킨스(Richard Dawkins, 1941~)＿ 현재 세계에서 가장 유명한 진화론자로 알려진 도킨스는 인간과 사회를 다원주의적으로 충실히 해설하고 있는 동물행동학자 겸 과학 저술가이다.

인시키고 있다. 최근 국내에도 번역 소개된 『악마의 사도』가 이
에 해당되는 저작이다. 도킨스는 논쟁적인 저자가 흔히 그렇듯
이 자신에 대한 열렬한 지지자와 극단적 반대자 모두를 갖고 있
다. 도대체 도킨스 생각의 어떤 점이 이런 논란의 핵심을 가져
온 것일까?

본성인가, 양육인가

도킨스는 일찍부터 자신의 동물행동학 연구 결과가 갖는 구체
적인 의미를 유전자가 진화의 역사에서 차지하는 중심적 역할
에 대한 보다 포괄적인 주장으로 발전시키기 시작했다. 그 결과
가 1976년에 출간된 『이기적 유전자』이다. 이 책은 바로 전 해

출간된 에드워드 윌슨의 『사회생물학』과 함께 유전자가 생물체의 수준과 사회적 수준에서 어떤 역할을 담당하는지에 대한 열띤 논쟁을 불러일으켰다. 도킨스가 촉발한 유전자의 사회적 역할에 대한 논쟁은 인간의 속성이 천성적으로 타고나는 것인지 아니면 성체(成體)로 커가면서 주변 환경과 상호작용을 통해 결정되는 것인지와 관련된 이른바 본성-양육의 오래된 논쟁의 재탕이었다. 도킨스는 오래되고 그 구체적 내용이 다소 모호한 본성 개념을 유전자라는 구체적인 대상으로 한정하고 환경 영향의 대부분을 유전자의 단순한 '효과'로 재해석함으로써 결국 본성과 양육의 모든 측면을 유전자로 포괄해 낼 수 있다는 주장을 하였다. 이러한 도킨스의 주장, 특히 우리는 유전자가 자신을 다음 세대에 전달하기 위해 사용하는 운반 기계에 지나지 않는다는 도발적 주장이 상당한 사회적 논란을 불러일으켰다는 점은 충분히 예상할 만하다.

날개 달린 돼지가 나올 수도 있는 것이 유전자의 힘

보다 학술적인 논쟁은 진화의 역사에서 자연선택이 얼마나 중요한 역할을 수행하는지에 집중되었다. 도킨스는 자연선택이 진화의 역사에서 거의 절대적인 인과적 역할을 수행하므로 생물학자들이 생명체의 속성에 대해 진화론적 설명을 시도할 때는 우선적으로 자연선택을 적용해야 한다고 주장했다. 이에 비해 집단유전학자 리처드 르원틴과 고생물학자 스티븐 제이 굴

인간과 생명을 둘러싼 또 하나의 전쟁: 진화 전쟁

생물 개체에는 공작새의 화려한 깃털처럼 진화적 이득을 얻기 위한 적응이라고 볼 수만은 없는 속성들이 있다.

드가 주축을 이룬 비판자들은 진화의 역사에서 우연적 요인이나 구조적 제한조건이 수행하는 역할이 매우 크다는 점을 강조했다.

흔히 도킨스처럼 진화 과정에서 자연선택의 절대적 힘을 강조하는 입장을 '적응주의(adaptationism)'라고 한다. 충분한 시간이 주어지면 개체는 자연선택 과정을 통하여 자신이 놓여 있는 환경에 최적으로 적응할 수 있다는 주장이다. 도킨스를 비판하는 사람들도 진화의 역사에서 자연선택의 중요성을 부정하는 것은 아니다. 하지만 그들 비판의 핵심은 개체는 종종 포식자를 잘 볼 수 있어서 생존 가능성을 높여주는 눈이나 번식 기회를 높여주는 수공작의 화려한 깃털처럼 분명한 진화적 이득을 얻기 위한 적응이라고 볼 수 없는 속성을 갖는다는 것이다.

인간은 목구멍을 통해 음식물도 넘기고 공기도 흡입한다. 그래서 종종 음식물을 먹다가 숨이 막혀 죽을 위험이 있다. 이는 생명체 진화의 어느 단계에선가 두 기능을 동시에 수행하는 기관이 출현했고 이러한 우연적 사건에 기초하여 이후의 자연선택 과정이 진행되었기에 생겨난 현상이다. 르원틴과 굴드는 이처럼 분명하게 비적응적인 속성도 진화의 역사에서 자주 생겨날 수 있음을 강조한다. 그들의 주장에 따르면 진화는 텅 빈 도면을 앞에 두고 주어진 환경에 최적의 설계를 찾는 방식이 아니라 미래에 벌어질 상황에 대한 대비 없이 그때그때 임시방편적인 방식으로 기존의 구조에 덧붙이는 방식으로 일어나기 때문이라는 것이다.

　도킨스도 진화 과정이 이러한 특징을 갖는다는 점을 잘 알고 있다. 그럼에도 불구하고 이기적 유전자의 무한한 잠재력에 신뢰를 갖고 있는 도킨스는 르원틴과 굴드와는 달리 우연적 요인이나 구조적 제한에서 비롯된 불완전한 적응은 시간이 흐르면 유전자에 의해 극복되리라고 주장한다. 현재 돼지는 형태학적 제한 때문에 날개를 달 수 없지만 만약 돼지가 날개를 다는 것이 적응적으로 확실히 유리하다면 언젠가는 하늘을 나는 돼지가 등장할 수도 있다는 생각이다. 이에 대해 르원틴과 굴드는 진화의 역사는 워낙 우연적인 요인에 많이 좌우되기 때문에 지구에서 발생한 진화 과정을 원점으로 돌려 다시 시작하면 현재 우리가 볼 수 있는 생물계와는 전혀 딴판인 생물계가 나타났을 것이라고 대응한다.

문화는 이기적 유전자의 확장된 표현형

이기적 유전자 개념은 개체들 사이의 경쟁을 통해 진화가 이루어진다는 전통적 생각에 대해 복잡한 거대 분자에 대응되는 유전자들 사이의 적극적 경쟁을 통해 진화 과정이 지배된다는 대안을 제시했다는 점에서 중요한 학술적 의의를 가진다. 이는 세대를 거쳐 전달될 수 있는 것은 궁극적으로는 유전자뿐이므로 결국 자연선택의 대상이 될 수 있는 것은 유전자일 수밖에 없다는 생각에서 출발한 주장이다. 그러나 세대를 통해 전달되는 것이 유전자라 하더라도 실제 환경에서 개체의 적응도를 결정하는 것은 유전자를 포함한 다양한 요인들이 상호작용하여 만들어낸 표현형이다. 예를 들면, 먹이 찾기에 유리한 것은 기린의 긴 목이지 긴 목을 만들어 내는 복잡한 발생 과정에 개입하는 여러 유전자의 조합 자체가 아니다. 그러므로 진화의 역사를 유전자만으로 기술하려는 도킨스의 주장은 유전자 결정론까지는 아니더라도 적어도 유전자 중심적 사고의 결과로 볼 수밖에 없다.

도킨스는 1982년에 발표한 『확장된 표현형』에서 이러한 생각을 더욱 확장시켜 개체의 행동만이 아니라 그 개체의 행동이 다른 개체의 행동에 영향을 미치는 것을 포함하는 문화의 제반 특징도 확장된 의미에서의 유전자 효과로 보아야 한다고 주장한다. 만약 생물체는 유전자가 자신을 복제하기 위해 이용하는 복제 기계에 불과하다면, 마찬가지 논리로 그러한 생물체가 만들어 낸 모든 것, 비버의 댐이나 인간의 피라미드까지도 모두 유

리처드 도킨스의 『에덴의 강』_ "내가 강(江)이라고 말한 것은 지질 시대를 관통해 흘러오면서 지류를 만들어 온 DNA의 강이다.… 강둑은 유전자가 섞이는 것을 제한하는 종(種)이라는 장벽에 대한 비유이다."

전자의 이기적 활동의 결과물로 볼 수 있다는 것이다. 여기서 도킨스는 생물학이 끝나는 곳에서 문화나 사회가 시작된다는 기존의 통념에 반대하여 사회현상이나 문화적 다양성도 결국에는 유전자의 효과를 확대 해석한, 즉 확장된 표현형으로 파악할 수 있다고 주장한다. 이런 시도는 윌슨의 경우와 마찬가지로 궁극적으로는 사회과학을 생물학의 하부 범주로 포섭하려는 노력의 일환이라고 생각할 수 있다.

도킨스의 글을 읽을 때는 그가 은유를 사용하는 방식에 유의해야 한다. 흔히 도킨스를 잘못 읽은 사람들은 분자 덩어리에 불과한 유전자가 어떻게 '이기적'일 수 있느냐고 묻는다. 당연히 유전자 자체가 일상적인 의미로 이기적일 수는 없다. 그러나 우리는 꿀벌을 여왕벌과 일벌 등으로 구별하고 이들 사이의 기능적 분업이 꿀벌 사회의 '안정'에 도움이 된다고 설명한다. 마

『이기적 유전자』에 들어 있는 도킨스의 삽화. 도킨스는 유전자가 '이기적'이라고 말하지만 이 말이 '비유적'인지에 대해서는 불분명한 입장을 보인다.

찬가지로 유전자가 이기적이라는 도킨스의 주장은 유전자와 관련된 생명현상을 마치 유전자가 자신의 복제품을 최대한 많이 퍼뜨리려는 노력의 결과로 나타난 것으로 이해할 수 있다는 뜻이다. 이런 의미에서 유전자는 은유적으로 '이기적'이다.

이렇게 이해하면 '이기적 유전자'나 '확장된 표현형' 모두 자연현상, 사회현상을 바라보는 하나의 이론적 관점이라고 할 수 있다. 이런 관점에서 보면 도킨스는 생명현상의 다양한 측면을 유전자의 관점에서 최대한 설명하고 이해하려는 방법론적 전략을 취하고 있다고 생각할 수 있다. 그러므로 도킨스의 주장을 섣불리 유전자 결정론이나 유전자 환원론으로 몰아붙일 수는 없다.

그럼에도 불구하고 도킨스가 다른 사람이 자신의 입장을 유전자 결정론으로 혼동할 수 있도록 부추긴다는 인상을 지우기

리처드 도킨스가 1976년 출간한 『이기적 유전자』 중에서

이제 이기적 유전자의 관점 그리고 확장된 표현형의 관점에서 생명을 바라보는 입장에 대한 요약을 간단한 선언으로 정리해 보겠다. 이 입장은 전 우주에 있는 모든 생명체에 적용된다. 모든 생명의 기본적인 단위이자 (아리스토텔레스적 의미에서의) 최종 원인은 복제자이다. 우주 어디에서든 자신의 복제를 만드는 것을 복제자라고 한다. 최초의 복제자는 우연에 의해 작은 입자들이 마구잡이로 서로 밀치는 과정에서 만들어졌다. 일단 복제자가 세상에 나오면 자신의 복제를 무한히 많이 만들어낼 수 있다. 하지만 어떤 복제 과정도 완벽할 수는 없다. 그 결과 복제자의 집단에는 서로 다른 변이들이 생겨나게 된다. 이런 변이들 중 일부는 스스로 복제하는 능력을 잃어버리기도 하는데, 그렇게 되면 그런 변이들과 그들과 같은 종류의 복제자는 더 이상 존재할 수 없을 것이다. 여전히 복제 능력을 가지고는 있지만 덜 효율적인 복제자들도 있다. 남은 복제자 중 일부는 우연히 새로운 재주를 얻게 될 수도 있다. 즉, 자신의 원본이나 동료 복제자보다 더 나은 자기 복제자가 될 수도 있는 것이다. 이런 복제자들의 자손이 결국 자기 복제자 집단 전체에서 우세해지게 된다. 시간이 흘러갈수록 세계는 가장 강력하고 뛰어난 복제자들로 점점 더 가득 차게 된다.

는 어렵다. 예를 들어 '이기적 유전자' 라는 개념이 유전자가 마치 이기적인 것처럼 해석될 수 있는 효과를 가진다는 것을 의미한다는 사실은 책의 중반에서야 언급된다. 이런 식으로 독자에게 의도적으로 강한 유전자 중심의 관점을 전달하려는 도킨스의 노력을 보면 그가 실제로는 일상적인 의미의 이기성과 현상적 수준에서 꿀벌이나 유전자에게 적용할 수 있는 비유적 의미의 이기성 사이에 아무런 차이가 없다고 믿는 것이 아닌가 하는 느낌마저 든다. 우리는 이런 식의 사고방식에 낯설지 않다. 한때 심리학계를 풍미했던 행동주의 연구 모형이 바로 그러하기 때문이다. 이 지점에서 도킨스의 이론적 배경이 동물행동학이라는 점을 되새겨 볼 필요가 있다.

진화는 천천히 점진적으로 일어난다

게다가 어려운 과학 내용을 쉽게 설명하는 데 있어 탁월한 도킨스의 은유들은 실제로 꼼꼼하게 따져보면 진화에 대한 잘못된 믿음을 부추긴다는 느낌을 준다. 예를 들어, 도킨스는 '눈먼 시계공' 이라는 멋진 은유로 얼핏 보면 불가능해 보이는 복잡한 기관이 어떻게 의도적 계획 없이도 나타날 수 있는지를 설명한다. 비밀은 축적적 진화와 오랜 시간에 있다. 진화의 매 단계마다 전 단계에서 얻어진 유용한 장치들을 고정시킨 채 조금씩 변화가 일어나면 아무리 복잡한 기관도 오랜 시간이 지나면 얻어낼 수 있는 것이다. 열 자리 숫자의 조합으로 열리는 자물쇠를 임

프레드 호일(Fred Hoyle, 1915~2001)_
영국의 저명한 천문학자, 과학소설가. 우주
는 항상 현재와 같은 모양으로 존재하며,
밀도도 일정하다는 이론인 정상우주론을
주장했다.

의의 숫자 열 개를 골라 넣어 단번에 여는 것은
엄청나게 확률이 낮지만 만약 첫 숫자를 임의로
골라 맞는지 여부를 확인받고 맞았다면 그 숫자
는 고정시키고 다음 숫자로 가는 방식으로 진행
한다면 전체 숫자를 단시간에 맞힐 수 있는 확률
은 상당히 높아진다.

일찍이 유명한 천체물리학자 프레드 호일은 진
화를 믿는 것은 점보제트기처럼 복잡한 물체가
순식간에 광풍에 의해 조립될 수 있음을 믿는 것
과 같다고 논평한 적이 있다. 이에 대한 도킨스의
답은 진화는 그런 방식으로 일어나지 않는다는
것이다. 보다 정확한 비유는 부품이 가득 쌓여 있
는 벌판에 허리케인이 한 번이 아니라 수십억 번 부는 것이다.
그리고 매 단계마다 점보제트기의 설계도와 비교하여 올바르게
결합된 부분은 다음 광풍에서는 흐트러지지 않고 그대로 남는
다는 것이다.

그러나 도킨스의 오랜 비판자인 굴드의 지적처럼 진화에서
주어진 설계도란 없다. 즉, 설계도를 미리 가정하는 것은 주어
진 환경에서 각 개체가 최대한 적응하기 위한 형태나 형질이 미
리 결정되어 있다고 생각하는 것인데, 이런 일은 가능하지 않기
때문이다. 최근 진화론 연구에서 분명하게 된 점은 개체는 단순
히 주어진 환경에 적응하기만 하는 것이 아니라 환경을 지속적
으로 변화시키며 다른 개체들과 함께 진화해 간다는 사실이다.

그러므로 보다 정확한 비유는 점보제트기 부품이 쌓여 있는 벌판에 바람이 불면서 부품들이 하나둘씩 조립되는데, 이 과정에서 어떤 부품이 어떻게 조립되는지가 근처에 부는 바람을 막거나 방향을 바꾸어서 결국 매 단계마다 부품이 최종적으로 어떻게 맞추어질지가 조금씩 변경되는 것이다.

≡ 더 읽어볼 만한 자료들 ══════════════════════════

도킨스의 저작은 국내에 많이 번역되어 있다. 주요 저작으로 『눈먼 시계공』(사이언스북스, 2004, 이용철 옮김), 『확장된 표현형』(을유문화사, 2004, 홍영남 옮김), 『악마의 사도』(바다, 2005, 이한음 옮김), 『이기적 유전자』(을유문화사, 1993, 홍영남 옮김), 『에덴의 강』(사이언스북스, 2005, 이용철 옮김) 『조상 이야기』(까치글방, 2005, 이한음 옮김) 등이 있다.

http://www.richarddawkins.net/
도킨스의 공식 홈페이지
http://www.simonyi.ox.ac.uk/dawkins/index.shtml
옥스퍼드 대학 찰스 시모니 석좌교수직에 있는 리처드 도킨스의 페이지

인간의 모든 것은 생물학적으로 해석 가능하다: 에드워드 윌슨

●

장대익

인간을 동물과의 연장선상에서 설명하는 사회생물학

"인종차별주의자, 당신은 글렀어!"

1978년 미국과학진흥협회 연례 회의장에서는 연단을 점거한 국제 인종차별 반대위원회 회원들의 구호가 들려왔다. 이윽고 한 여성이 주전자를 들더니 강연을 막 시작하려는 연사의 머리 위로 물을 붓는 게 아닌가! 이 전대미문의 봉변을 당한 피해자는 '사회생물학(sociobiology)'의 창시자로 알려진 에드워드 윌슨이다. 당시 그는 지천명을 코앞에 둔 하버드 대학의 저명한 동물행동학 교수였다.

에드워드 윌슨(Edward O. Wilson, 1929~)_ 윌슨이 제창한 사회생물학은 인간의 사회와 문화를 생물학적 요인으로 설명해, 종종 인종차별주의와 연관되기도 했다.

이 사건의 원인 제공자는 『사회생물학: 새로운 종합』(1975)이다. 앨라배마 대학을 졸업한 뒤 박사학위를 위해 하버드 대학으로 옮긴 촌뜨기 윌슨은, 1950년대에 개미의 페로몬 연구로 학위를 받았고 좋은 평가 속에서 하버드 대학에서 교편을 잡기 시작했다. 개미를 비롯한 몇몇 동물들의 사회구조에 매료된 그는 『사회생물학』에서 새, 사자, 원숭이, 유인원 그리고 인간의 사회 행동을 동일한 시각에서 분석했다. 곧, 수많은 동물들의 번식 행동, 서열 행동, 협동 행동, 카스트 체계 등을 개체나 집단이 아닌 유전자의 눈높이에서 일관성 있게 설명하고자 했다. 이렇게 사회생물학은 동물의 모든 사회행동을 진화론적 관점에서 설명하려는 야심찬 기획이었다.

어렸을 적부터 개미 탐구에 열성을 보였던 윌슨은 대학에서 개미들의 의사소통 방법에 대해서 관심을 가지고 연구한다. 그의 학위 논문은 개미에게서 같은 종(種) 동물의 개체 사이의 커뮤니케이션에 사용되는 체외 분비성 물질인 페로몬을 발견하고 그 기능을 규명한 작업이었다.

　무모하게 인간을 다룬 게 화근이었나? 사실 『사회생물학』은 26장까지 인간에 대해서는 한마디도 없다. 600쪽 가까운 전체 분량의 5%에 불과한 마지막 27장에서만 인간의 행동과 문화를 다뤘을 뿐이다. 하지만 이 책에 대한 거의 모든 비난과 찬사가 동시에 그곳을 향해 있다. 실제로 27장 때문에 윌슨은 물세례의 수모도 당했지만 《타임》과 《뉴욕타임스》의 표지 기사로 유명세를 타기도 했다.

　물론, 인간의 마음과 행동을 생물학적으로 설명하려는 시도는 윌슨이 처음일 수 없다. 20세기만 보더라도 버러스 스키너로 대표되는 행동주의 전통에서는 인간의 행동이 '자극과 반응, 그리고 강화'라는

버러스 스키너(Burrhus F. Skinner, 1904~1990)_ 심리학에서 행동주의를 강력하게 옹호한 미국의 실험심리학자. 가설의 구성이나 설명보다도 조작주의적 분석에 의해, 선행 조건과 귀결과의 관계만을 기술하는 입장을 선택하여 스키너 학파를 이루었다.

윌리엄 해밀턴(William D. Hamilton, 1936~2000)_ 이타적 행동의 진화를 혈연선택 이론으로 설명한 영국의 진화생물학자. 성의 진화에 대한 중요한 이론도 제시했다.

로버트 트리버즈(Robert L. Trivers, 1943~)_ 이타적 행동의 진화를 호혜성(reciprocity) 이론으로 설명하고 유전자의 시각에서 부모 자식 간 충돌을 설명한 미국의 진화생물학자.

단순 메커니즘으로 설명됐다. 하지만 윌슨은 "심리학이 새로운 토대 위에 세워질 것"이라고 예견한 다윈의 진화론적 전통 위에 서 있었고 몇몇 탁월한 이론가의 강력한 지원을 받고 있었다. 일벌의 이타적 행동(불임)의 진화를 수학적으로 풀어낸 런던 대학의 윌리엄 해밀턴과, 비혈연 집단에서의 협동을 설명하고 가족 구성원 간의 충돌을 유전자 관점에서 해석한 하버드 대학의 로버트 트리버즈가 그들이다. 윌슨의 중요한 업적 가운데 하나는 해밀턴의 혈연선택론[†]이 가지는 중요성을 학계에 소개한 일이다. 독창성 측면에서 윌슨은 이 두 천재 이론가들의 하수이다.

인문학과 사회과학은 생물학의 시녀

하지만 과학이 천재들만의 잔치는 아니다. 그런 의미에서 윌슨은 천재라기보다는 종합의 달인이다. 『사회생물학』에서 그는 동물에 관한 산발적 지식들을 몇 가지 원리로 통합해 새로운 종합을 일궈냈다. 그리고 인간에 대한 과학적 연구를 위해서 이른바 '외계 생

[†] 혈연선택론(kin selection theory)에 의하면, 한 유전자가 그 유전자를 직접 갖고 있는 개체에게뿐만 아니라, 계통적으로 동일한 유전자를 공유하고 있는 다른 개체(즉, 친척)들에게 미치는 효과까지 함께 고려함으로써 동물의 이타적 행동을 설명하게 된다. 간단히 말하면, 어떤 행동으로 인해 자기는 손해를 보더라도 친척들이 더 많은 이득을 보게 되면 그 행동은 진화할 수 있다는 이론이다.

물학자의 관점'이 필요하다고 역설했다. 이 관점에서 인간은 또 다른 생물종일 뿐이며 "인문학과 사회과학은 생물학의 특수 분과들로 축소된다."

인간의 본성을 동물 본성의 연속선상에서 보려는 이런 시도는, 본능보다는 학습 혹은 환경을 중시했던 신좌파 계열의 지식인들†에게 하나의 도발이었다. 보스턴 지역의 몇몇 지식인들은 '사회생물학 연구회'를 꾸려 윌슨의 사회생물학이 근거도 없고 정치적으로도 위험하다는 논평들을 공개적으로 게재하기 시작했다. 탁월한 집단유전학자 리처드 르원틴과 고생물학자 스티븐 제이 굴드는 바로 그 모임의 주축 세력이었다. 두 사람은 신좌파 계열의 생물학과 교수로서 윌슨과 같은 건물에서 근무하는 동료였다. 베트남전 직후의 정치 상황에 민감하지 못했던 윌슨으로서는 영문도 모르고 당했다고 할 수 있겠지만, 이런 비판은 정치적으로 순진했던 그에게 결과적으로 사회과학을 제대로 공부하게끔 만든 계기였다.

사회생물학 연구회가 《뉴욕 서평》을 통해 윌슨을 유전자 결정론자로 몰아붙인 사건이 있은 지 2년 뒤, 윌슨은 인간 연구에 전념하여 보란 듯이 『인간 본성에 관하여』(1979)를 출판했다. 게다가 이 책은 논픽션 부문에서 퓰리처상까지 받는 영광을 누렸

---

† '신좌파(혹은 뉴 레프트)'는 1960~1970년대 서유럽 좌파 지식인들이 종래의 레닌주의자, 트로츠키주의자, 스탈린주의자들과 자신들을 구별하기 위해서 지어낸 용어이다. 가령, 노엄 촘스키, 허버트 마르쿠제 같은 학자들은 마르크스주의자이면서도 '올드 레프트'의 1930년대적 교조와는 다른 새로운 문화적 담론을 제시하려고 애쓴 대표적 신좌파이다.

『사회생물학』 표지_ 『사회생물학』은 진화론의 관점에서 새로운 심리학을 쓰고 있는 진화심리학자들에게 경전과도 같은 역할을 한 책이다.

다. 그리고 유전자와 문화의 공진화(共進化)를 본격적으로 탐구한 『유전자, 마음, 그리고 문화』(1981), 『프로메테우스의 불』(1983)을 젊은 이론물리학자 럼스덴(C. Lumsden)과 함께 작업했다. 이 저작들에 등장하는 핵심 용어인 '후성 규칙(epigenetic rule)'은 인지 발달의 편향된 신경 회로를 뜻한다. 다시 말해 후성규칙은 유전자에서 개별 마음 그리고 사회·문화로 이르는 길에 있는 규칙인 셈이다. 유전자는 이 후성 규칙을 만들어 내고 개별 마음은 그 규칙을 통해 자기 자신을 조직한다. 뱀에 대한 공포와 범문화적인 뱀의 상징들, 그리고 색 지각과 범문화적인 색 어휘의 상호작용은 후성 규칙에 의해 문화가 창조되는 사례들이다.

　"철이 철을 날카롭게 한다"고 했던가? 굴드와 르원틴의 혹독한 비판은 결과적으로 월슨의 논리와 근거를 더욱 탄탄하게 만들었다. 다만 월슨의 그런 노력에도 불구하고 여전히 '월슨은 유전자 결정론자' 혹은 '사회생물학은 유전자 결정론'이라는 등식이 학계와 대중 시장에 유통되고 있다. 최근에 각광받고 있는 '진화심리학' 분야의 학자들은 거의 전부 젊은 시절, 월슨의 『사회생물학』을 읽고 큰 감명을 받아 행동생태학에 입문한, 월슨의 후예들이다. 하지만 유통되는 그 등식이 부담스러운지 몇몇 진화심리학자들은 월슨과 자신들을 애써 구분지려 한다. 사실, 유전자 결정론자로 치면 DNA(디옥시리보핵산)의 구조를 발

월슨, 『통섭: 지식의 대통합』(1998) 중에서

균형 잡힌 관점은 분과들을 쪼개서 하나하나 공부한다고 얻을 수 있는 것이 아니다. 오직 분과들 간의 통섭을 추구할 때만 가능하다. 그런 통합은 쉽게 성취되지 않을 것이다. 하지만 그렇게 할 수밖에 없지 않은가! 통합은 인간 본유의 충동을 만족시켜 준다. 학문의 커다란 가지들 사이의 간격이 좁아지는 만큼 지식의 다양성과 깊이는 심화될 것이다. 이것이 가능한 것은 역설적이게도 학문들의 기저에 존재하는 응집력 때문이다. 이런 기획은 다른 이유 때문에도 중요하다. 왜냐하면 지성에 궁극적인 목표를 주기 때문이다. 저 수평선 너머에 넘실거리는 것은 혼돈이 아니라 질서이다. 그곳으로 모험을 떠나는 일을 어찌 망설일 수 있겠는가.

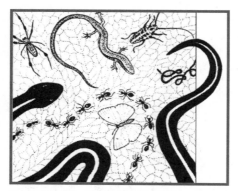

월슨의 저서 『우리는 지금도 야생을 산다』(*In Search of Nature*)의 표지 그림으로 생명의 그물을 나타내고 있다.

견했고 인간 게놈 프로젝트를 발진시켰던 제임스 왓슨 만한 사람도 없는데 말이다.

현대 학문의 경계를 허물다

월슨으로서는 그런 취급이 억울할 것이다. 하지만 '지식의 대통합'이라는 과업 앞에 그런 비판에 신경 쓸 여력이 없는지도 모른다. 최근 국내에도 번역 출간된 『통섭: 지식의 대통합』(1998)은 진화 및 신경생물학을 디딤돌로 하여 자연과학, 인문학, 사회과학, 심지어 예술을 통섭(統攝)하려는 시도로서 『사회생물학』 이후 23년 만에 나온 월슨의 최대 역작이다. 『통섭』에서 월슨은 계몽주의 사상가들의 좌절된 꿈을 되살리고 현대 학문의 경계를 넘나드는 21세기 르네상스인이다.

제인 구달(Jane Goodall, 1934~)_ 영국 태생으로 침팬지 연구의 효시와 같은 학자. 60년대부터 아프리카 탄자니아에서 침팬지의 행동을 연구하여 침팬지의 도구 제작 및 사용 능력, 육식, 언어 등에 대한 새로운 사실들을 밝혀냈다.

하지만 다수의 과학철학자들은 윌슨의 시도에 눈살을 찌푸릴 것이다. 왜냐하면 '과학의 통일성' 문제는 지난 한 세기 동안 과학철학계의 핵심 쟁점이었기 때문이다. 그 문제가 윌슨 말처럼 그리 간단할 리 없다는 것이 그들의 생각이다. 예컨대 물리학과 생물학의 통합을 위한 교량 법칙†이 있는지에 대해 많은 철학자들은 회의적이다. 반면 통합의 정신을 누구보다 숭상하는 윌슨의 견지에서는 '통일', '환원' 등과 같은 용어의 개념 분석에만 백 년을 보낸 철학자들이 더 한심해 보일 수도 있을 것이다. 윌슨은 그들의 온갖 잔소리와 우려를 한 귀로 흘려보낸 채, 묵묵히 자신의 신념을 좇아가며 하나의 근사한 경험의 성을 쌓는

---

† 교량법칙(bridge law)은 상위 수준의 현상(가령, '고통')과 하위 수준의 현상(가령, 'C신경의 발현')을 동일한 것으로 놓는 법칙이다.

길을 택했다. 그리고 이제 그 성문 앞에 서서 당당하게 "지식의 통일성이라는 개념은 근거 없는 것이 결코 아니다. 이런 개념은 실험과 논리의 혹독한 시험을 잘 견뎌 여러 차례 그 정당성을 인정받았다. 그리고 아직 결정적인 타격을 입은 적은 없다"고 말한다. 아마도 이런 노골적 태도 때문인지 그는 포스트모던 인문학자들과 사이가 별로 좋지 않다.

그럼에도 불구하고 윌슨의 통섭적 태도는 생태학 및 환경 정책 분야에서 독특한 위력을 발휘한다. 그는 『생명의 다양성』 (1992), 『바이오필리아 가설』(1993), 『생명의 미래』(2002) 등 일련의 생태·환경학 저서들을 통해 환경 위기를 경고하고 그에 대한 해결책을 제시해 왔다. 그것은 인문·사회·자연과학을 통섭하는 과정에서 생겨난 부산물로서 경제 논리나 뉴에이지식 해법과는 격이 다르다. 예컨대 환경과의 선천적 유대감을 뜻하는 '바이오필리아(biophilia)' 개념은 진화론적 관점이 녹아들어간 생태학 및 환경 정책적 신개념이다. 윌슨은 현재 제인 구달 박사처럼 지구의 생태 보전을 위한 여러 운동들을 지원하고 있다. 개미 전문가에서 사회생물학자로, 그리고 이제는 통섭의 전도사로 자신의 정체성을 진화시켜 가면서도, 산과 바다를 돌며 온갖 동물들과의 연대감을 만끽했던 초심은 여전히 팔딱거리며 생명의 미래를 걱정하고 있다. 통섭의 달인이 평생을 통해 보여준 최고 수준의 넘나들기는 세력권 방어와 속성 짜깁기에만 급급한 다수의 지식인들에게 큰 도전이 될 것이다.

에드워드 월슨의 주요 저서는 국내에 몇 권이 번역 출간되어 있다. 우선 그의 자서전인
『자연주의자』(사이언스북스, 1997)를 읽은 다음 월슨의 사상에 본격적으로 접해 보는
방법도 권할 만하다. 『사회생물학 1,2』(민음사, 1993)은 월슨의 초기 대표작이기 때문
에 이 책부터 읽어나가는 방법도 좋다. 그런 다음 『생명의 다양성』(까치글방, 1996), 『인
간 본성에 대하여』(사이언스북스, 2000), 『우리는 지금도 야생을 산다』(바다출판사,
2005)를 읽으면 월슨의 사상이 어떻게 확장되는지를 이해할 수 있을 것이다. 시간이 지
나면서 월슨은 『사회생물학』과는 비교가 안 될 정도로 인간에 대한 논의를 본격화한다.
『통섭』(사이언스북스, 2005)은 생물학으로 모든 학문을 통합해 보려는 야심을 한번 마
음껏 펼쳐본 역작이다. 가장 최근 저서인 『생명의 미래』(사이언스북스, 2005)는 『통섭』
의 마지막 장에서 핵심적으로 다룰 수밖에 없었던 생태 문제와 인간의 미래에 깊이 천착
한다. 시간 순서를 거꾸로 하여 『생명의 미래』부터 읽어 『사회생물학』으로 나가는 방식도
한번 시도해 볼 만하다.

http://www.guardian.co.uk/Archive/Article/0,4273,4137503,00.html
영국 《가디언》에 실린 월슨 박사의 프로파일
http://www.edge.org/3rd_culture/bios/wilson.html
비영리기관인 에지재단(edge foundation)에 등록되어 있는 월슨의 인터뷰, 글, 짧은
전기
http://www.pbs.org/thinktank/show_1021.html
미국 PBS 방송국에서 생명의 미래에 대해 월슨을 초청하여 인터뷰를 한 사이트
http://www.harvardmagazine.com/on-line/110518.html
월슨이 다윈 전집을 발간하면서 미국 《하버드매거진》에 기고한 글

로봇도 인간처럼 의식을 가질 것이다: 대니얼 데닛

●

장대익

동물도 의식이 있을까

강아지나 고양이와 한 지붕에 사는 사람들은 늘 '자식' 자랑에 침이 마른다. "그놈 참 똑똑해. 내가 뭘 원하는지 아는 눈치야. 내 마음을 읽는 것 같아." 과연 강아지나 고양이는 주인의 마음을 읽을 수 있을까? 오히려 이 질문은 동물 인지 연구자들에 훨씬 더 어렵다. 동물 인지 연구자들은 침팬지가 과연 다른 개체의 마음을 읽을 수 있는가를 놓고 최근 수년 동안 결론 뒤엎기를 반복해 왔다. "있는 것 같긴 한데 경험적으로 입증하긴 쉽지 않고 그렇다고 없다고 말하기는 꺼림칙하고."

그렇다면 우리 인간은 마음 읽기(mind reading)의 명수들인가? 독심술을 말하려는 것이 아니다. 마음 읽기란, 다른 개체의 믿음과 욕구, 그리고 그 믿음과 욕구에 의해 그 개체가 행동한다는 것을 안다는 뜻이다. 영화 〈레인 맨〉에서 더스틴 호프만은 이 마음 읽기 능력에 문제가 있는 자폐증 환자로 나온다. 그는 기억력은 비상하지만 만 네 살의 아이들이면 대개 문제없이 수행하는 마음 읽기를 매우 어려워한다. 최근에 심리학자들은 자폐증을 마음 읽기 능력의 손상 때문에 생긴 병으로 본다. 아이들이 처음으로 거짓말을 했다면 부모들이여 기뻐하라. 타인의 마음을 제대로 읽지 못하고는 남을 속일 수 없기 때문이다.

흥미롭게도 마음 읽기 능력에 대한 이런 동물 및 인간 인지 연구를 촉발시킨 이는 동물행동학자도 발달심리학자도 아니다. 대니얼 데닛, 그는 지난 30여 년 동안 『내용과 의식』, 『지향적 태도』, 『다윈의 위험한 생각』, 『마음의 진화』, 『뇌 자녀』 등에서 '지향성(intentionality)' 이라는 철학적 개념을 발전시켜 마음 읽기 능력에 대한 이해의 지평을 넓힌 철학자다. 지향성은 '무언가에 관한' 것이며 마음 읽기란 '어떤 주체의 정신 상태에 관한' 믿음, 곧 2차 지향성과 동일하다. 데닛은 미국 터프츠(Tufts) 대학의 인지연구소 소장이고 대학 석좌교수이며 인지과학 분야에서 늘 혁신적인 주장을 펼

영화 〈레인맨〉_ 사람들의 표정, 몸짓을 이해하지 못하고, 또 감정을 주고받지 못하는 등 사회적인 소통의 장애를 겪는 자폐증 증상은 감정의 소통이나 의미의 이해가 인간의 삶에서 얼마나 중요한가를 엿볼 수 있게 한다. 인간이 가진 '마음 읽기 능력' 은 좀 더 확장하면 로봇이 과연 인간과 같은 의식을 가질 수 있을지의 논쟁에서 핵심적 위치를 차지한다.

대니얼 데닛(Daniel C. Dennett, 1942~)_ 다윈을 인류 최고의 아이디어를 낸 학자라고 칭송하는 데닛은 철저하게 진화론의 입장에서 인간의 의식을 탐구하고 있으며, 이를 바탕으로 로봇도 인간처럼 의식을 가질 것이라고 주장한다.

쳐 논쟁의 한복판에 서 온 세계적 석학이다.

　박찬호가 던진 공의 움직임을 이해하기 위해 그 공이 마치 믿음과 욕구를 가진 것처럼 생각할 이유는 전혀 없다. 물리법칙만 잘 알고 있으면 된다. 또한, 매일 아침에 울려대는 알람시계의 작동을 이해하기 위해 시계의 마음을 읽으려 할 필요는 없다. 어떻게 설계되었는지를 알면 그만이다. 하지만 우리 집 강아지가 갑자기 껑충껑충 뛰는 행동, 옆집 아기가 자지러지게 우는 행동을 이해하기 위해서는 다른 태도가 필요해 보인다. 물리법칙 혹은 설계 원리만을 들이댄다고 해서 이해되는 행동이 아니기 때문이다. 데닛은 바로 이 대목에서 '지향적 태도'가 필요하다고 주장한다. 지향적 태도는 어떤 행동을 하는 행위자는 어떤 믿음과 욕구를 가지며 그에 따라 행동한다고 보는 그런 태도를 말한다.

인간과 생명을 둘러싼 또 하나의 전쟁: 진화 전쟁

스티븐 제이 굴드(좌)와 대니얼 데닛(우)_ 스티븐 제이 굴드와 대니얼 데닛은 진화론을 둘러싸고 이른
바 '진화 전쟁'을 주도했던 인물들이다. 하지만 2002년 굴드가 사망함으로써 이 전쟁의 미래는 다소
불투명해졌다.

의식은 뇌 물질의 진화 결과: 인간의 의식의 탈脫신비화

인간과 동물의 지향성은 데닛에게 진화의 산물일 수밖에 없다.
『다윈의 위험한 생각』과 『마음의 진화』에서 도드라져 보이듯이,
데닛은 당대 철학자 중에서 진화론을 자신의 철학에 가장 진지
하게 활용하고 있는 사람이다. 그는 주류 과학철학자들 사이에
서는 "진화론에 대한 철학적 반성은 뒷전이고 응용에만 열을 올
리는 사람"으로, 몇몇 진화론자들에게는 "초극단적 다윈주의
자"라는 비난을 받으면서도 '진화 전쟁(evolution war)'에서 자
신의 독특한 목소리를 결코 낮추지 않았다.

　이렇게 데닛이 진화론에서 자신의 지적 샘물을 길어 올리게
된 데에는 옥스퍼드 대학의 동물행동학자 리처드 도킨스의 영
향이 결정적이었다. 도킨스의 『이기적 유전자』, 『확장된 표현

의식은 뇌물질의 진화 결과이다. 의식을 신비화시키는 것은 부당하다고 데닛은 주장한다. 데닛 앞에 흥미롭게도 뇌 모형이 놓여 있다.

형』을 읽고 난 뒤부터 데닛은 줄곧 진화 전쟁에서 도킨스의 강력한 동맹군으로 활약해왔다. 1997년 《뉴욕 서평》을 통해 하버드 대학의 고생물학자 스티븐 제이 굴드와 벌였던 설전은 어느덧 진화학도들에겐 하나의 전설이 되었다. 굴드는 『다윈의 위험한 생각』에 씌어진 자신에 대한 비판에 격분해 급기야 데닛을 '도킨스의 애완견'이라고 칭했고, 이에 질세라 데닛은 굴드를 '뻥쟁이'라 응수했다. 과학 논쟁은 때로 정치 공방보다 더 노골적이다.

　일부 생물학자들로부터 인신공격을 당해도 그가 흔들리지 않는 이유는 매우 분명하다. 데닛의 철학은 그의 진화론 없이는 전혀 힘을 못 쓰기 때문이다. 그의 물음을 보라. '무가치, 무의미, 무기능에서 어떻게 가치, 의미, 기능이 나왔는가? 규칙에서 어떻게 의미가 나왔는가? 물질에 불과한 뇌에서 어떻게 의식이라는 특이한 현상이 나올 수 있는가?' 결국 데닛은 이런 의문을 통해 지금 "물이 변하여 어떻게 포도주가 되었는지"를 묻고 있는 것이다. 그런데 이 물음들은 "미물에서 어떻게 인간과 같은 종이 나왔는가?"라는 진화론의 물음과 근본적으로 닮아 있다. 실제로 데닛은 이 문제들에 대한 해답이 진화론으로부터 나올 수밖에 없다고 확신한다.

성서에서는 "물이 변하여 포도주가 된" 사건을 기적이요 신비라고 묘사한다. 데닛은 기존 철학계도 인공지능, 지향성, 의식,

책 속 으 로

브룩과 로스, 『다니엘 데닛』(2002) 중에서

어떤 학자나 과학자가 자기 분야 외의 영역에서 영향력을 가지는 데는 여러 방식이 존재한다. 첫 번째는 한 가지의 큰 생각을 제시하는 것이다. 두 번째는 새 기술을 개발하는 것이다. 세 번째는 너무도 통찰력이 뛰어나서 어떤 주제에 대해 말하든지 그 사람이 말하는 것은 다 흥미로운 그런 방식이다. 데닛이 철학 이외의 분야에서도 영향력을 가지게 된 것은 세 번째 방식을 통한 것 같다. 그의 주된 분석 도구는 아마도 참신한 수사적 질문, 즉 폭로성 직관 펌프이다. 철학 이외의 분야에서 더 널리 알려진 데닛의 두 저술 『설명된 의식』(1991)과 『다윈의 위험한 생각』(1995)은 이런 진단과 잘 맞아 떨어지는 듯하다. 데닛의 비판이 뛰어나며 재미도 있다. 하지만 이런 비판적 잔소리꾼의 역할보다 더 중요한 것은 그의 독특한 시각에서 오는 영향력이다.

존 설(John Rogers Searle, 1932~)_ 미국 캘리포니아 대학 철학과 교수로 심리철학 분야에서 많은 공헌을 한 학자. 인공지능의 한계와 관련된 '중국인 방 논증'은 매우 유명하다. 설은 단순히 규칙이나 프로그램에 따라 수행하는 컴퓨터의 작업이 자신이 하는 일에 관련된 개념이나 속성에 대한 의미적, 의식적 이해가 없는 것이며 따라서 컴퓨터는 자신이 하는 일의 의미를 결코 이해하지 못한다고 주장했다.

그리고 자유의지를 논할 때 그와 유사한 태도를 보이고 있다고 비판한다. 사람들은 '로봇이 인공지능을 진짜로 가질 수 있는가, 의식을 가진 로봇이 가능한가' 라는 식의 물음을 던지면서 인간의 지능과 의식 등을 암암리에 신비화 혹은 차별화하고 있다는 것이다. 가령 그의 『설명된 의식』은 의식 탐구에 대한 탈신비화 선언이다.

로봇도 인간처럼 의식을 가질 것이다: 침팬지, 인간, 로봇은 근본적으로 다윈 기계들일 뿐

어쩌면 데닛은 평생을 인간의 지능, 의식에 대한 신비화, 차별화 프로그램에 맞서 싸운 용감한 지식인이라 해야 할 것이다. 그는 생명의 진화 과정에서 어느 순간 지능과 의식이 출현했듯

이, 그와 동일한 과정을 통해 로봇도 지능과 의식을 가지게 될 것이라고 주장한다. 데닛에게 침팬지, 인간, 그리고 로봇은 근본적으로 같다. 곧, 하나의 "다윈 알고리듬" 혹은 "다윈 기계"일 뿐이다. 『자유가 진화한다』(2003)에서 그는 자유의지와 결정론의 행복한 동거를 주장하며 인간을 "선택 기계"라고 부르기도 했다. 존 설을 비롯한 인공지능 반대자들과의 유명한 논쟁에서도 그는 이와 동일한 정신을 초지일관 유지했었다.

데닛은 안락의자에 가만히 앉아서 생각의 꼬리를 좇아가는 식으로만 일을 하는 철학자가 결코 아니다. 아니 그런 철학을 혐오한다고 해야 옳을 것이다. 그는 철학자로서는 보기 드물게 과학과 공학을 넘나들고 있으며 그것도 모자라 몇몇 과학적 탐구에는 결정적 훈수를 두기도 했다. 실제로 데닛은 인공지능의 가능성을 탐구하기 위해 이미 1970년대에 스탠퍼드 대학에 가서 컴퓨터 프로그래밍을 배운 바 있으며, 동물들도 마음 읽기 능력이 있는지를 탐구하기 위해 아프리카 초원에 머물기도 했다. 영장류학자들은 당시에 그로부터 얻은 영감에 대해 지금도 고마워하고 있다. 심지어 그는 의식의 본질을 탐구하기 위해 채식지도 않은 신경생리학 논문들을 제일 먼저 맛보는 지식의 요리사이기도 하다.

이것 외에도 데닛의 삶과 학문적 방법은 철학자에 대한 우리의 고정관념을 여지없이 무너뜨린다. 우선 그는 최고의 전문가이면서도 전문가들만을 상대로 글을 쓰는 철학자는 아니다. 예컨대 『다윈의 위험한 생각』 등을 비롯한 몇 권의 저서는 동료들의 머리를 자극하는 책이긴 하지만 교양있는 대중들을 지금도 매료시키고 있는 베스트셀러다. 이는 그가 철학을 매우 독특한 방식으로 하고 있다는 징표이다. 데닛의 글에는 언제나 무릎을 치게 만드는 적절한 예제, 그럴듯한 비유, 고품격 농담 등이 넘쳐난다. 실제로 자신의 작업을 아예 "직관 펌프질"로 규정하고 있을 정도다. 그는 대중들의 직관을 펌프질해서 그릇된 통념들을 날려버린다. 그러니 출판사들은 돈 보따리를 싸들고 그가 붓을 들기만을 학수고대할 수밖에 없다.

데닛은 여름이 되면 미국 메인 주에 있는 농장으로 향한다. 땅을 파고 과일을 담으면서 세상에서 가장 창조적인 철학자로서 생각의 밭을 일구고 있다. 17세에 이미 비트겐슈타인과 데카르트의 저서를 읽고 오류를 찾아낸 천재 소년이지만 그는 다른 범생이 천재들과는 달리 아마추어 수준을 넘어서는 온갖 재주를 갖고 있다. 조각가, 재즈 피아니스트, 테니스, 스키, 카누 선수, 심지어 항해 전문가에 이르기까지 그는 몸도 치열한 철학자다.

그런 데닛이 지난 30년 동안 평균적으로 한 달에 한 편씩의 논문을 써댔다. 그것도 최고의 학술지들에 말이다. '원천 생각'을 가지지 않았다면 불가능한 일이며 논쟁을 두려워하는 사람이라면 결코 이룰 수 없는 일이다.

데닛은 2006년 1월에 종교의 본성에 관한 새로운 책인 『주문을 풀며: 자연현상인 종교』를 출판했다. 제목부터 범상치 않다. 이제 그가 종교에까지 마수의 손을 뻗쳤으니 종교인들이 긴장을 할 차례이다. 어쩌면 지금쯤이면 그는 이 문제 대해 논쟁을 하러 전 세계를 여행하고 있을지도 모른다. 그는 철학적 난제들만을 골라 씨름하며 치열한 논쟁을 즐기는 이 시대 최고의 논객이며 사상가다.

≡ 더 읽어볼 만한 자료들 ════════════════════════

데닛 저서의 국내 번역서는 지금까지 딱 한 권만 출간된 바 있다. 『마음의 진화』(사이언스북스, 2006년)가 그것이다. 흥미롭게도 데닛에 관한 책도 한 권이 번역되어 있는데, 『다니엘 데닛』(2002년)이 그것이다. 이 책에서는 여러 전문가들이 데닛 한 사람을 입체적으로 조명한다.

http://ase.tufts.edu/cogstud/~ddennett.htm
데닛의 홈페이지(미국 보스턴에 위치한 터프츠 대학의 인지연구소)에는 경력, 논문, 전기가 등록되어 있다.
http://www.edge.org/3rd_culture/bios/dennett.html
비영리기관인 에지재단 홈피에는 데닛의 인터뷰, 글, 대담 등이 등록돼 있다.
http://books.guardian.co.uk/review/story/0,12084,1192975,00.html
영국 《가디언》에 나온 데닛의 프로파일

로봇이 의식을 가질 수 있을까?

이 의문은 컴퓨터공학계뿐만 아니라 철학계, 사회과학계에서도 뜨거운 논쟁을 불러일으키고 있다. 역사적으로 인간이 동물이나 기계와 어떤 점에서 다른가는 중요한 철학적 문제였다. 동물은 기계의 일종으로 볼 수 있다는 생각은 데카르트를 비롯한 여러 근대철학자들에게서 나타난다. 인간이 동물과 달리 자유의지, 의식, 문화 등을 가지고 있다고 생각하는 철학적 입장은 동물과 인간 사이의 '단절'에 초점을 맞춘다. 하지만 인간이 동물과 연장선상에 있다는 주장도 그 대립적 흐름으로 존재했다. 최근에는 동물의 지능은 점차적으로 인정되는 추세이다. 하지만 기계가 지능을 가질 것인지는 여전히 논란거리이고, 이는 인공지능이 의식을 가질까의 문제로 확대, 심화된다.

인간에게는 물리적 속성으로 환원될 수 없는 어떤 의식적인 요소가 있다고 주장하여 인공지능이 본질적으로 의식을 획득할 수 없다는 입장을 표명하는 심리철학자들도 있다. 하지만 데닛은 인간의 의식을 이원론적으로 보는 것에 반대하여, 인간의 의식은 모두 물질적이거나 진화적으로 설명될 수 있다고 주장한다. 스티븐 핑커와 같은 심리학자는 인간의 사고와 감정은 궁극적으로 계산할 수 있는 일련의 알고리듬에 불과하며, 정신의 작용이 알고리듬적 현상이 아니라는 신비주의적 '환상'이 존재하는 것은 정신작용이 복잡하기 때문이라고 말한다. 결국 복잡한 현상을 분석하고, 분해한다면 정신작용, 감정 등도 계산할 수 있다는 것이다. 특히 신경과학자들에 의해 발명된 인공신경망은 종래의 투입과 산출이라는 단순한 규칙에 의해 지배되는 컴퓨터와는 다르게 '학습'의 능력을 발휘해 이들의 주장에 힘을 더해주고 있다. 레이몬

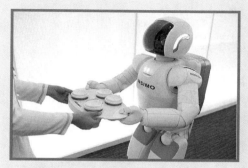

일본의 휴머노이드 로봇 아시모

드 쿠르츠바일 같은 사람은 중앙처리장치(CPU)의 성능이 계속 발전한다면 고성능 CPU가 진화의 법칙에 따라 필요한 프로그램을 스스로 개발해 인공지능의 출현이 불가피할 것이라고 주장한다.

한편 사람들의 의식은 사회적 상호작용을 통해 형성되며, 그 과정에서 규범을 공유하고, 규범을 강제하며 인간들 상호간의 소통을 통해 문화를 만든다는 점을 들어 위와 같은 주장에 반론을 제기하는 사람들도 있다. 인간은 수많은 경험을 통해 규칙을 습득하고 새로운 규칙을 만들 수도 있지만 기계는 인공지능 설계자가 부여한 규칙의 테두리 안에서만 작동한다는 것이다. 하지만 최근 인공지능 연구는 규칙들을 경험에 비추어 지속적으로 바꾸어가는 경지에까지 이르고 있다.

데닛은 인간과 컴퓨터 양자 모두 지향적 시스템의 원리에 지배를 받으며 그런 점에서 컴퓨터와 인간은 많은 공통점이 있다고 본다. 이런 공통점은 진화를 통해서 컴퓨터가 의식을 가질 수 있는 수준까지 갈 수 있다.

적응주의와 유전자 중심주의에 대한 반격:
스티븐 제이 굴드, 리처드 르원틴

●

장대익

전통적 다윈주의에 대한 도전

우리가 언제부터 해설자에 따라 축구 중계 채널을 돌리기 시작했던가? 2002년 월드컵 전후일 것이다. 그렇다면 과학 분야에서 해설가의 역할이 중요해지기 시작한 때는 언제쯤일까? 분수령은 틀림없이 칼 세이건(Carl Edward Sagan, 1934~1996)의 텔레비전 시리즈 〈코스모스〉였을 것이다. 이 시리즈는 현재까지 대략 60여 개 국의 5억 인구가 시청한 것으로 추산되며 그 결과물인 『코스모스』는 지금도 세계 곳곳의 과학 서적 코너에 거의 언제나 맨 앞자리를 차지하고 있다.

하지만 "선지자는 자신의 고향에서 환영받지 못하는 법"이다. 당시 동료들은 "대중들과 노닥거리느라 연구할 시간도 없을" 세이건의 외도를 늘 못마땅하게 여겼다. 실제로 우수한 연구 역량에도 불구하고 하버드 대학에서 종신교수직을 거부당했고 미국 국립학술원의 문턱을 끝내 넘지 못했다. 하지만 그의 선구적 노력 덕분에 과학자가 할 수 있을 거라 기대되는 일의 목록은 훨씬 더 늘어났다.

하버드 대학의 고생물학자 스티븐 제이 굴드는 말하자면 생물학계의 세이건이다. 달팽이 화석 연구로 학자의 인생을 시작한 그는 발생과 진화의 관계를 탐구한 『개체발생과 계통발생』이라는 전공서에서 출발하여 1천 쪽에 달하는 대작 『진화론의 구조』를 끝으로 61세의 생을 마감(2002년)했다. 이 두 전문서 사이에 출간된 20권의 저서는 크게 보면 전부 대중 과학서라 할 수 있다. 그는 《자연사》라는 잡지에 무려 27년간(1974년 1월~2000년 12월)이나 거의 매월 고정 칼럼을 연재했는데, 그것들을 엮어 만든 책이 10권이나 된다.

굴드의 왕성한 생산력에 매료된 어떤 학자는 그의 모든 저작물에 대해 통계 분석을 해 보기까지 했다. 총 22권의 저서, 101편의 서평, 497편의 과학 논문, 그리고 300편의 《자연사》 에세이. 이것이 지식인으로 살다간 굴드의 화려한 성적표다. 그의 글쓰기 스타일은 전방위적이다. 언어(특히 라틴어), 음악, 건축, 문학, 심지어 야구 통계까지, 그가 과학 해설을 위해 동원한 지식 자원에는 경계가 없다. 독자들은 그의 박식함과 화려한 필치에 넋을 잃곤 한다.

'탁월한 해설가', '현란한 글쟁이' 라는 그의 꼬리

스티븐 제이 굴드(Stephen Jay Gould, 1941~2002)_ 미국의 고생물학자이며 탁월한 과학해설가. 70년대에 엘드리지(N. Eldredge)와 함께 단속평형설(punctuated equilibrium theory)을 제시하여 다윈 진화론을 보완하려 했다.

과학의 대중화에 힘썼던 굴드는 만화 〈심슨 가족〉에도 등장했다.

표에 이견은 별로 없다. 하지만 '혁명적 이론가', '진화론의 대가'라는 묘비명을 달지 말지에 대해서는 평가가 극명하게 엇갈린다. 굴드는 생명의 진화에 대한 기존의 다윈주의 관점에 도전하는 듯한 몇 가지 견해들을 발전시켰다. 그는 묻는다. 진화는 정말로 점진적으로 일어나는가? 진화는 진보(progress)인가? 모든 것이 다 적응(adaptation)인가?

지구의 주인은 박테리아?

우선 그는 화석 기록의 불연속성을 대충 얼버무리며 진화의 점진적 변화를 강변하는 전통적 다윈주의에 반기를 들고, 진화가 갑작스럽게 일어날 수 있다는 사실을 담은 '단속평형론(punctuated equilibrium theory)'을 제시했다. 한때는 마치 다윈주의를 대체할 기세였다. 육상 경기에 비유하면 이 이론은 진화가 100m 달리기가 아니라 다양한 템포(도움닫기, 점프, 착지 등)가 있는 멀리뛰기와 같다는 발상이다. 이에 대해 『눈먼 시계공』의 도킨스와 『다윈의 위험한 생각』의 데닛은 "허풍 좀 그만 떨라"고 한목소리로 비판했다.[†]

굴드는 진화가 진보가 아니라는 점을 설득하기 위해 한평생

---

† 도킨스와 데닛은 자신의 저서에서 굴드의 도약론(saltationism)에 대한 반대 논증들을 펼치며 진화는 점진적으로 일어난다는 점진론(gradualism)과 적응주의(adaptationism)을 강력하게 옹호했음.

굴드는 진화는 진보가 아니라는 주장을 펴기 위해 매머드와 코끼리를 비교한다. 굴드에 의하면 환경이 생물에 진보적인 변화를 일으키는 방향으로 계속 변해간다면 자연선택에 의한 진보를 어느 정도 기대할 수 있지만 실제로 그것은 불가능하다고 못박는다. 시베리아에 살았던 매머드는 코끼리에서 진화적으로 유래되었지만 그 둘 사이에 어떤 진보의 성질을 발견하기는 힘들다. 매머드는 어느 모로 보나 코끼리 못지않으며, 코끼리는 또한 매머드만큼 훌륭하다. 이런 예시를 통해 굴드가 말하고자 하는 것은 "자연선택은 지역적인 적응을 강화시킬 뿐이다"는 주장이다.

을 헌신한 사람이기도 하다. 그는 『시간의 화살, 시간의 순환』, 『생명, 그 경이로움에 대하여』, 『풀하우스』 등에서 생명이 복잡성이 증가하는 방향으로 진화해 가고 있다는 생각을 강력하게 비판하고, 생명의 역사에서 우발적 요인들이 얼마나 중요한지를 역설하고 있다. 그에 의하면, 복잡성이 증가하는 쪽으로 생명이 진화하고 있는 듯이 보이는 이유는 주가가 바닥을 치면 올라갈 수밖에 없는 이치와 똑같다. 즉 박테리아처럼 가장 간단한 생명체로 시작한 생명의 진화는 시간이 흐를수록 점점 다양한 구조의 생명체들로 진화할 수밖에 없지만, 이를 진정한 진보라고 보기는 어렵다는 주장이다. 외계 생물학자가 본다면 지구의 주인은 인간도 개미도 아닌 박테리아일 것이다. 40억 년의 역사에도 한결같이 양적으로 최고의 자리를 지킨 생명체이기 때문이다. 박테리아 만세!

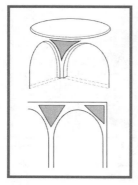

스팬드럴(음영이 있는 부분)과 성 마르코 성당의 스팬드럴

게다가 굴드는 생명의 진화가 우발성에 크게 의존한다고 주장한다. 5000만 년 전에 소행성이 지구를 덮치지 않았더라면 당대를 호령하던 공룡은 멸종하지 않았을 것이고 그렇다면 포유류의 시대는 열리지 않았을 것이라는 주장이다. 이런 맥락에서 그는 "지구 역사의 테이프를 되감아 다시 틀어 보라. 인류와 같은 존재도 없을 것이며, 전혀 다른 생물군이 나왔을 것"이라고 예견한다. 이런 견해는 진화의 분수령이라 할 수 있는 몇 가지 주요 전환들(가령, 세포의 탄생)을 강조하는 주류 진화생물학자들과 생각이 다른 부분이다.

그의 반골 기질은 1970년대를 풍미하던 윌슨류의 적응주의를 강하게 비판하는 모습 속에서도 잘 드러난다. 79년에 그는 「성 마르코 성당의 스팬드럴과 빵글로스[†]적 패러다임」이라는 기이

[†] 빵글로스는 볼테르의 소설 『깡디드』에 나오는 인물로 깡디드의 스승.

한 제목의 논문을 발표하여 적응을 손쉽게 양산하는 당시 진화 생물학의 풍조를 호되게 비판했다. 고전의 반열에 오른 이 논문에서 그는 '적응주의'[†]를 '스팬드럴(spandrel)'이라는 건축 양식에 빗댄다. 스팬드럴은 대체로 역삼각형 모양인데 돔을 지탱하는 둥근 아치들 사이에 형성된 구부러진 표면이다. 베네치아의 성 마르코 성당의 돔 밑에 있는 스팬드럴은 기독교 신학의 네 명의 사도를 그린 타일 모자이크로 장식되어 있다. 굴드는 적응주의자들이 그런 스팬드럴을 보고 그것이 마치 기독교 상징을 표현하기 위해 일부러 설계된 부분인 양 오인하고 있다고 비판한다. 스팬드럴은 아치 위에 있는 돔을 설치하는 과정에서 어쩔 수 없이 생긴 부산물일 뿐인데 말이다. 이런 비판은, '코가 안경을 받치기 위해 진화했다'는 식의 생뚱맞은 주장을 더는 하지 말라는 경고이며 '단지 그럴듯한 얘기'는 집어치우고 시험 가능한 가설들을 제시하라는 주문이었다.

우리 유전자 안에 없다

당시의 사회생물학을 향해 직격탄을 날린 이 스팬드럴 논문은 굴드가 하버드의 진화유전학자 리처드 르원틴과 함께 작성한 글이다. 르원틴은 1960~70년대에 전기영동법(electrophoresis)

[†] 적응주의(adaptationism)는 전통적인 적응주의와 세련된 적응주의로 구분된다. 전자는 "모든 형질들이 자연선택의 산물들"이라는 견해이고, 후자는 "많은 형질들이 자연선택의 산물이며 그것을 확인할 수 있는 방법이 있다."는 견해이다.

리처드 르원틴, 『DNA 독트린』(2001) 중에서

사회생물학 이론은 인간 본성의 결과라고 이야기되는 사회 제도들의 보편적인 집합을 기술한 다음, 이러한 개인적 특성이 우리 유전자 안에 부호화 되어 있다는 주장으로 나아간다. 그들은 기업가 정신에 관여하는 유전자, 남성의 우월성, 공격성 등과 연관된 유전자가 존재한다고 말한다. 따라서 양성 사이의 갈등, 부모와 자식 사이의 갈등은 유전적으로 미리 프로그램 되었다는 것이다. 그렇다면 그들이 주장하는 인간의 보편성이 실제로 유전자 안에 들어 있다는 근거는 무엇인가? 흔히 그러한 특성들이 보편적이기 때문에 유전적인 것이 틀림없다는 논변이 이루어진다. 그 고전적인 예로는 여성에 대한 남성의 지배를 둘러싼 논쟁을 들 수 있다. 윌슨은 《뉴욕타임스》에 이렇게 썼다. "수렵 채집 사회에서 남자들은 사냥을 하고 여자들은 집에 남아 있었다. 이러한 강력한 편향은 대부분의 농경사회와 산업사회에 그대로 지속된다(여기에서 윌슨이 공장에서 일하는 여성들을 전혀 고려에 넣지 못하고 있음이 분명하게 드러난다). 이러한 주장은 실제 관찰과 그 설명을 혼란시킨다. 만약 이러한 설명이 사실이라면, 우리는 핀란드인의 99퍼센트가 루터교 신자들이기 때문에 틀림없이 그들은 루터교를 믿게 하는 유전자를 가지고 있을 것이라고 주장해야 할 것이다.

리처드 르원틴(Richard C. Lewontin, 1929~) 미국의 집단유전학자이며 진화생물학자. 전기영동법을 처음으로 고안하여 분자생물학과 진화생물학을 접목시킨 석학이다.

을 고안하여 개체들 간의 유전변이가 실제로 어느 정도인지를 인류 최초로 측정한 사람이다. 그는 이 기법을 초파리뿐만 아니라 인간 집단에도 적용하여 인종 내 유전변이가 인종 간 유전변이보다 더 크다는 놀라운 사실도 발견했다. 이런 의미에서 르원틴은 집단유전학의 큰 진보를 일궈낸 탁월한 학자이다. 74년에 출간된『진화적 변화의 유전적 기초』는 이 분야에서 고전이 된 지 오래다.

하지만 르원틴은 지난 30년 동안『우리 유전자 안에 없다』,『DNA(유전자) 독트린』,『삼중나선』등을 통해 인간과 사회의 현상들을 DNA로 환원해서 설명하려는 시도들을 집요하게 추적한 지식인으로 더 유명하다.『사회생물학』의 윌슨,『이기적 유전자』의 도킨스,『이중나선』의 왓슨 등이 그의 주요 표적이었다. 그가 보기에 사회생물학이나 인간 유전체 프로젝트 모두 과학적으로 문제가 많고 이념적으로도 옳지 않은 '유전자 환원주의(genetic reductionism)'에 근거해 있다.

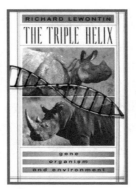

르원틴의 저서 『우리 유전자 안에 없다』와 『삼중나선』

　그는 언젠가 "맥락과 상호작용이 핵심이다"라고 진술한 바
있다. 이때 '상호작용'이란 유전자와 환경, 개체와 환경, 그리고
원인과 결과 사이의 관계를 지칭한다. 그는 유전자와 환경의 효
과가 상호 의존적이라는 점, 표현형의 발현 범위가 고정되지 않
는다는 점, 여러 원인들 중에 유전자가 특권적 지위를 가질 수
없다는 점, 그리고 환경이 개체들에 의해 구성된다는 점 등을
부각시켰다. 이 모든 주장은 굴드의 경우와 같이 주류 진화생물
학자들과 대립각을 형성하고 있는 부분이다.
　이런 '삐딱이 정신'은 굴드와 르원틴을 한데 묶어 줄 수 있는
공통분모이다. 그들은 자신의 분야에서 최고의 반열에 오른 석
학이지만, 사회생물학, 인간 게놈 프로젝트, 아이큐 테스트, 행
동유전학의 밑바탕에 흐르는 이념을 지극히 혐오하고 마르크스
를 열렬히 사랑하는 좌파 생물학자들이다. 그리고 대중과 소통
하고 사회에 참여하는 일이 권리이면서 동시에 의무라는 사실

인간과 생명을 둘러싼 또 하나의 전쟁: 진화 전쟁

을 알고 실천한 몇 안 되는 과학자다.

　과학자는 무엇으로 사는가? 동료로부터 인정받기에만 혁혁대
는 우리 과학계 현실에 이들의 삶은 전문가 공동체, 대중, 그리
고 사회 속에서 과학자의 자리가 과연 어디인지를 다시금 돌아
보게 한다. 과학자로서 이보다 더 많은 일을 할 수는 없다.

≡≡ 더 읽어볼 만한 자료들 ══════════════

진화생물학계에서 도킨스 진영의 반대편에 서있는 굴드의 저서중 국내에 소개된 것은 다
음과 같다. 『판다의 엄지』(세종서적, 1998), 『생명, 그 경이로움에 대하여』(경문사,
2004), 그리고 『풀하우스』(사이언스북스, 2002). 진화생물학에 관심이 있는 독자들이
라면 굴드의 글을 도킨스의 글과 대조해가며 읽는 것도 흥미로울 것이다.
한편 르원틴은 『DNA 독트린』(궁리, 2001)과 『3중 나선』(잉걸, 2001)이라는 저서를 통
해 현대 주류 생물학의 잘못된 길을 지적해주고 있다.

http://www.stephenjaygould.org/
비공식적으로 운영되는 굴드의 아카이브
http://globetrotter.berkeley.edu/people3/Lewontin/lewontin-con0.html
과학과 정치에 대한 르원틴의 견해가 잘 드러나 있는 홈페이지
http://www.aaas.org/spp/dser/evolution/history/spandrel.shtml
미국과학진흥회 홈페이지에 등록된 굴드와 르원틴의 「스팬드럴」 논문

4장

과학은 어떻게 만들어지는가

과학의 발전은 사회혁명을 닮았다: 토머스 쿤

●

홍성욱

아리스토텔레스는 갈릴레이보다 바보였을까

토머스 쿤의 『과학 혁명의 구조』는 과학사·과학철학 분야를 넘어서 과학 일반, 철학, 역사, 인류학, 사회과학, 페미니즘, 국가 정책에까지 그 영향을 미쳤다. 이 책은 시카고 대학 출판부가 발간한 학술서 가운데 가장 널리 읽힌 책이었고, 24개 국어로 번역되어 모두 100만 부 이상이 팔렸다.

　지금은 상식이 되었지만 쿤은 과학의 발전이 진리를 향한 누적적인 축적이 아니라 주기적으로 개념적 혁명을 겪는 것으로 해석하면서, 과학 혁명을 전후해서 과거의 과학과 새로운 과학 사이에 합리적 의사소통을 가로막는 '공약 불가능성' (incommensurability)이 존재함을 설득력 있게 주장했다. 과학자들은 증거를 합리적으로 평가해서가 아니라, 마치 종교적 개종과 같은 심리적 · 미적 이유 때문에 새로운 패러다임을 선택한다는 것이었다. 쿤의 『과학 혁명의 구조』는 과학이라는 인간의 활동이 그동안 믿어지던 것보다 훨씬 덜 객관적이고 덜 합리적이라는 것을 학계에 선포했다.

토머스 쿤(Thomas Khun, 1922 ~1996)_ 패러다임이라는 말로 너무나 유명한 쿤은 과학이 자연에 존재하는 진리를 발견한다는 소박한 실증주의적 생각의 한계를 지적한다. 무엇보다 과학자들의 연구를 결정하는 패러다임은 과학자 공동체에서 만들어낸 것이지, 자연에 실재하는 것이 아니기 때문이다.

1922년 미국 신시내티에서 태어난 쿤은 1940년에 하버드 대학교 물리학과에 진학했다. 당시 2차 세계 대전이라는 특수한 상황 때문에 그는 3년 만인 1943년에 학사학위를 받고, 곧바로 레이더 연구에 투입되었다. 전쟁이 끝나고 다시 물리학과 대학원에 진학했지만, 그의 관심은 이미 고대 철학과 칸트 철학으로 기운 상태였다.

쿤은 당시 하버드 대학교 총장인 제임스 코넌트(James Conant)의 추천에 의해서 1948년 봄에 하버드 대학교의 주니어 펠로로 임명되었다. 제2차 세계대전 중에 미국 국립국방연구위원회(NDRC)의 의장을 지낸 코넌트는 전후 하버드의 교육 개혁을 주도했는데, 그의 개혁의 핵심은 비 자연과학 전공 대학생에게 자연과학의 핵심 방법론을 가르치는 것이었다. 이 수업을 위해 코넌트는 쿤을 조교로 고용했고, 쿤은 교재를 편집하는 과정에서 아리스토텔레스와 같은 과거 자연철학자들의 원전을 접하게 되었다.

쿤은 그 과정에서 아리스토텔레스의 운동 이론에서는 도무지 납득할 수 없는 부분이 있다는 생각에 도달하게 된다. 그것은

아리스토텔레스(Aristoteles, BC 384~BC 322) 아리스토텔레스 주의자들은 무거운 물체는 그 자체의 본성에 의해 높은 곳으로부터 보다 낮은 곳의 자연스런 정지상태로 운동하는 것이라고 믿었다. 하늘로 던져진 물체는 그들에 따르면 단지 공기저항을 겪으며 원래 자신이 있어야 할 위치로 돌아가는 것일 따름이었다.

윤리학이나 인식론과 같은 철학에서는 지금 보아도 합리적인 설명을 제시했던 아리스토텔레스가 왜 물체의 운동을 설명할 때는 그렇게 '멍청해 보이는' 설명을 고수했는가라는 것이었다. 갈릴레오와 뉴턴에 의해서 완성된 고전 물리학을 배운 사람이 보면 아리스토텔레스의 운동 이론은 정말 한심할 정도였다. 이 문제를 놓고 고민하던 쿤은 1948년의 여름에 '계시'와도 같은 깨달음을 얻었는데, 그것은 아리스토텔레스의 운동 개념이 물체의 거리 이동만이 아니라 변화 일반을 포괄하는 것으로서, 근대적 운동 개념과 질적으로 달랐다는 것이었다. 운동을 이렇게 파악하니 아리스토텔레스의 운동 이론이 무척 합리적으로 이해되었고, 더 나아가서 아리스토텔레스의 물리학과 17세기 갈릴레오의 물리학 사이에는 단순한 계단식 발전이나 오류의 교정이 아닌 혁명과 같은 단절이 존재한다고 쿤은 생각하게 된다.

과학의 혁명은 사회 혁명을 닮았다

1962년에 출판된 『과학 혁명의 구조』는 과학 발전의 '구조'를 분석하고 있다. 쿤에 의하면 과학 발전의 구조는 순차적으로 일어나는 4단계로 구성되어 있다. 과학자 사회가 자신들의 이론·연구를 가능케 하는 도구와 문제의 총체인 패러다임을 받아들이면 이 과학 분야는 1)정상 과학(normal science) 단계에 들어간다. '퍼즐 풀이'로 특징지어지는 정상 과학이 발전하다가 그 패러다임 안에서 풀리지 않는 문제인 변칙이 등장하면, 이러한 변칙은 2)위기의 단계를 낳는다. 위기가 지속되면 기존의 패러다임과 전혀 다른 패러다임이 갑자기 등장하고, 두 개 혹은 그 이상의 패러다임이 경쟁하는 3)과학 혁명의 단계에 접어든다. 새로운 패러다임이 과거의 패러다임을 제치고 과학자 사회에 의해서 받아들여지면 4)새로운 정상 과학의 단계가 시작된다. 곧 과학의 발전은 정상 과학 → 위기 → 혁명 → 새로운 정상 과학으로 이어지며, 여기서 보는 과학 혁명은 왕정이 붕괴하고 공화정이 세워지는 것 같은 사회적 혁명과 유사하다.

갈릴레이 갈릴레오(Galiei Galieo, 1564~1642)_ 갈릴레오는 시계추처럼 고정된 지점을 가지고 흔들리는 물체를 바라보면서 진자운동의 원리를 깨달았다. 진자는 원칙적으로 저항력이 없을 때 거의 무한하게 거듭해서 같은 움직임을 되풀이하는 물체이다. 이 진자의 움직임을 보고 갈릴레오는 새로운 역학을 구축하게 된다. 무게와 낙하 속도 사이에는 관련이 없다는 이론, 빗면을 따라 내려오는 운동에서의 수직 높이와 최종 속도 사이의 상관관계에 관한 이론들을 정립하게 된다.

패러다임이 수립되면 이를 통해 과학자들에게 풍부한 자원이 제공된다. 패러다임은 과학자들에게 다양한 문제를 다루고 해결하는 방법을 주며, 어떤 문제가 중요한 문제인지 그 가이드라인을 제시해 준다. 또 패러다임은 표준적 방법에 의해 중요한 문제를 풀 수 있다는 확신을 과학자들에게 제공한다. 게다가 패러다임은 실험과 측정에 의미를 부여한다. 이렇게 패러다임을 완벽하게 하고 측정값을 정교하게 하는 행위가 곧 쿤이 정상 과학이라 지칭한 활동이다.

때문에 쿤에 따르면 정상 과학은 기본적으로 보수적이다. 쿤의 정상 과학에는 기존의 이론 체계를 부수고자 하는 도전의 정

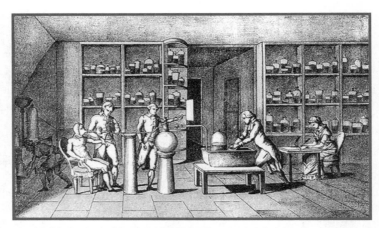

라부아지에의 연구실_ 18세기 라부아지에의 '화학혁명'은 산소의 발견 자체에 있는 것이 아니다. 당시 지배적이었던 플로지스톤설(가연성이 있는 물질에 플로지스톤이라는 성분이 포함되어 있다는 가설)이 '무엇인가 잘못된 것'(패러다임 안에서 풀리지 않는 문제)이라는 라부아지에의 문제의식이 일단 중요하다. 그리고 이런 생각이 훨씬 구체적인 형태와 구조를 갖추는 과정에서 프리스틀리와 당대의 학자들이 보지 못했던 그 무엇을 라부아지에가 볼 수 있었던 패러다임의 전환이 이루어진다. 프리스틀리는 산소를 '플로지스톤이 빠진 공기'라고 보았다.

신이 희박하다. 이 점 때문에 과학의 발전을 과감한 추측과 논박의 연속으로 파악했던 과학철학자 칼 포퍼는 쿤의 정상 과학을 과학에 대한 '모독'이라고까지 생각했다. 그런데 정상 과학이 혁명적으로 새로운 분야를 개척하는 맛이 없는 보수적 작업이라면 왜 과학자들은 과학 연구에 몰두하는가? 이를 설명하기 위해 쿤은 정상 과학을 퍼즐 맞추기에 비교했다. 퍼즐을 즐기는 사람은 그 문제에 답이 있고 따라서 언젠가는 이것이 해결될 것이라는 사실 때문에 더 재미를 느끼고 문제 풀이에 몰두하곤 한다. 이 퍼즐 풀이가 정상 과학을 수행하는 과학자들의 경험과 다르지 않다는 것이 쿤의 생각이었다.

패러다임의 전환·선택은 종교적 개종과 유사

정상 과학이 기존의 패러다임으로 해결할 수 없는 변칙적 문제를 만나면 위기의 국면과 과학 혁명의 국면으로 접어든다. 변칙의 출현은 혁명의 전조인 것이다. 물론 한두 개의 변칙이 출현한다고 항상 기존의 패러다임이 폐기된다고 생각해서는 안 되는데, 패러다임은 이론 및 가정 일부를 변경하여 보존될 수 있기 때문이다. 그러나 어떤 변칙들이 과학의 기본 틀까지 변경하는 것을 요구하면, 그때 과학은 위기의 국면에 들어간다. 위기가 고조되고 새로운 패러다임이 등장하면 신구 패러다임이 경쟁하는 혁명 단계에 진입한다.

이때 과거의 패러다임을 과감히 버리고 새로운 패러다임으로 전환하는 과학자들은 그것이 더 합리적이어서가 아니라 새 패러다임의 미적 단순함 또는 아름다움과 같은 과학 외적 요인에 끌렸기 때문인 경우가 많다. 쿤에 의하면 패러다임 전환은 점진적이고 논리적인 선택이 아니며 오히려 종교적 '개종'과 유사하다. 따라서 과학 혁명 시기에는 철학적, 제도적, 사상적 요소들이 이론의 선택에 중요한 역할을 한다.

이러한 해석 때문에 쿤은 과학의 합리성을 무시한 상대주의자로 비난받았으며, 과학철학자와 임레 라카토슈(Imre Lakatos)는 쿤의 패러다임 전환이 과학 이론의 선택을 '군중심리'(mob psychology)로 환원했다고 하면서 쿤을 맹렬히 비판했다. 쿤은 이러한 비판에 직면해서 이론의 선택이 단순히 비합리적인 과정이 아니라 "정확도, 일관성, 포괄하는 범위, 단순성, 그리고 풍부함"의 기준에 의해서 이루어지는데, 이 기준은 과학자들의 주관에 따라서 조금씩 다른 의미를 갖는 것이라고 자신의 주장을 좀 더 정교하게 제시했다.

책 속 으 로

토머스 쿤, 『과학 혁명의 구조』 중에서

과학 활동에서 성공의 대부분은, 필요하다면 상당한 대가를 치르고서라도, 그 사회가 그 가정을 기꺼이 옹호하려는 의지로부터 나온다. 예컨대 정상 과학은 근본적인 새로움을 흔히 억제하게 되는데, 그 까닭은 그러한 새로움이 정상 과학의 기본 공약들을 전복시키기 때문이다. 그럼에도 불구하고 그들 공약들이 임의성의 요소를 지탱하는 한, 정상 과학의 바로 그 성격은 새로운 것이 아주 오랫동안 억제되지 않을 것임을 보장한다. 때로는 정상적인 문제, 즉 기존의 규칙과 과정에 의해서 풀려야 하는 문제가 그것을 거뜬히 풀 수 있는 가장 유능한 학자들의 되풀이 되는 공격에도 풀리지 않는다. … 또한 그렇게 될 때 — 다시 말해서 전문 분야가 과학 활동의 기존 전통을 파괴하는 이상 현상들을 더 이상 회피할 수 없을 때 — 드디어 전문 분야를, 과학의 수행을 위한 새로운 기초인 새로운 공약으로 이끈 비상적인(extraordinary) 탐구가 시작되는 것이다. 전문 분야의 공약의 변동이 일어나는 비상적인 에피소드들이 바로 이 에세이에서 과학 혁명이라고 부르는 사건들이다. 과학 혁명은 정상 과학의 전통에 기반한 활동에 전통을 파괴하는 보안이 덧붙여진 것이다.

과학은 자연에 존재하는 진리를 발견하는 것이 아니다

쿤의 저서에서 가장 격렬하고 오랜 논쟁을 불러일으켰던 부분은 두 패러다임을 비교하는 곳이었다. 쿤은 아리스토텔레스 패러다임과 뉴턴 패러다임 사이에, 혹은 뉴턴 역학과 아인슈타인의 상대성 이론 사이에 '공약 불가능성'이 있다고 주장했다. 여기서 공약 불가능성이란 두 패러다임이 같은 척도로 비교될 수 없다는 뜻인데, 실질적으로 이는 두 패러다임 사이에 합리적인 의사소통이 불가능하다는 의미였다. 이러한 근거에서 쿤은 과학의 발전이 완벽한 진리를 향해서 한발자국씩 접근한다는 전통적인 과학의 진보 개념을 부정했다. 또 쿤의 철학에는, 과학

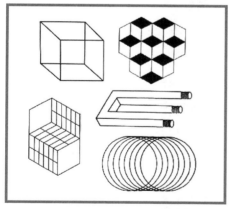

토머스 쿤은 게슈탈트 심리학에서 사용되는 실험을 통해 동일한 망막 영상을 받은 두 사람이 서로 다른 것을 볼 수 있다는 사실을 강조한다. 과학 혁명 이전의 과학자들이 보는 것과 과학 혁명 이후의 과학자들이 보는 것이 다르다는 패러다임 변환의 의미를 비유적으로 보여준다. 이를 통해 감각 경험이 확고하고 중립적이라는 주장을, 이론이란 주어진 데이터에 인간이 붙여 놓은 해석이라는 생각을 거부한다.

쿤의 『과학 혁명의 구조』 2판

이 자연에 존재하는 진리를 발견한다는 소박한 실증주의적 생각을 부정하는 요소들이 있었다. 무엇보다 과학자들의 연구를 결정하는 패러다임은 과학자 공동체에서 만들어 낸 것이지, 자연에 실재하는 것이 아니었기 때문이다.

1970년에 쿤은 『과학 혁명의 구조』 제2판을 내면서 논란의 대상이 되던 패러다임을 보다 분명하게 정의했다. 여기서 나타난 가장 중요한 변화는 패러다임을 넓은 의미의 '전문 분야 행렬'(disciplinary matrix)과 좁은 의미의 '범례'(examplar)로 나눈 것이다. 넓은 의미로서의 패러다임인 전문분야 행렬은 기호적 일반화, 형이상학적 모형, 가치들, 그리고 범례 등으로 구성되어 있는데, 좁은 의미로는 과학자들이 해결하는 문제의 유형을 제공하는 범례가 바로 패러다임이라고 부를 수 있는 것이었다.

쿤의 『과학 혁명의 구조』는 과학이 절대 진리를 향해서 한발씩 접근하는 인간의 활동이라는 믿음의 근간을 뒤흔들고, 정상과학이 과학자 공동체가 공유한 패러다임에 의해서 그 의미가 결정되며, 서로 다른 패러다임 사이에는 과학적 소통이 잘 되지 않고, 과학 활동도 예술이나 종교와 같은 인간의 다른 활동과 흡사한 점이 있다고 주장함으로써 철학과 역사를 비롯한 인문학과 사회학, 정치학, 여성학과 같은 사회과학에 큰 영향을 끼

칠 수 있었다. 과학을 보는 관점과 관련해서, 쿤 이전과 쿤 이후
는 혁명적이라 할 만큼의 거대한 패러다임의 변환이 있었던 것
이다.

≡ 더 읽어볼 만한 자료들 ══════════════════════════════

쿤의 『과학 혁명의 구조』는 2002년에 까치글방에서 번역되어 출판되었다. 최근에 출판
된 웨슬리 샤록, 루퍼트 리드 지음, 『토머스 쿤』(사이언스북스, 2005)도 쿤의 철학에 대
한 입문서로 훌륭하다.

http://www.donga.com/fbin/output?sfrm=2&n=200507110001
김영식, 「토머스 쿤 – 과학 혁명의 구조」 토머스 쿤의 『과학 혁명의 구조』에 대한 간략한
소개가 나와 있다.
http://plato.stanford.edu/entries/thomas-kuhn/
스탠퍼드 대학교에서 만든 철학 대백과 사전의 토머스 쿤에 대한 항목. 쿤의 과학철학 이
론과 그 영향이 잘 정리되어 있다.

과학은 여러 가지 스타일을 가졌다 : 이언 해킹

●

홍성욱

성숙한 과학과 덜 성숙한 과학

이언 해킹은 오랫동안 몸담았던 토론토 대학교를 정년퇴임하던 2000년에 콜레주 드 프랑스의 '과학 개념의 철학과 역사' 교수에 임용되었다. 프랑스 사람들이 자부심을 가지고 있던 교수좌였는데, 이 대학 철학 교수에 영어권 학자가 임용된 것은 해킹이 처음이었다. 해킹은 케임브리지 대학교에서 철학박사를 한 뒤에 스탠퍼드 대학교에 자리를 잡았었다. 다른 유명한 학자들처럼 해킹의 학생들은 선생에 대해 몇 가지 '신화'를 얘기하는데, 그의 젊은 시절에 대한 신화 하나를 소개하면 다음과 같다.

스탠퍼드 대학교의 젊은 조교수로 재직하던 해킹은 프랑스 철학자 미셸 푸코에 흠뻑 빠진 뒤에 푸코에 대한 두툼한 책을 한 권 저술했다고 한다. 그런데 원고를 마무리한 해킹은 원고

이언 해킹(Ian Hacking, 1936~)
과학에는 수학적, 실험적, 확률적, 분류
적, 통계적 스타일과 같은 여러 가지 스
타일이 존재한다고 해킹은 주장한다.

더미를 휴지통에 던져버렸다는 것이다. 이를 의아하게 생각한
학생들이 그 이유를 묻자 해킹은 다음과 같이 답했다는 것이다.
"푸코를 연구하지 말고 행하라."(Don't study Foucault; Do
Foucault).

이러한 신화는 몇 가지 에피소드가 결합해서 만들어진 이야
기일 가능성이 크다. 그렇지만 해킹이 그 당시에 「미셸 푸코의
덜 성숙한 과학(immature science)」이라는 논문을 발표했던 것은
사실이다. 간단히 말해 이 논문은 성격이 전혀 다른 두 철학자
인 토머스 쿤과 미셸 푸코를 결합하려는 시도였다. 그런데 푸코
가 누구인가!『지식의 고고학』,『감시와 처벌』을 써서 1960~70
년대 급진적 젊은이들을 매료시킨 프랑스 철학자가 아닌가.『과
학 혁명의 구조』를 쓴 쿤과 푸코의 결합이라니. 대체 이 둘의 만
남을 허용하는 작은 공통점이라도 있다는 말인가.

해킹이 쿤과 푸코를 만나게 한 방식은 다음과 같다. 쿤이 과
학 혁명의 구조에서 다룬 예는 대부분 물리학, 천문학, 화학과

미셸 푸코(Michel Foucault, 1926~1984)_ 프랑스 출신의 철학자. 『지식의 고고학』, 『감시와 처벌』, 『성의 역사』 등을 저술했다. 20세기 가장 영향력 있는 철학자 중 한 명이다.

같은 과학들이다. 즉 패러다임이 분명하게 확립되고 이 패러다임이 새로운 패러다임으로 혁명적인 변화를 하는 '성숙한' 과학 분야다. 이 분야에 종사하는 과학자들은 주어진 패러다임 아래서 자연 현상을 가장 정확하게 묘사하려고 노력하며, 이 과정에서 과학 이론은 달라질 수 있지만 과학의 대상인 자연은 계속 같은 방식으로 실재한다. 곧 성숙한 과학은 자연이 작동하는 방식 그 자체를 바꾸지는 못한다. 그런데 푸코가 관심을 둔 의학이나 심리학과 같은 '인간과학'(human sciences) 분야는 '덜 성숙한' 분야들이다. 덜 성숙한 인간과학 분야에서는 과학 이론의 변화가 이에 해당되는 대상을 만들어 낸다. 해킹의 관점으로, 바로 이 점이 푸코의 저술에서 과학철학이 배울 수 있는 가장 심원한 교훈이었다.

다중인격론이 다중인격자를 만든다

해킹은 두 가지 역사적 사례의 연구를 통해서 인간과학이 어떻게 대상을 만들어 내는가를 보였다. 그가 연구한 사례는 모두 논쟁적이었는데, 첫 번째 예는 '아동 학대'였고 두 번째 예는 '다중인격'이었다. 해킹은 해당 과학의 발전이 '아동 학대자'와 '학대받은 아이들'을 만들어냈고, '다중인격자'를 만들어 냈다고 주장했다.

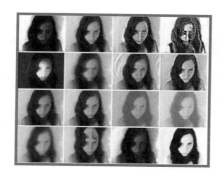

타일린의 작품 〈다중인격〉_ 해킹은 인간
과학 같은 덜 성숙한 과학에서는 과학이
그 연구 대상을 만들어 낸다고 주장한다.
해킹은 다중인격에 대한 실증적 연구를 통
해 이를 보여준다.

　해킹의 주장이 쉽게 받아들여지지 않았음은 미루어 짐작할
수 있다. 19세기 정신과 의사들은 원래 존재했던 다중인격이라
는 정신병을 발견한 것이 아닌가? 아동 학대자들과 학대받은 아
이들도 원래 존재했는데 사회가 이를 문제삼아 세상 밖으로 드
러낸 것이 아닌가? 해킹의 자세한 실증적 연구는 이것이 이렇게
간단한 문제가 아님을 보여주고 있다. 인간과학을 연구하는 과
학자들은 예전에는 없었던 범주를 만들고, 이를 통해 사람을 분
류하고, 측정하고, 계량화하고, 그 원인을 연구함으로써, 원래
는 없던 인간 유형(kinds of people)을 만드는데, 이렇게 사람의
유형이 만들어지면 그에 해당하는 사람들이 만들어진다는 것이
다. 과학이 특정한 유형의 사람을 만들고, 이렇게 만들어진 사
람들이 다시 과학을 정당화하고 바꾸는 것을 해킹은 '고리 효
과'(looping effect)라고 명명했다.
　해킹이 1995년에 출판한 『영혼 다시쓰기: 다중인격과 기억의
과학』은 정신병을 연구하는 의사들에 의해 다중인격이라는

범주와 다중인격자라는 인간들이 어떻게 만들어졌는가를 상세히 분석한 책이다. 논쟁적인 책들이 다 그렇지만 이 책은 찬사와 비난을 동시에 불러일으켰는데, 특히 다중인격 환자들을 다루고 치료하는 의사들은 병으로 고통받는 환자들이 과학에 의해 만들어졌다는 해킹의 주장을 수용하거나 이해하기 힘들었다.

책 속 으 로

해킹, 『영혼 다시쓰기: 다중인격과 기억의 과학』 (1995) 중에서

나는 어떻게 인간의 유형이 태어나게 되는가를 생각하다가 이 주제(다중인격)에 관심을 가지게 되었다. 인간의 유형에 대한 지식 체계가 어떻게 그 인간들과 상호작용하는가? 다중인격에 대한 이야기는, 무척 다른 방식으로, 내가 '특정한 유형의 사람 만들기'라고 이름 붙인 것에 대한 이야기이다. 나는 지식의 대상이 되는 사람들, 그 사람들에 대한 지식 그리고 연구자의 다이내믹한 관계에 매료되었다. 요즈음 다중인격에 대한 이론과 치료는 어린 시절에 대한 기억들—복원되어야 할 뿐만 아니라 새롭게 기술되어야 할 것으로 간주되는—과 결합되어 있다. 새로운 의미는 과거를 바꾸어 버린다. 과거는 해석되는 것이라는 얘기는 옳다. 그렇지만 그 이상이다. 과거는 새롭게 조직되고 새로운 사람이 사는 곳이 된다. 그것은 지금 우리를 우리처럼 만드는 새로운 행위, 새로운 의도, 새로운 이벤트로 가득 찬 곳이 된다. 나는 이 책에서 새로운 인간의 유형을 만드는 것뿐만 아니라 우리의 기억을 새롭게 작동시키는 것에 대해서도 논의할 것이다.

과학에는 여러 가지 스타일이 있다

쿤과 푸코를 종합했지만 해킹은 쿤에서 한걸음 더 나갔다. 과학의 역사를 살펴보면 분명히 쿤이 혁명이라고 명명한 급격한 발전과 정상 과학 시기의 완만한 진화가 뚜렷하다. 그리고 혁명의 시기에는 서로 다른 패러다임을 추종하는 과학자들 사이에 쿤이 '공약 불가능성'이라고 명명했던 소통의 어려움도 볼 수 있다. 그런데 쿤의 이론만을 가지고 잘 설명이 안 되는 것은 패러다임이 변해도 바뀌지 않는 연속적인 요소들이 과학에 존재한다는 것이다.

해킹은 과학의 단절과 연속을 모두 설명하는 개념으로 과학사학자 크롬비†의 '사고의 스타일'이란 개념을 빌려 '추론의 스타일'(style of reasoning)이라는 개념을 제시했다. 간단히 말해 과학에는 수학적·실험적·확률적·분류적·통계적 스타일과 같은 다양한 스타일이 있다는 것이다. 이 중 수학적 스타일은 고대 그리스 시대에 등장해서 지금까지 남아 있고, 실험적 스타일과 확률적 스타일은 17세기 과학 혁명기에 등장했다. 분류적 스타일은 18세기 이후 생물학 분야에서 주로 사용되며, 통계적 스타일은 19세기에 만들어졌다.

---

†A. C. Crombie, 1915~1996: 과학사학자. 1970년대 중엽부터 '스타일'이라는 개념을 사용해서 서구의 과학사를 체계적으로 정리하려는 노력을 경주하였다. 1994년에 3권의 대작 *Styles of Scientific Thinking in the European Tradition*을 출판했다. 그의 '과학적 사고의 스타일'에는 수학적 스타일, 실험적 스타일, 유비적인 모델의 스타일, 비교와 분류의 스타일, 통계 확률적 스타일, 유전학의 스타일이 있다.

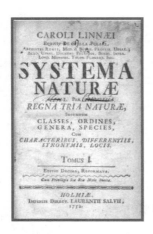

18세기 분류학을 열었던 칼 린네의 『자연체계론』

해킹의 스타일 개념에는 흥미로운 점 두 가지가 있다. 우선 스타일은 한번 만들어지면 잘 사라지지 않는다는 것이다. 수학적 스타일은 고대부터 지금까지 지속되었고, 실험적 스타일은 17세기 이래 과학의 지배적 스타일이 되었다. 이렇게 해킹의 스타일은 쿤의 패러다임과 달리 과학의 지속성과 연속성을 설명한다. 그런데 새로운 과학의 스타일이 만들어지고 형성되는 시기에는 이 스타일을 받아들이는 사람들과 그렇지 않은 사람들 사이에 격렬한 논쟁과 소통의 어려움이 야기된다. "X라는 사건이 일어날 확률은 3분의 1이다"는 명제는 확률적 스타일을 수용한 사람에게는 과학이지만 그렇지 않은 사람에게는 아무런 의미가 없다. "실험이 과학적 사실을 만들어낸다"는 원칙도 실험적 스타일을 받아들인 사람에게만 참인 것이다. 17세기 과학 혁명기에 등장한 많은 논쟁은 새로운 스타일의 부상을 둘러싸고 벌어진 논쟁이었다는 것이 해킹의 해석이다.

이론보다 실험에 주목

우리나라에 해킹의 철학은 오래전부터 소개되었다. 우리에게
해킹은 '실험실의 철학' 혹은 '실험철학'을 주창한 사람으로 유
명한데, 과학철학자들 사이에서 해킹의 '실험 실재론'은 오랫동
안 연구와 논쟁거리였다. 과학철학을 비롯한 과학학(Science
Studies)이 과학 이론으로부터 실험으로 관심을 돌리게 된 데에
는 해킹의 『표상하기와 개입하기』(1983)의 역할이 결정적이었
다. 해킹은 여기에서 과학자가 자연에 개입하는 과정을 살펴보
면 과학철학이 실재론과 관념론 사이의 오랜 논쟁에서 새로운
차원으로 옮겨갈 수 있음을 설득력있게 주장했다. 과학의 실험
이 이론을 증명하기 위해서가 아니라 "그 자신의 삶"을 가지고
있다는 생각은 해킹의 이 책으로부터 시작했다. 지난 20년간 과
학철학 분야에서 숱하게 인용된 이 책은 과학이 무엇인가를 논
하려는 사람은 반드시 읽어야 할 20세기의 고전이다.

해킹은 철학적 통찰을 위해서 직접 역사 연구를 수행한다.
『확률의 등장』이나 『우연 길들이기』와 같은 확률론과 통계학에
대한 책은 과학사를 전공한 사람이 보아도 놀랄 정도의 독창적
인 역사 연구에 바탕한 철학적 저술이다. 그는 쉼이 없는 철학
자이다. 해킹의 책을 읽고 수많은 철학자들이 실험철학을 연구
하기 시작했지만 해킹은 그때 다중인격을 연구하고 있었다. 다

해킹의 저서 『대체 무엇이 사회적으로 구성되었다는 말인가』

중인격에 대한 책의 영향으로 다른 철학자들이 정신병을 연구하고 있지만, 해킹은 지금 추론의 스타일에 대한 책을 쓰는 중이다. 해킹은《토론토 스타》신문과의 인터뷰에서 이렇게 말했다. "나는 주제들을 옮겨 다닌다는 점에서 유별나다. 사람들 대부분은 그렇지 않기 때문이다. 나는 자연 세상과 인간 세상의 모든 측면들, 물리과학과 사회과학의 상호작용에 특히 호기심이 많이 있다. 조금 잘난 척을 하자면, 나는 종종 내 스스로를 딜레탕트라고 간주한다. 그렇지만 딜레탕트는 겁이 없기 때문에 유용하지 않은가."

　그는 실천적 철학자이다. 그는 과학의 군사화가 한창일 때 이를 비판하는 철학 논문을 썼고, 몇 해 전에는 극단적 사회구성주의를 비판하는 『대체 무엇이 사회적으로 구성되었다는 말인가?』라는 저술을 출판해 사회구성주의자들의 격렬한 비난을 한 몸에 받기도 했다. 『표상하기와 개입하기』의 한국어판 서문에서 해킹은 게놈 계획이나 정보 기술과 같은 현대 과학의 문제에 대해 철학자들이 발언하고 개입해야 한다고 역설했다. 과학에 대한 이론적 분석만이 아니라 항상 '실천'을 염두에 두는 해킹의 연구는 "푸코를 행하는" 그의 젊은 시절의 철학이 칠십을 바라보는 나이에도 아직 싱싱하게 건재함을 잘 보여 준다.

≡ **더 읽어볼 만한 자료들** ══════════════════

해킹의 저서 중에 『표상하기와 개입하기』(한울, 2005)와 『왜 언어가 철학에서 중요한가?』(서광사 1989)가 번역되었다. 해킹의 실험철학에 대해서는 이상원, 『실험하기의 철학적 이해』(서광사, 2004)를 참조할 만하다.

http://en.wikipedia.org/wiki/Ian_Hacking
이언 해킹에 대한 아주 짤막한 소개. 그가 쓴 책 목록을 볼 수 있다.

과학지식도 사회적으로 구성된다: 사회구성주의

●

이중원

과학은 그렇게 객관적이고 보편적이지 않다

'자연과학은 얼마나 확실하고 객관적이며 보편적인가?' 만약 모든 지식은 사회적으로 만들어진다고 생각하는 사회구성주의자들에게 이런 질문을 던진다면 어떤 대답이 나올까? 사회구성주의자들은 이에 대해 매우 부정적으로 답할 것이다. 자연과학은 그렇게 확실하지도, 그렇게 객관적이지도, 그렇게 보편적이지도 않다고…. 대신 그들은 "과학이 사회적으로 구성된다"고 주장한다. 이 주장은 과학이 사회와 상호작용하면서 다양한 요소들의 영향을 받아 성장한다는 것을 의미하는 것에 머물지 않는다. 그 정도의 의미라면 대부분의 사람들이 심각한 논쟁 없이 받아들일 수 있다. 과학이 자연을 대상으로 하지만 역시 사회적 관계하에 놓인 과학자들에 의해 생산된다는 면에서, 넓은 의미의 사

사회구성주의자들은 과학적 지식이 사회적으로 구성된다고 주장한다. 때문에 이들에 따르면 과학적 지식은 그렇게 객관적이고 보편적이지 않다. 사진은 19세기에 촉발된 골상학 논쟁의 장면을 그린 그림. 사회구성주의자 스티븐 셰핀은 골상학 논쟁이 사회 개혁과 신분 상승을 꾀하던 부르주아 계급과 지배계급의 사회적 이해관계 대립에서 나왔다고 주장한다.

회적 산물로 볼 수 있기 때문이다. 그러나 사회구성주의의 주장은 그 의미가 이보다 훨씬 더 강하다. 사회구성주의자들은 자연과학의 내용을 구성하고 결정하는 과정에, 자연 현상에 대한 참된 진술의 여부나 실험 자료로부터의 객관적 검증과 같은 합리적인 인식의 요소들보다는, 사회적·정치적·경제적·이데올로기적 요인들이 직접적이고 적극적으로 작용하고 있음을 강조한다. 즉 자연과 인간 간의 인식적인 작용 메커니즘보다는 과학자와 과학자 간의 사회적인 메커니즘이 과학지식의 구성에서 (전적으로) 중요한 역할을 한다고 주장한다. 인간과 사회를 대상으로 하는 학문이라면 모르지만, 자연을 대상으로 하는 그것도 객관성을 중시해 온 학문인 자연과학이 사회적으로 구성된다는 주장은, 20세기 지성사에 하나의 큰 충격이 아닐 수 없다.

과학 지식은 고상한 신의 언어가 아니다: 사회적으로 구성되는 과학

어떻게 이러한 견해가 나올 수 있었는가? 과학지식이 사회적으로 구성된다는 주장은 사실 과학사의 많은 사례 연구들로부터 크게 영향을 받았다. 어떤 과학사학자는 다윈의 진화론이 특별히 영국의 빅토리아 시대에 등장하여 발전할 수 있었던 이유를 당시 흥행하던 정치경제학 이론의 발전에서 찾았다. 정치경제학은 당시 사회의 경제적 발전이 경제 내적 요인만이 아니라 주변의 정치적 환경과의 긴밀한 상호작용을 통해 이루어진다고 주장하였다. 다시 말해 정치경제학 이론이 경제 발전의 동력을 내재적인 요인에서 찾는 것이 아니라 보다 중요하게 주변의 정치적 환경에서 찾았던 것에 영향을 받아 다윈의 진화론도 발전할 수 있었다는 얘기다.

또 다른 사례로 19세기에 발견된 전기 현상이 이론적으로 체계화되는 과정을 분석한 사례를 보면, 19세기 말 영국에서는 경험적이고 실험적인 전통이 강했던 까닭에 실험에 기반한 전자기학이 발전한 반면, 이와 달리 수학적이고 이론적인 전통이 강했던 같은 시기의 독일과 프랑스에서는 이에 걸맞은 전혀 다른

과학은 어떻게 만들어지는가

전기역학이 발전하였음을 강조하고 있다. 동일한 자연 현상을 다루더라도 제도적·문화적 환경의 차이에 따라 근본적으로 서로 다른 과학 이론들이 산출될 수 있다는 것이다. 또 다른 과학사학자는 확률적인 설명과 예측을 제공할 뿐인 비결정론적인 양자 역학이 특히 1차 대전 이후의 독일, 곧 바이마르에서 발흥하게 된 이유를, 패전으로 독일 사람들이 갖게 된 미래에 대한 불확실성과 당시 독일의 물리학자들이 결정론적 물리학에 가졌던 적대감에서 찾았다.

이러한 배경에 힘입어 1970년대 영국 에든버러 대학에서 과학사회학을 연구하던 데이비드 블루어와 배리 반즈는 과학에 관한 사회구성주의 견해를 체계적으로 제시하였다. 지식이 사회적 요소를 반영한다는 생각은 이미 20세기 전반 칼 만하임 (Karl Mannheim)과 같은 사상가들에 의해 주창되어 널리 받아들여지고 있었지만, 그러한 지식에 자연과학도 포함된다고 주장한 것은 1970년대 이들에 의해서다. 이들은 과학지식의 형성과 발전이 사회적 조건에 의해 인과적으로 설명될 뿐 아니라, 뉴턴 과학처럼 진리로 밝혀진 과학지식은 물론 연금술이나 점성술같이 이미 과학이 아닌 것으로 폐기된 지식도 사회적 요인에 의해 그 본질이 동등하게 설명될 수 있다고 주장하였다. 다시 말해 사회적 조건 이상으로 과학지식에 더 이상 객관성이니 합리성이니 하는 우월적 권위를 부여할 수 없다

데이비드 블루어(David Bloor)와 배리 반즈(Barry Barnes)_ 1970년대 영국의 에든버러 대학에서는 과학지식의 형성과 발전이 사회적 조건에 의해 인과적으로 설명될 수 있다는 사회구성주의가 등장했다. 사진은 사회구성주의 기수인 데이비드 블루어와 배리 반즈. 사회구성주의의 모토는 바로 '과학의 객관성은 사회적이며, 그 방법론은 상대주의적이다'로 과학의 객관성과 신성성 측면에서 보면 불온하기까지 하다.

데이비드 블루어 『지식과 사회의 상』(1991) 중에서

사회학자는 순수한 자연적 현상으로서의 과학지식을 포함한 지식에 관심을 가진다. 그러므로 지식에 대한 적절한 정의가 일상인이나 철학자의 정의와는 좀 다르다. 지식을 참된 믿음이나 정당화된 참된 믿음에 제한하지 않고, 사회학자들은 사람들이 지식으로 간주하는 모든 것을 지식으로 본다. 그것은 사람들이 확신을 갖고 지키며 생활하는 모든 믿음들로 이루어진다. 특히 사회학자는 당연시되거나 제도화된 믿음, 혹은 집단에 의해 권위가 부여된 믿음에 관심을 가진다. 물론 지식은 단순한 믿음과 구별되어야 한다. 이것은 개인적이고 특이한 것은 단순한 믿음으로 남겨두고 집합적으로 지지된 것을 지식으로 한정함으로써 가능하게 된다.

세계가 어떻게 작동하고 있는지에 대해 우리는 너무나 다양하게 사고한다. 이것은 다른 문화 영역과 마찬가지로 과학에도 해당된다. 그러한 다양성이 지식사회학의 출발점을 형성하고, 지식사회학의 주요한 문제를 구성한다. 이 다양한 사고의 원인은 무엇이고, 어떻게, 그리고 왜 사고가 변하는가? 지식사회학은 믿음의 분포와 그것에 영향을 주는 다양한 요인들에 초점을 맞춘다. 예를 들면 다음과 같다. 지식은 어떻게 전달되는가? 얼마나 안정적인가? 지식의 창조와 유지에는 어떤 과정이 개입되는가? 어떻게 지식이 조직되고 다양한 학문의 분야 혹은 영역으로 범주화되는가?

사회학자들은 이 주제를 탐구하고 설명할 필요가 있으며, 이 관점과 부합되는 방식으로 지식의 성격을 규정하려고 할 것이다. 그러므로 사회학자들의 사고는 다른 과학자들이 사용하는 것과 동일한 언어로 표현될 것이다. 그들의 관심은 자료 영역 내에서 작용하는 규칙, 일반 원칙, 혹은 과정을 찾아내는 것이다. 목표는 이 규칙성을 설명할 수 있는 이론을 세우는 것이다. 만약 이 이론이 최대한 일반적인 것이 되어야 한다는 요구를 충족시키려면, 그 이론은 참된 믿음과 거짓된 믿음 둘 다에 적용되어야 하고, 가능한 한 동일한 형태의 설명이 두 가지 경우에 다 적용되어야 한다.

는 것이다. '과학의 객관성은 사회적이며, 그 방법론은 상대주의적이다'라는 이들의 모토가 이를 잘 보여 준다. 그러나 이른바 "강한 프로그램"(strong program)[†]이라 불리는 사회구성주의의 이런 입장은 합리적 믿음과 비합리적 믿음의 구분을 없애 상대화하고 합리성 자체를 해체하려는 경향 때문에 많은 비판과 논쟁에 휩싸였다.

눈에 보이지 않는 중력파를 본 사람은 아무도 없다

이후 사회구성주의는 초기의 문제점들을 일부 보완하면서 '완성된 산물로서의 과학지식'보다는 '그것을 만드는 과정으로서의 과학 활동'에 보다 주목하게 된다. 그 과정에서 특히 실험 행위, 실험을 위한 기구, 그리고 실험실에 관한 새롭고 흥미로운 분석들이 쏟아져 나왔다. 해리 콜린스가 분석한 중력파 논쟁의 사례를 통해 이를 살펴보자. 중력파란 마치 열을 지닌 물체가 빛이라는 파동을 방출하듯이, 무거운 중력을 가진 물체가 방출

도널드 매캔지
(Donald MacKenzie)

스티븐 셰핀
(Steven Shapin)

[†] "강한 프로그램"이란 1970년대와 80년대에 데이비드 블루어, 배리 반스, 데이비드 엣지, 도널드 매캔지, 스티븐 셰핀 등이 주축이 된 에든버러 대학의 과학사회학 그룹인 에든버러 학파가 주장해 왔던 과학학의 프로그램이다. 과학의 내용이 사회적 요인에 의해 구성된다고 주장하였고, 사회적 구성에서 특별히 관련 집단들의 이해관계를 중시하였다. 블루어가 제시한 이 프로그램의 핵심적인 방법론을 살펴보면 다음의 네 가지다. 첫째는 인과성—신념이나 지식의 상태에 대해 인과적인 설명이 필요하다는 것—이고, 둘째는 공평성—참 또는 거짓, 합리성 또는 비합리성, 성공 또는 실패와 무관하게 모든 지식을 공평하게 다루어야 한다는 것—이고, 셋째는 대칭성—진리이건 거짓이건 모두 동일한 종류의 원인으로 설명되어야 한다는 것—이며, 넷째는 성찰성(reflexivity)—과학에 적용하는 것과 동일한 설명이 과학지식사회학에도 적용되어야 한다는 것—이다. 과학의 내용이 사회적 요인에 의해 구성된다는 "강한 프로그램"의 주장은, 이후 "과학의 사회적 구성론", "사회구성주의" 등 다양한 이름으로 불렸다.

해리 콜린스(Harry Collins)_ 카디프 대학의 저명한 사회학과 연구교수. 30여 년 넘게 중력파 물리학에 관한 사회학적 연구를 해왔다. 저서로는 『골렘』, 『변화하는 질서』 등이 있다.

하는 파동을 일컫는다. 이의 관측은 우주 안에서 눈에 보이지 않는 별이나 암흑 물질의 존재를 입증하는 데 중요한 실험 자료가 된다. 과학사를 통해 보면 아인슈타인의 일반 상대성 이론이 이의 존재를 처음으로 예측했지만, 실제로 실험을 통한 이의 검출은 계속 실패만을 거듭해 왔다. 이러한 상황에서 대부분의 과학자들은 중력파의 존재 자체를 의심하였고, 일부 과학자들만이 그 크기가 너무 약해 탐지가 어렵다고 주장하였다.

그러던 중 조셉 웨버(Joseph Weber)라는 물리학자가 중력파를 발견했다고 공표하였고, 곧바로 열 개의 서로 다른 실험자 그룹이 이를 검증하기 위한 재현

책 속으로

해리 콜린스 『과학 행위에서의 복제와 귀납』(1985) 중에서

어떤 실험 결과가 옳은가는 지구에 부딪치고 있는 탐지할 수 있을 만큼의 중력파가 존재하는가에 달려 있다. 이것을 검증하기 위해서 우리는 좋은 중력파 탐지기를 만들고 이 탐지기가 어떤 결과를 가져 오는가를 봐야 한다. 하지만 탐지기를 만들어서 중력파를 측정해 보고 옳은 결과를 얻기까지는 우리가 알맞은 탐지기를 만들었는지에 대해 알 수 없다. 다시 말해서 우리는 좋은 탐지기를 만들기 전까지 중력파가 존재하는지, 즉 무엇이 맞는 실험 결과인지 알 수 없다. 그리고 이런 과정은 무한히 계속될 것이다.

실험에 착수하였다. 그러나 재현 실험에서 중력파는 결국 검출되지 않았고 결과적으로 웨버의 주장이 틀렸다는 결론이 내려졌다. 그런데 여기서 흥미로운 점은, 이 그룹들이 웨버뿐 아니라 상호 간에 각기 서로 다른 검출 장치를 만들어 실험하였음에도, 어떻게 웨버의 결론이 틀렸다고 공통으로 주장할 수 있었는가이다. 바로 이 지점에서 사회구성주의자인 콜린스는 서로 분명히 다른 실험인데도 이를 동일한 것으로 조정해 가는 어떤 '사회적 협상'이 과학자들 사이에 존재한다고 주장하였

웨버와 중력파 안테나_ 중력파를 본 적이 없는 과학자들이 서로 다른 중력파 탐지기를 만들어 웨버의 중력파 탐지를 부정하는 과학적 결론에 이르는 과정을 통해 해리 콜린스는 과학적 결론에 이르는 모종의 '사회적 협상'에 주목한다.

다. 중력파의 성격, 중력파 실험의 타당성 범위 등에 관한 과학자들 사이의 어떤 '합의'가 있었고, 이것이 결국 과학지식의 형성에 개입했다는 것이다.

한편 또 다른 흥미로운 문제도 제기됐다. 중력파를 발견하기 위한 중력파 검출기가 훌륭한지 그렇지 않은지는 그것을 통해 중력파를 관측할 때까지는 알 수 없는 일이다. 그런데 우리는 아무도 중력파를 본 적이 없기 때문에 어떤 신호가 중력파인지 알 수 없어 결과적으로 관측 후에도 그 검출기가 잘 작동했는지를 알 수 없게 된다. 결국 난처한 순환적 상황에 처하게 된다. '실험자의 회귀'라고 불린 이 상황은, 그러나 실제로 실험실에서 일어나지는 않는다. 이 순환이 무한히 진행되지 않고 어느 지점에서 멈추었기 때문이다. 콜린스는 이를 사회적 협상에 의

한 멈춤이라고 본다. 실제로 현대 과학에서의 실험 상황은 매우 복잡하기 때문에, 과학 활동에 사회적 협상과 같은 요소들이 위와 같은 방식으로 개입하지 않을 수 없다는 것이 바로 콜린스의 생각인 것이다.

과학 밖에서 과학을 본다

이런 사회구성주의의 입장은 오늘날 과학을 대상으로 연구하는 과학사학자, 과학철학자, 과학 사회학자들에게 신선한 충격을 던져주고 있다. 현상을 얼마나 잘 설명하고 예측하는가, 실재를 얼마나 잘 그려내는가, 방법은 합리적인가와 같은 주로 내재적인 요소들로 과학의 본질을 논하고 그 발전을 평가했던 전통적인 접근 방식에 대해, 그것이 지나치게 치우친 편협한 시각임을 드러내 주었기 때문이다. 결과적으로 현대 과학의 본질을 제대로 이해하고 평가하기 위해선, 내재적 요소 외에 외재적 요소들을 함께 고려해야 함을 촉구한 셈이 되었다. 또 다른 긍정적인 기여는 그들이 쓴 책—가령 『실험실 생활 : 과학적 사실들의 구성』 또는 『리바이어던과 진공펌프 : 홉스, 보일, 실험적 삶』—의 제목들에 잘 나타나듯이, 기존의 관점들이 다루지 않았던 과학자 사회의 특성들, 가령 과학 연구 논문이 씌어지는 과정, 실험 결과를 놓고

로버트 보일이 첫 번째로 만든 진공펌프. 우리에게는 리바이어던의 철학자로만 알려져 있는 홉스가 보일의 진공펌프의 문제점을 자연철학적으로 그리고 정치철학적으로 지적하면서 두 사람의 유명한 논쟁이 벌어졌다. 셰핀의 『리바이어던과 진공펌프』는 이 논쟁을 다루고 있다.

벌어지는 과학자 상호간의 타협 과정, 실험 기구의 역할과 중요성, 실험 자료가 하나의 과학적 '사실'로 인정되는 과정 등 미시적 차원의 주제들을 새롭게 제공해 주었다는 점이다. 이것들도 과학의 본질을 이해하는 데 중요한 요소들이다.

그렇다고 이러한 사회구성주의의 입장에 문제점이 없는 것은 아니다. 과학을 구성하는 중요한 요소들을 모두 상대화함으로써 어떤 요소가 보다 중요한 결정 인자인지를 설명하지 못하는 상대주의적 오류의 가능성이 남아 있다. 또한 진리와 같은 인식적 요소들이 사회적 요인들로 전적으로 환원되지 않는 상황에서, 인식적 요소들을 사회적 요소들과 어떻게 통합하여 과학의 총체적인 본질에 다가갈 것인가를 해결하지 못하고 있다. 분명 이러한 한계는 있지만, 사회구성주의가 현대 과학에 관한 보다 역동적인 이해에 도달하도록 참신한 징검다리 역할을 할 것이라는 데는 의심의 여지가 없다.

≡ 더 읽어볼 만한 자료들 ≡

사회구성주의자들의 저서 중 국내에 번역된 것은 데이비드 블루어의 『지식과 사회의 상』 (한길사, 2000, 김경만 옮김)과 이 글에도 소개된 웨버의 중력파와 관련한 글이 들어 있는 해리 콜린스, 트레버 핀치의 『골렘: 과학의 뒷골목』(새물결, 2005, 이충형 옮김) 그리고 홉스와 보일의 진공펌프와 관련된 논쟁을 볼 수 있는 스티븐 셰핀의 『과학혁명』(영림카디널, 2002, 한영덕 옮김) 등이 있다.

http://en.wikipedia.org/wiki/sociology_of_scientific_knowledge
과학지식사회학에 대한 간단한 설명과 참고문헌을 볼 수 있다.
http://www.ssu.ssc.ed.ac.uk/index.html
에든버러 대학의 과학학 관련 페이지

구성주의를 넘어 정치생태학으로: 부뤼노 라투르

●

이상욱

과학과 기술의 융합, 테크노사이언스

독창성을 무엇보다 중요시해서 다른 사람에게 비판당하는 것은 참을 수 있어도 다른 사람의 생각과 비슷하다는 지적은 참을 수 없는 모욕으로 생각하는 것이 프랑스 학계의 특징이다. 그래서 인지 프랑스 철학자들은 각각 고립된 성과 같아서 다른 학자의 작업에 의존하지 않고 인간과 자연, 그리고 사회의 여러 근본적인 물음에 대해 자신 나름대로의 거대한 체계를 쌓아 올리기를 즐겨한다. 이와 같은 프랑스적 상황에서 부뤼노 라투르는 자신의 독특한 철학 세계를 가진 여러 철학자 중 한 사람일 뿐 결코 데리다(Jacques Derrida, 1930~2004)나 들뢰즈(Gille Deleuze, 1925~1995)에 비할 만한 명성을 가지고 있지는 않다. 그러나 프랑스 바깥에서, 특히 과학기술에 대한 철학적, 역사학적, 사회과학적 연구를 수행하는 학자들 사이에서 라투르가 차지하는 지적 위치는 독보적이다. 게다가 라투르의 학문적 스타일은 프랑스 학계 내에서는 지나치게 영미철학 전통에 가깝다고 여겨지고 프랑스 바깥에서는 과학기술에 대해 프랑스 학계 특유의 도전적이고 과감한 접근을 취하고 있다고 평가된다. 학문적 영향력이나 논쟁을 불러일으키는 능력 모두에 있어 라투르의 탁월성을 보여주는 대목이다.

부뤼노 라투르(Bruno Latour, 1947~)_ 라투르는 과학기술 지식의 생산과 전파 그리고 발전 과정에는 인간뿐만 아니라 사물도 행위자(actant)로 작용한다고 주장한다.

　　라투르는 우선 과학과 기술 사이의 관계를 바라보는 시각에서부터 대담하다. 그는 과학이 자연세계에 대한 순수한 탐구이고 그 결과를 응용한 것이 기술이라는 전통적인 견해에 맞서 현대에는 과학과 기술이 많은 경우 서로 구별되기 어려울 정도로 융합되어 연구되고 있음을 지적한다. 이 점을 강조하기 위해 라투르는 아예 '테크노사이언스(technoscience)'라는 용어를 새로 도입하여 유행시켰다.

　　그렇다고 해서 라투르가 과학과 기술 사이에 혹은 과학 연구와 공학 연구 사이에 어떤 차이점도 존재하지 않는다고 주장하는 것은 아니다. 연구 주제에 따라 공학적 탐구의 가능성이 거의 없는 과학 연구의 영역도 있을 수 있고 과학적으로 별다른 흥미를 주지 못하지만 파급 효과 면에서 크게 주목받는 신기술도 있을 수 있다.

　　그러나 최근 줄기세포 연구에서도 볼 수 있듯이 현대적 맥락에서 과학 지식과 이의 응용 사이의 경계는 그다지 분명하지 않다. 특히, 이미 확립되어 교과서에 실린 '지식'으로서의 과학기술이 아니라 현재 논쟁을 통해 만들어져 가고 있는, 구체적인 '활동'으로서의 과학기술에 집중하면 두 분야 사이에는 별 다른 차이를 찾기도 어렵고 구태여 그러한 차이를 찾는 일이 현대 과학과 기술을 이해하는 데 도움을 주지도 못한다. 테크노사이언스의 관점에서 바라볼 때만 이해될 수 있는 특징들이 현대 과학기술에 있기 때문이다.

프랑스는 어떻게 파스퇴르화 되었나: 행위자-연결망 이론

라투르의 또 다른 공적인 '행위자-연결망 이론'이 바로 그러한 현대 과학기술의 특징을 테크노사이언스라는 통합적 관점에서 설명하는 이론이다. 논란의 중심에 서 있는 이 이론의 핵심적 요소는 과학 지식의 생산과 전파 그리고 뒤따르는 발전 과정을 이해하기 위해서는 관련 과학자나 이해집단과 같은 사람 혹은 집단만이 아니라 병원균이나 전동차와 같은 인간이 아닌 생명체나 사물도 행위자로 분석에 포함시켜야 한다는 주장이다.

　라투르는 1988년에 출간한 『프랑스의 파스퇴르화(化)』라는 책에서 루이 파스퇴르가 세균에 대한 자신의 이론을 프랑스 전역에 확장시킨 사건은 단순히 세균에 대한 연구를 열심히 수행하고 동료 연구원들을 생산적으로 조직화해 낸 것만으로 설명될 수 없다고 주장했다. 파스퇴르의 이론이 프랑스 전역에서 믿어지고 그 이론에 따른 예방 접종이 만들어지고 접종이 실시되는

루이 파스퇴르(Louis Pasteur, 1822~1895)_ 프랑스의 화학자 · 미생물학자. 화학조성 · 결정구조 · 광학활성의 관계를 연구하여 입체화학의 기초를 구축하였다. 발효와 부패에 관한 연구를 시작한 후 젖산 발효는 젖산균의, 알코올 발효는 효모균의 활동에 의해 일어난다는 것을 발견하였다. 전염병의 세균원인설을 확립한 학자로 유명하다.

등의 전면적인 변화가 일어나기 위해서는 인간만이 아니라 관련 세균이나 물류 수송 체계, 통신망 등과 같은 다른 행위자(actant)들을 적절히 동원하고 설득할 필요가 있었다는 것이다.

당시 탄저병은 프랑스 전역에서 축산업자와 수의사를 괴롭히던 질병이었다. 하지만 파스퇴르는 그 병에 대한 대책을 세우기 위해 농촌 마을로 나가 현장 연구를 하지 않았다. 파스퇴르가 한 일은 소들이 자유로이 풀을 뜯는 들판에서 이 병을 적절한 방식으로 '채집'하여 잘 통제된 자신의 실험실로 '번역'해 들여오는 작업으로 시작되었다. 그런 다음 다양한 분석 기법을 사용하여 병의 특징을 추출해 냄으로써 병을 통제 가능한 상태, 즉 백신의 형태로 만들 수 있는 방법을 알아냈다. 그런 다음에야

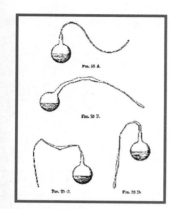

파스퇴르의 플라스크

파스퇴르는 다시 소들과 목축업자에게로 돌아갔다. 이때 파스퇴르는 자신이 만든 '통제된 탄저병'을 플라스크에 안전하게 담아 프랑스 전역에 퍼뜨릴 준비가 되어 있었고, 파스퇴르는 인상적인 대중 행사와 정치적 수완을 발휘하여 이 작업을 완수했다.

이 복잡한 과정을 파스퇴르가 현미경으로 탄저균을 '발견'하고 이를 산소에 노출시키는 방식 등으로 약화시킨 후 소에 주사하여 프랑스 축산업을 구원함으로써 질병의 세균설을 성공적으로 확립한 사건으로 이해하는 것은 지나치게 단순하다. 파스퇴르는 자신의 이론과 플라스크가 제대로 작동하도록 하기 위해서는 프랑스의 농촌을 자신의 잘 통제된 실험실과 비슷해지도록 변화시켜야 함을 잘 알고 있었다. 복잡한 사용법을 제대로 따르지 않다가 민감한 전자제품을 망가뜨려 본 경험이 있는 독자는 이 점을 이해할 수 있을 것이다. 놀라운 기능을 수행하는 인공물일수록 그것이 제 기능을 할 수 있기 위해서는 상대적으로 까다로운 작동 환경을 보장해 주어야 하는 것이다.

파스퇴르는 프랑스 농촌의 변화를 실현하기 위해 수많은 이해집단을 적극적으로 설득해 나갔다. 탄저균과 축산업자, 수의사처럼 각기 다른 이해관계를 가진 행위자를 이러한 교섭과 동원의 과정을 통해 파스퇴르의 이론과 백신이 잘 작동하도록 뒷받침하는 일종의 연합체로 엮어냈던 것이다. 파스퇴르 이론의 예에서 볼 수 있듯이, 특정 과학지식이 사회 전체로 퍼져 나가기 위해서는 잘 조직된 행위자-연결망이 필수적이라는 것이 라투르의 주장이다.

라투르의 견해는 에든버러를 중심으로 형성된 과학지식사회학에 대한 대안으로 인식되고 있다. 또한 행위자의 범위를 확대해야 한다는 그의 생각은 과학지식이 형성되는 과정에서 어떤 요인이 결정적인 역할을 수행하는지와 관련된 격렬한 논쟁을 불러일으켰다. 사람들 사이의 사회적 상호작용과 그 과정에서 작동하는 이해관계를 강조하는 전통적인 사회학의 입장에 서 있는 사회구성주의자들은 라투르에 대해 비판적이다. 비록 라투르의 지적처럼 그들도 인간이 아닌 것들이 과학지식의 생산과 수용, 확장에 일정한 역할을 한다는 라투르의 지적을 인정하지만 도덕적 책임을 물을 수도 없고 사회적 결단을 요구할 수도 없는 그것(thing)에게 사회적 역할을 부여하는 것은 지나치다고 생각한다.

특히 콜린스나 블루어 같은 비판자들은 라투르의 관점은 과학사회학의 비판적 기능과 실천적 힘이 약화될 수 있기에 바람직하지 않다는 일종의 '전략적' 비판을 내놓기도 한다. 과학지식에 대한 자신들의 사회학적 분석은 과학지식의 형성 과정이 참여 과학자의 이해관계에 의해 영향을 받는 측면을 부각시킴으로써 과학 연구 관행을 바꾸려는 노력과 연계된다는 점에 의의가 있다는 것이다. 그런데 그들이 보기에 라투르의 행위자-연결망에는 이런 적극적 개입의 가능성이 빠져 있다는 주장이

탄저 백신을 접종하는 파스퇴르

다. 라투르가 강조하듯 파스퇴르가 연결망 구축에 그토록 성공
적이라면 과학은 항상 그런 방식으로 수행되어야 하는가? 이에
대해 라투르는 과학지식사회학자들이 전통적으로 사회학적 분
석에서 제외되어 온 과학지식에 대해 사회적 교섭(negotiation)
의 중요성을 강조한 신선한 분석을 제공했으면서도 그 틀을 더
욱 확장시킨 자신의 분석은 꺼려하는 보수적 태도를 보인다고
질타한다.

　이 논쟁은 현재에도 각각의 입장을 지지하는 여러 사례 연구
를 통해 계속되고 있다. 다만 라투르가 사물의 정치화를 선언할
때 그것이 예를 들어 탄저균이 은유적으로 인간과 동등한 행위
자의 역할을 수행한다고 여겨질 수 있다는 의미인지 아니면 존
재론적으로나 가치론적으로 둘이 진정으로 동등하다는 의미인
지는 분명하지 않다. 게다가 라투르는 파스퇴르가 탄저균과 일

종의 '연합'을 맺고 난 후에는 그 결과로 파스퇴르와 탄저균 모두 변화될 수밖에 없다는 점을 강조한다. 이는 파스퇴르, 탄저균과는 별도의 '파스퇴르+탄저균'이라는 새로운 존재자가 분석 수준에서 탄생한 것으로 읽힐 수도 있어서 상당히 혼란스러워질 수 있다. 아마도 이 모든 복잡한 상황을 이해할 수 있는 하나의 방법은 라투르가 엄격한 존재론적 구획 짓기에는 원래 큰 관심이 없으며 다만 과학 연구 과정을 보다 잘 이해하기 위한 분석 도구로 행위자-연결망 이론을 제안했다고 보는 것이다.

타인의 시선에서 출발하는 인류학적 거리 두기

라투르의 문체는 매우 독특하다. 그의 글은 정확히 무슨 말을 하는지 꼭 집어 말하기 어려울 정도로 화려한 수사와 비유, 은유로 가득 차 있다. 그렇다고 해서 도발적인 중심 메시지가 불분명한 것은 아니다. 다만 글 전체의 흐름이나 주요 논증을 주도하는 서사 구조를 분명하게 집어내기가 어려운 반면 다양한 목소리를 하나의 이야기 속에 담아 내려는 노력이 두드러진다고 할 수 있다. 이 점에 있어 라투르와 도나 해러웨이의 유사성을 찾아 볼 수도 있다. 그렇지만 다른 프랑스 철학자에 비해 라투르의 참신한 주장들은 훨씬 이해하기 쉽고 명료하다. 아마도 영미 과학기술학의 명료한 논점을 프랑스적인 화려한 문체와 잘 섞어놓은 것이 라투르의 학문적 스타일에 대한 공정한 평가일 것이다.

브뤼노 라투르는 1947년 포도주의 산지로 유명한 버건디 지

책 속 으 로

부뤼노 라투르와 스티브 울가가 1986년 출간한 『실험실 생활』 제2판에서 발췌.
초판은 1979년에 출간되었음

인류학적 관찰자가 현장에 들어서면, 그에게 가장 기본적인 전제는 자
신이 수행한 관찰과 기록한 내용을 결국에는 그가 이해하게 되리라는
기대이다. 이러한 기대는 사실 과학적 탐구의 기본적인 원리 중 하나이
다. 자신이 관찰하는 부족이 처한 상황이나 그들의 활동이 아무리 혼란
스럽고 엉뚱해 보인다고 하더라도, 이상적인 관찰자라면 이에 대해 어
떤 식으로든 체계적이고 질서 잡힌 설명을 해낼 수 있으리라는 믿음을
늘 가져야 한다. 우리는 실험실을 처음 보는 관찰자가 자신이 연구 대
상에 처음 접하게 되었을 때 그가 가진 이런 종류의 믿음에 심각한 타
격이 가해지리라는 점을 예상할 수 있다. 관찰 내용을 체계적으로 정리
하고 기록하는 연구의 궁극적인 목표는 그가 처음 갖게 되는 수많은 질
문을 고려할 때 특별히 이룰 수 없는 꿈처럼 보인다. 도대체 이 사람들
은 무엇을 하고 있는가? 이 사람들이 무엇에 대해 이야기하고 있는 것
일까? 여기에 나뉜 공간이나 벽은 무슨 목적에서 만들어진 것일까? 왜
저 방은 어둑어둑한데 이 실험대는 아주 밝게 조명이 되어 있을까? 도
대체 왜 모든 사람들이 소곤거리는 걸까? 실험 준비실에서 끊임없이
소리를 질러대는 이 동물들은 실험에서 어떤 역할을 수행하는 것일까?

과학은 어떻게 만들어지는가

방에서 대대로 내려오는 포도 재배 집안에서 태어났다. 라투르라는 이름이 붙은 유명한 포도주는 보르도 지방의 샤토 라투르와 버건디 지방의 루이 라투르가 있다. 라투르는 자신의 홈페이지에서 이 둘을 혼동하지 말아 달라고 특별히 부탁하고 있는데 우리는 여기서 자신의 집안에 대해 라투르가 가진 자부심을 읽을 수 있다. 라투르는 우선 철학자로 훈련받았고 이후에는 아프리카와 캘리포니아에서 현장 연구를 통해 인류학자로 학문적 커리어를 쌓으면서 포도주 생산과는 거리가 먼 일을 하게 된다. 라투르는 자신이 포도주 생산이 아니라 학자의 길을 걷겠다고 했을 때 '다시는 포도주 업계에 발을 들여놓을 생각을 마라'는 말을 가족들로부터 들었다고 농담조로 말하곤 한다. 하지만 여전히 매년 질 좋은 버건디 포도주는 맘껏 마실 수 있는 가족 특권은 유지하고 있으니 그리 나쁜 직업 선택은 아닌 셈이다.

라투르의 교육 배경이 철학과 인류학이라는 점은 그의 사상을 이해하는 데 결정적으로 중요하다. 국내에는 그가 과학사회학자로 알려있지만 그의 저술 어디에도 통계적 자료의 제시나 거대 이론에 입각한 분석을 강조하는 영미 사회학계의 전형적 경향을 찾아볼 수 없다. 라투르는 프랑스 철학자답게 사회철학과 생태인류학을 넘나들며 17세기 보일-홉스 논쟁의 정치학적 함의와 20세기 말 파리 미니 전동차 시스템에 대한 연구를 결합시키는 지적 종횡무진을 보여주고 있다.

그의 '인류학적' 거리두기 기법은 라투르를 영미권 학자들에게 본격적으로 알린 연구서인 『실험실 생활: 과학적 사실의 (사

라투르의 강연을 홍보하는 포스터

회적) 구성』에서부터 드러난다. 그는 이 기법을 활용하여 설크
연구소에서의 TRF(갑상선 자극 호르몬 분비 촉진 호르몬)의 발견에
서부터 아마존 밀림 부족의 흙에 대한 암묵지에 이르기까지 새
로운 물질의 발견과 그 특성의 인정 과정을 낯선 문화를 타인의
시선에서 분석하는 전형적인 인류학적 방법론을 원용하여 고찰
하고 있다.

  그렇지만 현재 라투르의 공식 직함은 프랑스 파리에 있는 국
립고등광산학교(Ecole Nationale Superieuer des Mines)의 사회학
교수이다. 라투르는 이곳에서 장차 기술자가 될 학생들에게 과
학기술과 사회의 상호작용에 대해 다양한 주제로 강의하고 있
다. 라투르가 '대칭적 인류학'의 작업이라 부르는 『우리는 결코

근대였던 적이 없다』는 책은 비교적 최근인 1993년에 출간되었음에도 불구하고 이미 22개 국어로 번역이 되었다. 그는 대부분의 책을 불어로 먼저 출간한 다음 이를 영어로 다시 출간하는 방식을 취하고 있는데 이 과정에서 영어본의 내용이 확장되고 발전하는 경향을 보인다. 요약하자면 라투르는 매우 정력적으로 활동하는 프랑스 철학자로 그의 독창적인 시각과 연구는 프랑스 내부보다는 외부에서 그 영향력을 발휘하고 있다고 할 수 있다.

≡ 더 읽어볼 만한 자료들 ═══════════════════════

부뤼노 라투르의 저작은 국내에는 번역된 것이 없다. 《한겨레》에 연재되었던 〈기술 속 사상〉 5편(2006년 5월 19일자) "기술(비인간)도 인간과 같이 행동한다"(홍성욱)는 라투르에 대한 글로 사물을 행위자로 파악해야 한다는 라투르의 생각이 잘 드러나 있다.

http://www.ensmp.fr/~latour/
라투르의 홈페이지로 영어와 불어로 되어 있다.

과학은 이론, 실험, 기구가 얽혀 발전한다:
피터 갤리슨

●

홍성욱

과학 실험은 어떻게 끝나는가

과학사를 전공한다고 하면 종종 듣는 질문이 있다. 토머스 쿤 이후 과학사학계의 가장 대표적 업적이 무엇이냐는 질문이다. 혹자는 쿤 이후 과학사학계의 차세대 대표 주자는 누구냐고 좀 더 노골적으로 묻는다. 분야에 따라 학자들의 기여도가 다르고 역사학의 스타일이 단일한 것이 아니기 때문에 이런 질문이 큰 의미를 가지는 것은 아니지만, 그래도 꼭 대답을 해야 한다면 많은 과학사학자들이 하버드 대학교 과학사학과의 피터 갤리슨을 꼽는 데 주저하지 않을 것이다.

피터 갤리슨은 1988년에 『실험은 어떻게 끝나는가?』를 출판함으로써 학계에 화려하게 '데뷔' 했다. 여기서 갤리슨은 실험적 사실이 사회적으로 구성된다고 주장한 사회구성주의를 비판하면서, 과학에서의 실험이 그 실험이 행해지는 실험실의 국소적(local) 조건과 가치를 담고 있음에도 불구하고 왜 다른 그룹들을 설득하고 안정적으로 종료될 수 있는가를 분석했다. 특히 20세기 실험은 시뮬레이션과 컴퓨터를 사용한 데이터 분석 등이 개입되고 이 과정에서 수많은 이론적 변수가 사용되기 때문에 마치 과학자들이 자신들의 이론에 적합하게 이러한 변수들을 쉽게 조작할 수 있는 것처럼 보일 수도 있지만, 갤리슨은 과학에서의 실험이 종료되는 것은 이러한 자의적인 변수의 조작 때문이 아니라 견해를 달리하던 다른 그룹마저도 (다른 기기를 사용해서) 실험을 했을 때 같은 실험 결과와 해석이 나오기 때문임을 강조했던 것이다.

피터 갤리슨(Peter Galison, 1956~)_토머스 쿤 이후 과학사학계의 차세대 대표 주자로 여겨지는 피터 갤리슨. 갤리슨은 과학에 균일하고 통일된 방법론이나 원리가 없다는 것이 과학을 허약하게 만들지 않는다고 주장한다. 오히려 과학의 다양성과 잡종성이 과학을 더 강하게 만든다는 것이 그의 주장이다.

갤리슨의 작업은 과학이 과학자들 사이의 사회적 합의에 의해서 만들어진다는 극단적인 사회구성주의를 비판하고 이를 극복하는 데에서 출발했다. 그렇지만 그는 과학이 합리적이고 객관적인 지식이라고 설파하는 전통적인 과학철학자들과도 견해를 달리한다. 마치 사회구성주의자처럼 갤리슨은 과학자의 행위가 국소적인 가치들을 각인하고 있음을 받아들인다. 갤리슨에게 보편적인 과학은 처음부터 존재한 것이 아니라 국소적인 과학이 탈국소화(delocalization)되면서 나타난 결과물인 것이다. 과학적 행위의 국소성과 탈국소화 과정은 갤리슨의 오랜 프로

윌슨의 구름상자(위)와 가이거 계수기(아래)_ 이미지 전통은 19세기 말엽의 '구름상자'(cloud chamber)로부터 시작한 전통으로 입자의 궤적을 눈으로 보여줌으로써 미지의 입자를 규명하는 전통을 말한다. 논리 전통은 가이거 계수기(Geiger counter)에서 시작한 전통으로 대전(帶電)된 입자의 개수를 세는 기구의 전통을 의미한다. 각각 아날로그와 디지털에 해당한다고도 볼 수 있다.

젝트를 관통하는 화두이다.

갤리슨은 1997년에 1,000쪽에 가까운 대작 『이미지와 논리』를 출판했다. 이 책은 '기구'(instrument)에 대한 책이며, 실험에 대해 썼던 『실험은 어떻게 끝나는가?』의 연장선상에서 씌어진 저술이다. 물리학에서 사용하는 검출기에 '이미지 전통'과 '논리 전통'이 있음을 주장하면서, 이 두 전통이 지난 100년 동안 어떻게 따로 발전하다가 융합되었는가를 분석한 책이다. 갤리슨이 기구에 초점을 맞춘 데에는 이유가 있었는데, 그는 과학에서의 이론과 실험이 기구를 매개로 불연속적인 상호작용을 한다고 보았기 때문이다. 즉 과학에서 이론과 실험의 관계는, 이론이 실험을 결정하는 것도, 혹은 역으로 실험이 이론을 인도하는 것도 아니다. 갤리슨의 분석에 의하면, 이론, 실험, 기구는 다른 요소로부터 상대적으로 독립적인 고유한 '삶'을 가지는 동시에, 국소적 조건이 충족되는 경우에 다른 요소들과 상호작용을 주고

받는다는 것이다. 2004년에 『아인슈타인의 시계, 푸앵카레의 지도』를 출판한 갤리슨은 실험-기구-이론에 대한 자신의 3부작을 마무리할 계획으로 지금은 이론에 대한 저술에 전념하고 있다. 그가 분석의 대상으로 삼는 과학 이론은 패러다임이나 거대한 세계관으로서의 이론이 아니라 실험과 기구와 같은 물질문화에 바탕을 한 국소적인 이론적 실행(theoretical practices)들이다.

이종과학異種科學들의 교역 지대

과학에 균일하고 통일된 방법론이나 원리가 없다는 것이 과학을 허약하게 만들지 않는다는 것이 갤리슨의 입장이다. 갤리슨은 베니어합판의 메타포를 사용하는데, 결이 다른 얇은 판을 겹겹이 엇갈리게 만든 베니어합판이 통판보다 더 튼튼하듯이, 과학의 다양성과 잡종성은 오히려 과학을 튼튼한 것으로 만든다고 주장한다.

　갤리슨은 언어의 메타포도 즐겨 사용한다. 과학에서 통일된 방법론을 찾으려 했던 논리 실증주의 철학자들이나 과학을 관통하는 한 가지 방법론을 찾으려 했던 칼 포퍼의 노력은 다양한 언어의 원류가 되는 보편 언어나 원시 언어를 발견함으로써 현재 사용하는 언어들을 관통하는 통일된 문법을 찾으려 했던 사람들의 노력과 흡사하다는 것이다. 보편 언어에 대한 프로젝트가 오래전에 포기되었듯이, 과학의 보편적 방법론을 발견하려는 철학적 노력도 비슷한 처지에 처했다는 것이 그의 결론이다.

과학이 언어와 흡사하다는 갤리슨의 메타포는 여기서 한걸음 더 나간다. 보편 언어가 없이도 서로 상이한 언어가 소통할 수 있듯이, 보편적이고 통일적인 방법론이 없어도 서로 다른 과학의 분야들이 소통하고, 결합하고, 새로운 분야를 탄생시킨다. 토머스 쿤은 과학 혁명을 전후해서 새로운 과학과 과거의 과학 사이에 소통을 불가능하게 만드는 '공약 불가능성'이 존재한다고 주장했는데, 갤리슨은 쿤의 공약 불가능성이 과학을 개념적ㆍ지적 활동으로만 보았기 때문에 얻어진 성급한 결론이라고 비판한다. 과학을 이론, 실험, 기구가 겹겹이 중첩되면서 이루어진 이질적인 활동의 총체로 보면, 개념적인 단절이 있을지라도 실험과 기구에서의 연속성이 존재할 수 있기 때문에 소통이 전혀 불가능하지만은 않다는 것이다.

　　이질적인 과학들 간의 소통은 갤리슨이 오래 고민하던 문제였다. 그는 서로 다른 언어를 사용하고 서로 다른 문화를 가진 두 부락이 만나서 교역을 하는 경우에 이 교역을 가능하게 하는 언어적, 실천적, 지리적 공간인 '교역 지대'(trading zone)가 만들어진다는 인류학적 연구에 주목했다. 갤리슨은 교역 지대의 개념을 과학에 적용해서, 이질적인 과학 분야들이 만나면 마치 서로 언어가 다른 두 부락이 만났을 때처럼 교역 지대가 형성된다고 주장했다. 역사적 사례 연구를 통해 갤리슨이 잘 보여주었던 과학의 교역 지대에서는 우선 간단한 잡종 언어가 만들어졌고, 이후 여기서 새로운 언어의 발전이 나타났다.

　　갤리슨은 제2차 세계대전 동안에 물리학자들과 엔지니어들이

피터 갤리슨, 『이미지와 논리』 중에서

기구, 실험, 이론이라는 하위문화들의 상호작용을 특징짓기 위해서 나는 이것들이 물리학이라는 거대한 문화의 진정한 하위문화라는 생각을 더 깊게 모색해 보고자 한다. 서로 다르지만 교역을 할 만큼은 가까이 있는 두 문화처럼, 물리학의 하위문화들도 어떠한 행위들은 공유하지만 또 다른 점에서는 차이를 보인다. 진정으로 중요한 사실은 '교역 지대'의 국소적 컨텍스트 속에서는 이 두 그룹이 논증의 분류 체계, 중요성, 표준의 차이에도 불구하고 협동을 할 수 있다는 것이다. 이들은 교환의 과정에 대해서, 그리고 언제 서로의 상품이 같은 가치를 가지는가를 결정하는 메커니즘에 대해서도 합의에 도달할 수 있다. 이들 양자는 모두 교환의 존속이 그들이 속한 더 큰 문화의 생존에 필수 요건이라는 점을 이해하는 것도 가능하다. 나는 '교역 지대'라는 용어를 서로 통일성이 없는 실험이라는 건물, 이론이라는 건물, 기구라는 건물을 하나로 묶어 주는 사회적, 물질적, 지적 시멘트로서 간주하려 한다. 인류학자들은 교환하는 물건의 중요성은 물론 교역 자체에 대한 개념이 서로 다른 문화들이 교역을 통해서 다른 문화에 접하게 되는 과정을 잘 알고 있다. 인류학자들처럼 교역이라는 개념이 꼭 보편적인 통화(通貨)라는 개념을 미리 상정해야만 가능한 것이 아니라는 점을 인식하는 것이 중요하다.

공동 연구를 하면서 레이더를 개발했던 MIT의 래드랩(Rad-Lab: Radiation Laboratory의 약자)과 물리학자, 수학자, 컴퓨터 엔지니어들이 공동 개발한 몬테카를로 시뮬레이션(Monte-Carlo simulation)을 과학에서의 교역 지대의 실례로 제시했다. 이러한 교역 지대에서는 '피진 언어'(pidgin)와 같은 간단한 잡종 언어가 만들어져서 서로의 의사소통을 매개했는데, 갤리슨은 상이한 과학 분야가 만나서 기초적인 소통을 가능케 하는 간단한 공통 언어를 만드는 과정을 피진화(pidginization)라고 불렀다. 피진 언어가 문법과 복잡한 어휘를 구비한 체계적 언어로 성장한 것이 '크리올 언어'(creole)인데, 과학 교역 지대의 경우에도 두 분야 간의 상호작용이 새로운 학제간 분야를 만들어 내는 크리올화(creolization)가 존재했다.

과학은 이론, 실험, 기구가 얽혀 발전하는 것

갤리슨의 논의를 따라가다 보면 과학은 하나도 아니고 그렇다고 독립된 군도(群島)들의 집합도 아님을 알 수 있다. 서로 다른 과학 분야는 이론적이고 실험적 요소들은 물론 기구를 교환하고, 이러한 교환을 통해 새로운 언어를 발전시킨다. 이러한 상호작용은 과학 분야 사이에서만이 아니라 과학과 공학 사이에서도 일어난다. 시공간과 물질의 개념을 혁명적으로 바꾼 특수상대성 이론을 제창한 아인슈타인이 특허국에서 여러 시계의 시간을 하나로 맞추는 기술 특허를 다루었다는 점에 착안해서

아인슈타인이 일했던 베른(Bern)의 시계탑_ 아인슈타인은 특허국에서 일하면서 여러 시계의 시간을 하나로 맞추는 일과 관련된 특허를 심사했고, 이 시기에 상대성 이론을 제안하게 된다. 당시 특허국에 자주 제출되던 특허들 중에는 열차 시간표를 정확히 맞추기 위해 멀리 떨어져 있는 기차역들의 시계들이 정확히 같은 시간을 가리키게 하는 방법에 관한 것들이 많았다고 한다.

갤리슨은 상대성 이론에 시계의 공조화라는 물질문화가 거미줄처럼 얽혀 있었음을 흥미롭게 주장했으며, 양자 전기동역학의 새 장을 연 파인먼의 '파인먼 다이어그램'(Feynman diagram)은 파인먼이 로스 앨라모스(Los Alamos)에서 원자탄 개발에 참여했던 경험과 결부되어 있음을 보였다.

갤리슨은 과학의 국소성과 과학의 실행에 입각해서 과학과 예술, 과학과 건축, 과학에서의 저자의 문제에 대해서도 흥미로운 분석을 제시했다. 과학이 거대한 이론 체계가 아니라 이론, 실험, 기구가 복잡하게 얽혀서 발전하는 것이라면, 과학과 예술,

파인먼이 직접 그린 파인먼 다이어그램. 파인먼의 친필 사인도 보인다.

과학과 건축, 과학과 인문학이 만나는 접점이 다양한 층위에서, 다양한 방식으로, 또 다양한 시공간의 경위에서 형성될 수 있고, 또 지금까지 그렇게 형성되어 왔다는 것이다. 과학사가 예술사, 건축사, 철학과 만남으로써 우리가 사는 세상에 대해 더 깊이 있는 이해를 제공한다는 것을 잘 보여 준 연구들이다.

갤리슨이 제시하고 있는 과학의 이미지는 혼란스럽다. 갤리슨의 과학은 국소적인 상황에서 만들어지지만 탈국소화 과정을 거치고, 간단한 언어가 만들어져 복잡한 언어로 성장하듯이 진화하며, 생성되었다가 소멸되는 교역 지대를 통해 다른 분야와 소통한다. 과학의 이론과 실험, 그리고 기구는 각자의 전통 속에서 독립적으로 발전하지만, 또 종종 상호작용을 주고받으면서 극적으로 변화하기도 한다. 상이한 과학들 사이에 소통은 전적으로 완벽하지도 않지만 그렇다고 아주 불가능하지도 않다. 사회문화적 요소들은 과학에 영향을 미치고 과학에 침투하는데, 이것이 과학적 사실을 사회적으로 구성하는 것은 아니다. 과학이 철학 사상과 얽혀 있듯이 과학은 기술이나 다른 물질 문화와도 뗄 수 없다. 과학이 이렇게 복잡하고 '지저분한' 인간의 활동이라는 사실은 과학의 역량을 약화시키는 것이 아니라 오히려 더 튼튼하게 만든다.

한마디로 정리하자면, 상투적인 차원에서가 아니라 근원적인 의미에서, 갤리슨이 보여주는 과학은 '포스트모던'이다.

≡ 더 읽어볼 만한 자료들 ══════════════════════════

갤리슨의 저술 중 국내에서 번역된 것은 없다. 가장 최근 저술인 『아인슈타인의 시계, 푸앵카레의 지도』(동아시아 근간)가 번역 중일 뿐이다.

http://www.fas.harvard.edu/%7Ehsdept/faculty/galison/NYTimes0624.html
갤리슨의 홈페이지에 《뉴욕타임스》와 인터뷰한 기사가 실려 있다.
American Scientist online(http://www.americanscientist.org)에 가서 Book Shelf 코너에 피터 갤리슨(Peter Galison)을 치면 『아인슈타인의 시계, 푸앵카레의 지도』와 관련된 저자 인터뷰 기사를 볼 수 있다. 이 인터뷰에서 갤리슨은 자신에게 가장 큰 영향을 준 책이 토머스 쿤의 『과학혁명의 구조』, E.P. 톰슨의 『영국 노동계급의 형성』, 역사학자 페르낭 브로델의 『펠리페 2세 시대의 지중해 세계』, 인류학자 클리퍼드 기어츠의 『문화의 해석』 등이라고 밝히고 있다.

5장

과학과 사회의 관계는
어떠해야 하는가

맹목적 과학 숭배가 낳은 재앙: 우생학

●

홍성욱

과학이라는 가면을 쓴 우생학

19세기 후반에 탄생한 우생학(優生學, eugenics)은 서구 사회에 지우기 힘든 흔적을 남겼다. 돌이켜보면 우생학에는 '사이비 과학'의 요소가 많았던 것이 사실이지만, 당시 사람들은 이를 탄탄한 근거를 가진 과학이라고 생각했다. '과학'에 대한 믿음이 컸던 만큼 우생학이 가져오는 사회적 해악에 대해서 이들은 무관심했다. 이런 무관심 속에 미국은 차별적인 이민법을 통과시켰고, 서구의 각국은 "사회에 도움이 안 된다"는 이유로 수백만 명을 '거세'했으며, 독일 나치 정권은 장애인, 유대인 등 소수자를 무차별 학살했다. 우생학이 가져온 재앙은 사회와 정책이 과학을 무조건적으로 신봉하고, 또 과학자들이 권력의 정치적 요구에 맹목적으로 순종했을 때 그 대가가 얼마나 큰 것인지를 극명하게 보여주었던 비극이었다.

찰스 다윈은 『종의 기원』(1859)에서 생존 경쟁을 통한 자연선택이 생물 종의 진화를 결정한다고 주장했다. 다윈은 자신의 주장을 생물학의 영역에 한정했지만, 그의 의도와는 무관하게 다윈의 진화론은 당시 '자유주의'와 같은 사회철학에도 큰 영향을 미쳤다. 19세기 영국의 자유주의자들은, 토지귀족이 일을 하지 않기 때문에 "비자연적"(unnatural)인 계층이라고 주장하면서, 사회를 이끌어가야 하는 계층은 비자연적인 귀족이 아니라 자신들처럼 새롭게 부상하는 "전문직업 계층"(professional class)이라는 이념적 공세를 폈다. 이들은 사회의 상층부를 점하던 귀족을 비판하는 데서 멈추지 않고, 사회의 바닥을 형성하던 노동계층과 극빈자층에 대해서도 이들이 사회에 짐만 지우고 있다고 비판의 화살을 겨누었다. 사회 개혁가였던 허버트 스펜서는 진화의 생존경쟁이 인간에게도 적용되기 때문에 게으른 사람들이 소멸되는 것이 자연 법칙의 순리라고 강조하면서, 약자를 돕는 복지 정책은 '적자생존'이라는 자연 법칙에 역행하고 그 결과 '허약한 형질'을 퍼뜨리는 국가 정책이라고 강하게 비난했다.

허버트 스펜서(Herbert Spencer, 1820~1903)_ 19세기 영국의 사회사상가. 진화와 생존경쟁이라는 생물학의 원리를 인간 사회에 적용시킨 사회 다윈주의의 창시자.

우생학은 이러한 배경에서 태어났다. 우생학을 나타내는 영어 eugenics는 well(잘난, 좋은, 우월한)의 뜻을 가진 그리스어의 eu와 born(태생)의 의미를 지닌 genos의 합성어였으며, 따라서 eugenics는 글자 그대로 '잘난 태생에 대한 학문'(wellborn science)을 의

프랜시스 갈톤(Francis Galton, 1822~1911)_ 찰스 다윈의 사촌이면서 우생학을 창시한 갈톤은 통계학적 방법을 사용하여 지능의 유전, 인간의 차이를 설명하려 했다.

미했다. 우생학이라는 단어를 만든 사람은 다윈의 사촌인 생물통계학자 프랜시스 갈톤이었다. 갈톤은 우생학을 "향상된 양육을 통해 인간의 유전체를 개선하는 학문" 혹은 "사회적 통제하에 다음 세대 인류의 질을 향상시키거나 저하시키는 작인에 대한 연구"라고 정의했다. 갈톤은 또 우생학을 나쁜 형질의 유전을 최소화하는 노력의 '부정적 우생학'과 좋은 형질의 유전을 극대화하려는 노력의 '긍정적 우생학'으로 나누었다. 여기서 보듯이 우생학에는 처음부터 학문적이고 이론적인 부문뿐만 아니라 선택적인 번식을 통해 인구의 질을 높이는 사회 프로그램 혹은 공공 정책의 요소가 포함되어 있었다. 갈톤은 초기에는 "몇 세대에 걸쳐 결혼을 신중하게 함으로써 천재를 배출하는 것이 실제로 가능하다"는 긍정적 우생학의 주장을 폈는데, 후기에는 "평균 이하 월급을 받는 사람들의 자녀 수를 제한해야 한다"는 부정적 우생학을 강조했다. 갈톤의 노력에 힘입어 영국에서는 1904년에 국립 우생학 연구소가 설립되었고, 곧이어 우생학 교육학회와 학회지가 창간되었다.

사회 부적격자는 거세하라: 극으로 치닫는 우생학의 논리

독일의 우생학은 인종 위생학(Rassenhygiene)이라고 불렸다. 독일의 인종 위생학의 시조는 19세기 독일의 생리학자 빌헬름 샬

1930년대에 나치의 월간지인 《신국민(New volk)》을 홍보하기 위한 포스터. 포스터에는 "유전적으로 허약한 사람들은 평생 동안 우리 국민들 돈 6만 마르크를 허비한다. 시민들이여, 그 돈은 바로 당신들 돈이다"라는 말이 적혀 있다.

마이어(Wilhelm Schallmayer, 1857~1919)와 알프레드 플로에츠 (Alfred Ploetz, 1860~1940)였다. 이들은 당시 독일이 외국과 전쟁을 겪으면서 '국가의 꽃'이라고 할 수 있는 건강한 청년들은 전장에서 전사하는 반면에, 징집에서 면제된 허약한 남자들이 고향에서 살아남아 2세를 만든다고 생각했다. 우생학자들은 조만간 독일에 알코올 중독자와 신체 허약자만 남겠다고 한탄하면서, 이러한 문제를 극복하기 위해서 우생학이 허약자와 병자의 생식을 제한해야 한다고 주장했다. 20세기 초엽에 다른 나라와 마찬가지로 독일에서도 우생학이 제도화되어 1904년에 우생학 학회지가 창간되고 1905년에 우생학 학회가 만들어졌다.

독일의 우생학의 영향력은 1차 세계대전 이후 사회의 전면에 부상했다. 독일 우생학자들은 혼전 건강 검사를 의무화하고 보건증을 교환하는 보건 정책 운동을 시작했으며, 아리안 민족의 우월성을 강조하는 태도를 드러냈다. 몇몇 우생학자들은 독일 민족이 미래 지향적이고, 강인하며, 인내심이 많고, 철학적이고, 객관적이기 때문에 제일 우수하다고 설파했다. 이런 주장은 나치즘의 골간을 형성하는 데에도 중요한 몫을 담당했는데, 히틀러는 독일 민족의 우월성을 주장하는 우생학의 주장을 나치즘의 핵심 원리로 『나의 투쟁』에 포함시켰다.

　독일 우생학은 나치당이 정권을 잡으면서 가속화되었다. 1932년 프로이센 정부는 우생학 프로그램을 실시해서 '부적격자'를 자발적으로 거세하는 법을 통과시켰다. 이 법은 그 다음 해에 나치가 정권을 잡은 뒤에는 강제 규정으로 바뀌었다. 그 결과 1934년부터 1945년까지 독일에서는 30만 명의 허약자들이 거세당했다. 우생학자들은 불치병을 앓거나 정신병자, 백치,

책 속 으 로

1930년대 독일 의학 교과서에 나온 문제
"우리나라의 정신 이상자들 중에 868명이 최소한 10년 정신병원 신세를 져야 하고, 260명이 20년, 112명이 25년, 54명이 30년, 32명이 35년, 6명이 40년 병원에 있어야 한다고 하자. 개개인에 대해서 한 달에 18마르크가 소요된다면, 이 모든 정신 이상자들을 수용하는 데 드는 총액은 얼마이겠는가? 이 돈으로 매년 3000마르크를 버는 건강한 가정 몇 가구가 10년을 살 수 있겠는가?"

정신박약자, 불구 아동의 삶을 "살 가치 없는 삶"으로 구분한 뒤
에, 국가가 이들을 안락사 시킬 수 있다고 정당화했다. 이를 정
당화하기 위해 사용했던 논리는 이들이 사회에 기여함이 없이
사회의 예산만 축낸다는 것이었다. 이렇게 시작된 유아 안락사
는 대규모 학살의 전주곡이었는데, 나치 정권은 1940~41년 사
이에 약 7만 명의 정신병 환자들을 살해한 것을 시작으로 결국
에는 수백만 명의 유대인과 기타 "바람직하지 않은 성향"을 지
닌 사람들을 제거했다.

흑인, 유대인, 아시아인들은 아이큐가 낮다: 인종 차별주의 와 결합된 우생학

미국의 우생학은 거세법의 통과와 인종 차별적인 이민법을 가
져왔다. 미국 우생학 운동을 주도했던 우생학 기록국의 찰스 대
번포트(Charles Davenport, 1866~1944)와 같은 생물학자는 정신

박약자와 같은 사람을 거세해야 한다고 오랫동안
주장했는데, 인디애나 주는 1907년에 처음으로
정신병자, 백치, 강간범을 거세하는 거세법을 통
과시켰다. 이 법을 통과시킨 주는 1931년까지 30
개로 늘어났다. 거세법은 미국에 한정된 것만도
아니었다. 독일은 1932~33년에, 캐나다의 브리
티시 콜럼비아주는 1933년에, 노르웨이·스웨
덴·덴마크는 1934년에, 핀란드는 1935년에 같

미국 우생학협회 로고_ '우생학은 인류 진
화라는 자기 지향성을 가지고 있다'라는
문구가 적혀 있다. 또 우생학은 다양한 학
문적 자원을 뿌리로 두고 자라난 나무라는
것을 상징한 그림이다.

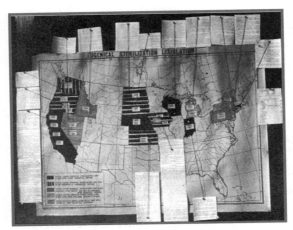

미국에서 거세를 시행하는 법률을 통과시킨 주를 표시한 지도_ 당시 많은 주들이 정신박약자와 같은 사람들을 거세하는 법률을 통과시켰음을 한눈에 볼 수 있다.

은 법을 통과시켰다. 이때 제정되었던 거세라는 우생학적 방법은 흑인이나 다른 유색인에게 특별한 이유도 없이 자행되었을 정도로 남용되었다.

미국 우생학의 또 다른 특징은 인종 차별주의와의 결합이었다. 대번포드는 폴란드인은 배타적이고 이탈리아인은 범죄형이라고 주장하던 인종 차별주의자였다. 1차 세계대전이 끝나고 우생학자들은 생물학적으로 열등한 인종의 이민이 앵글로색슨의 미국을 위협한다고 목소리를 높였다. 이들은 동유럽, 유대인, 아시아, 아프리카로부터의 이민자들이 열등하다는 것을 보이기 위해서 이민자들의 낮은 아이큐를 공개했는데, 실제로 이들의 낮은 점수는 영어를 못하는 이민자들에게 영어로 아이큐 테스트를 했기 때문에 얻어진 결과였다. 그렇지만 미 의회는 우생학자들의 주장을 받아들여서 앵글로색슨 민족의 이민을 독려하고 대신 유대인이나 동유럽, 아시아나 아프리카 민족의 이민을 제한하는 존슨이민법(1924)을 통과시켰다. 이 법은 당시에는 미국 우생학의 승리로 간주되었지만, 지금은 사이비 과학이 낳은 가장 대표적인 폐해로 역사에 기록되고 있다.

우생학자들은 가난이 열성 인자로부터 나오며, 이들의 무능력은 유전적인 것이기 때문에 개선될 수 없고, 따라서 오직 거세와 같은 우생학의 방법만이 이를 해결할 수 있다고 가정한다.

책 속 으 로

미국 우생학자 매디슨 그랜트(Madison Grant)의 『위대한 인종의 소멸』(1916)

약하거나 부적격한 사람들, 즉 다른 말로 해서 사회적 실패자들을 제거하는 강력한 체계는 지난 백년 동안의 모든 문제를 단숨에 해결할 수 있으며, 지금 감옥, 병원, 정신병원을 가득 메운 "바람직하지 못한 사람들"을 제거할 수 있다. 그 개개인은 양육되고, 교육되고 사회에 의해서 보호될 수 있다. 그렇지만 국가는 거세하는 방법을 사용해서 그의 형질이 그에게서 그치도록 해야 한다. 그렇지 않다면 이후 세대들은 잘못된 온정주의가 낳은 짐을 더 많이 짊어지게 되기 때문이다. 거세라는 방법은 모든 문제에 대한 실질적이고, 자비로우며, 궁극적인 해결 방법이다. 이 방법은 범죄자, 병자, 정신 이상자부터 시작해서 이 사회에서 살기에 허약한 사람들과 궁극적으로는 가치가 없는 인종에 이르기까지 모든 사회적 하류 계층에 적용될 수 있다.

이러한 가정에서 초래되는 문제는 교육과 같은 사회적인 요소를 무시하고 사람들의 사회적 조건을 모두 유전으로 돌린다는 것이다. 사실 이러한 우생학의 주장들은 자신의 부와 권력을 다른 사람들에게 나누어주는 데 인색했던 지배계급이 선호했던 것이다. 이런 이유 때문에 우생학은 보통 보수적인 이데올로기와 친화성이 많다. 이들은 지배계급을 포함한 사회 전체가 조금씩 희생해서 공동체적인 삶의 질을 향상시키는 방법을 택하기보다는, 자신들의 지위와 권력에 털끝만큼의 영향을 미치지 않는 우행학적 방법을 선호하기 때문이다.

또 우생학은 "인간의 삶이 공동체나 전체 인류를 위해 도움이 될 때에 한해서 가치가 있다"고 강조하는데, 이것은 사회적으로 허약한 사람들을 희생해야 사회 전체에 도움이 된다는 강령과 행동으로 이어지기 쉽다. 개인의 권리와 행복이 '전체'의 이름으로 희생당해서는 안 되는 것임을 분명히 하지 못했기 때문에 생긴 폐해다.

사람들이 똑똑하고 건강한 자식을 원하듯이 한 사회가 똑똑하고 건강한 다음 세대를 원하는 것은 당연한 욕구로 보인다. 그래서 우생학을 비판하는 사람들 중에는, 우생학의 이론과 의도는 좋지만 거세나 인종 청소 같은 실천 방안이 잘못되었다고 하는 사람들이 있다. 그렇지만 이러한 주장은 우생학을 관철하기 위해서는 항상 강제적인 법령, 물리적인 구금과 강제적인 수술, 대중 선전, 특정한 사회 그룹의 희생, 정상과 비정상의 엄격한 구분과 유지가 필요했다는 것을 간과한 생각이다. 우리가 잊지 말아야 할 것은 우생학은 항상 폭력과 강제를 동반했고, 20세기의 역사는 이를 극명하게 보여주고 있다는 것이다.

≡ 더 읽어볼 만한 자료들

한글로 된 서양의 우생학은 물론 우리나라에서의 우생학에 대한 연구는 무척 드물다. 이선옥의 「우생학에 나타난 민족주의와 젠더 정치」(『실천문학』, 2003 봄호, 83~95쪽)는 일제시대에 씌어진 친일문학 작가 이기영의 『처녀지』의 우생학 담론과 그것이 내포하는 민족주의적, 여성적 차원을 분석하고 있다.

http://www.eugenicsarchive.org/eugenics/
미국 우생학 운동에 대한 사료들을 볼 수 있는 사이트. 귀한 사진들도 많이 있다.
http://www.ushmm.org/museum/exhibit/online/deadlymedicine/
미국 홀로코스트 박물관의 나치 우생학 전시 사이트
http://www.hgalert.org/topics/geneticSelection/eugenics.htm
1920~30년대 우생학과 1970년대 이후의 유전학(특히 유전자 검사)과의 연관에 대한 짧지만 잘 정리된 글(영문)

과학과 민주주의: 로버트 머튼

●

홍성욱

청교도 윤리와 근대 실험과학은 친화력이 있다

1910년, 미국 필라델피아의 남부 빈민촌의 유대인 이민 가족에서 한 소년이 태어났다. 이 소년은 동네 사람들을 모아놓고 마술 시범을 보여서 용돈을 벌기도 했지만, 다른 소년들과 달리 철강왕 카네기가 기증한 마을 도서관과 음악당에서 어린 시절의 대부분을 보냈다. 마술을 좋아하던 소년은 열네 살에 메이어 스콜니크라는 자신의 유대인 이름을 로버트 머민(Robert Mermin: 아서 왕의 전설에 나오는 마법사)으로 바꿨고, '머민'이란 이름이 조금 진부하다는 얘기를 듣고 다시 이름을 로버트 머튼으로 바꾸었다.

대학에 들어갈 때까지 제대로 된 학교 교육이라곤 받지 못했던 머튼은 마술과도 같은 인생 역전을 이루어냈다. 템플 대학교

를 졸업한 그는 1936년에 하버드 대학에서 영국 청교
도주의 기독교와 실험과학의 상관관계를 분석한 「17
세기 영국의 과학 발전의 사회학적 측면」이라는 논문
으로 박사학위를 받았다. 당시 머튼의 논문 심사위원
회에는 과학사학자의 대부인 조지 사튼(George
Sarton, 1884~1956), 저명한 구조기능주의 사회학자
탈코트 파슨스(Talcott Parsons, 1902~1979)와 하버드
대학에 사회학과를 설립한 피티림 소로킨(Pitirim A.
Sorokin, 1889~1968) 등 쟁쟁한 학자들이 포진해 있었
다. 머튼의 논문은 「17세기 영국의 과학, 기술, 사회」
라는 제목으로 《오사이리스(Osiris)》라는 학술지에 출
판되었는데, 이른바 '머튼 테제'[†]로 알려진 과학과

로버트 머튼(Robert K. Merton, 1910~2003)_ 미국의 사회학자. 머튼은 과학자 사회가 민주 사회의 이상이라고 설파하면서 전체주의 사회에서는 자유로운 탐구 정신, 비판, 보편성에 의한 평가가 불가능하기 때문에 과학의 발전은 어렵다고 주장했다.

청교도주의의 관련은 1960~70년대를 통해서 숱한 논쟁을 불러
일으켰다.

머튼은 '롤 모델'(role-model: 다른 사람에게 귀감이 되는 사람, 행
동), '자기실현적 예언'(self-fulfilling prophesy: 믿거나 말한 대로 실
현되는 현상), '포커스 그룹'(그룹 인터뷰를 위해서 더 큰 인구 집단에
서 선정된 그룹) 등 지금은 일상생활에서도 널리 쓰이는 개념들을
만들어낸 사회학자다. 그렇지만 그의 연구가 주목을 받기 시작
한 것은 1930~40년대에 발표한 과학사회학에 대한 논문들 때

[†]금욕, 노동, 신의 영예를 위한 재물 축적의 인정과 같은 청교주의의 에토스가 근대 실험과학을 낳은 데 결정적인
원인이 되었다는 테제.

막스 베버(Max Weber, 1864~1920)와 『프로테스탄트의 윤리와 자본주의 정신』 초판 표지_ 청교도 윤리와 과학 발전 사이의 친화력을 주장한 머튼 테제는 사회학자 막스 베버와 관련이 깊다. 베버는 청교도의 정신이 자본주의의 에토스 및 근대적 삶의 양식과 밀접한 친화력을 가지고 있다고 주장했다.

문이었다. 머튼이 1930~40년대에 발표했던 과학사회학의 연구는 그가 컬럼비아 대학교의 교수로 재직하면서 길러낸 제자들에 의해서 계승되고 발전되었다.

전체주의 사회에서는 과학 발전 어렵다

머튼은 1938년에 발표한 논문 「과학과 사회적 질서」에서 과학이 나치즘의 독일이나 스탈린주의의 소련과 같은 전체주의 사회에서 제대로 발전할 수 없다는 주장을 펴면서, 그 이유를 전체주의 사회가 지향하는 바와 과학의 규범이 조화를 이루지 못한다는 데에서 찾았다. 그의 이러한 생각은 1942년에 발표한 기념비적인 논문 「과학과 민주주의에 대한 소고」(뒤에 「과학의 규범적 구조」로 제목이 바뀜)에서 심화되었다. 이 논문에서 머튼은 현

대 과학이 다음과 같은 네 가지 규범(혹은 가치)으로 표현되는
'에토스'(ethos)로 특징지어진다고 주장했다.

- 보편주의: 과학의 모든 명제는 보편적인 기준에 의해서 평가.
- 집합주의: 과학의 발전은 사회적 협동의 결과이고 그 결과는 공
  동체에 귀속.
- 무사무욕: 과학은 계급, 경제, 보상에 연연하지 않고, 지식 그
  자체를 위한 지식을 추구.

책 속 으 로

머튼, 「과학의 규범적 구조」(1942) 중에서

[과학의 조직된 회의주의 정신은] 과학이 다른 영역으로 침투해 들어
가는 것에 대한 저항의 원천이 된다. 종교계 쪽에서의 저항은 경제나
정치적 그룹의 저항에 비해서 이제 덜 중요해졌다. 최근 저항들은 과학
의 특정한 발견이 종교, 경제, 정치의 영역에서의 도그마를 부인하기
때문에 나타나는 저항과는 거리가 멀다. 반대로 최근의 저항들은 과학
의 회의주의가 기존 권력의 분배를 위협할지도 모른다는 두려움에서
나타나는 상당히 모호하지만 넓게 확산되어 있는 양상을 띤다. 과학이
이미 잘 확립된 다른 제도의 영역으로 연구를 확대하거나 혹은 다른 제
도들이 과학에 대한 통제를 확대할 때 갈등은 나타난다. 현대 전체주의
국가들에서 반합리주의와 제도에 대한 통제의 중앙화는 과학적 활동의
범위를 제한하게 된다.

- 조직적 회의주의: 과학에서의 판단과 믿음은 경험적, 논리적 기준에 의해서 검증될 때까지 보류.

   이 네 가지 규범으로 나타낼 수 있는 과학의 에토스는 전체주의 사회와는 양립할 수 없었다. 예를 들어, 전체주의 사회는 복종의 미덕을 강요하지 회의주의를 용인하지는 않기 때문이었다. 또 독일의 나치주의자들은 과학은 민족적이고 따라서 과학에 우수한 독일 과학과 저열한 유대인 과학이 있을 수 있다고 강조했지만, 이에 대해서 머튼은 보편주의에 역행하는 과학은 있을 수 없다고 항변했다. 당시에 과학의 보편성을 주장하는 것은 정치적인 의미를 지녔는데, 실제로 1930년대에 과학의 객관성과 보편성을 주장했던 빈(비엔나) 모임의 대표 모리츠 슐리크는 열성 나치 청년당원이 쏜 총에 맞아 숨졌다.
   일견 아무 관련도 없어 보이는 17세기 청교도주의와 과학에 대한 머튼의 박사 논문과 과학의 네 가지 규범을 제창한 "과학과 민주주의"에 대한 연구 사이에는 흥미로운 연관이 있다. 17세기는 근대 과학이 막 탄생하던 시기였다. 이 당시에 과학은 그 자체가 독자적인 가치 체계를 가진 '제도'(institution: 사회학적 용어로 '행위들의 집합적 패턴' 혹은 '행위의 조직적 집합'의 의미)로 자리 잡지 못했다. 따라서 과학은 당시에 '제도'로 정착해 있던 종교, 특히 청교도로부터 그 가치와 규범을 빌려 와서 이를 자신의 가치와 규범으로 사용했던 것이었다. 반면에 20세기에 들어와서 과학이 '제도'로 확고하게 자리잡은 뒤에는, 과학이 그

청교도는 소박하고 꾸미지 않는 교회와 생활양식으로 잘 알려져 있다. 이 그림은 엠마누엘 드 비테 (Emanuel de Witte)가 그린 것으로 교회에서 목사의 설교를 듣고 있는 신도들을 그린 풍경이다. 청교도의 윤리와 근대적 실험과학의 밀접한 연관성을 주장한 머튼의 테제는 코페르니쿠스, 갈릴레이, 레오나르도 다빈치, 호이겐스 등 가톨릭 신자이면서 과학자였던 사람들의 사례를 잘 설명하지 못한다는 비판을 받았다.

자체의 고유한 규범에 근거해서 독자적으로 발전할 수 있는 기틀을 마련했던 것이다.

민주사회의 이상은 과학자 사회에 있다

머튼의 과학사회학, 특히 과학의 에토스라는 개념은 1940년대 후반에 미국 대학을 개혁하려 했던 지식인들에게 큰 영향을 미쳤다. 이들 개혁가는 대학의 고등교육이 종교적인 분파주의에

제임스 코넌트(James Conant, 1893~1978) 코넌트는 과학사의 사례가 과학의 정신을 가장 잘 보여 줄 수 있다고 믿었으며, 과학사 교재 를 집필하기 위해 그가 고용한 조교 가 후에 『과학혁명의 구조』를 쓴 토 머스 쿤이었다.

서 탈피해서 정직하고 자유로운 탐구 정신, 비판, 경 험주의, 무사무욕, 보편성, 반(反)전체주의에 입각해 서 개혁되어야 한다고 강조했는데, 이러한 이념은 머 튼이 강조했던 과학의 에토스에 다름 아니었다. 당시 머튼의 과학사회학은 이러한 대학 교육 개혁의 이론 적 토대를 제공했으며, 미국의 대학 교육이 바뀌면서 머튼의 과학사회학은 더 큰 영향력을 획득했다.

1950년대 이후, 미국의 대학 교육을 주도하던 이들 에게 과학은 사적 지식이 아닌 공적 지식이었으며, 닫힌 담론이 아닌 열린 대화였고, 강압적인 권력이 아닌 민주적 권위의 상징이었다. 2차 세계대전 동안 에 미국 국립 국방연구위원회를 이끌었던 하버드 대학의 화학 자 제임스 코넌트는 전쟁이 끝나고 하버드 대학의 총장으로 부 임한 뒤에, 이러한 과학적 이상에 입각해서 '과학의 정신'을 가 르치는 것을 요점으로 한 교양 교육의 개편을 단행하기도 했다.

머튼이 제시한 과학자 사회의 에토스와 규범은 매우 이상적 인 사회에서 통용되는 것이었다. 어찌 보면 머튼은 민주주의 사회가 나아가야 할 이상향을 과학자 사회에서 발견했다고 볼 수 있다. 그렇지만 머튼 자신도 이상적인 과학자 사회에 예 외가 있음을 알고 있었다. 머튼의 규범에 비추어 보면 유명한 학자와 무명의 학자가 공동 이름으로 논문을 출판한 경우에 그 논문의 영예는 두 저자에게 절반씩 골고루 돌아가야 했다. 과학 적 명성은 업적에 의해서만 평가되지 다른 요소가 개입할 여지가 없기 때문이다. 그렇지만 머튼은 실제 과학자 사회에서 이런 논문이 대개 유명한 학자의 논문으로 기억되지 무명의 학자의 이름은 잊혀진다는 사실을 발견했다. 곧 과학에서도 유명한 학자는 더 유명해지고 무명의 학자는 잊혀진다는, 부익부 빈익빈의 경향이 존재했다.

머튼은 과학자 사회에서 나타나는 이러한 부익부 빈익빈의 경향을 성경의 한 구절을 따서 '마테 효과'(Matthew effect)라고 명명했는데, 문제는 이 마테 효과가 이상적인 과학자 사회와 어울리지 않는다는 것이었다. 이상적인 과학자 사회에서는 기존의 명성과 관계없이 업적만을 가지고 사람이 평가되어야 했기 때문이었다. 그렇지만 머튼은 사회학의 방법론을 사용해서 이 마테 효과를 설명할 수 있었다. 무명 과학자의 입장에서 보면 공동으로 쓴 논문이 자신의 이름이 아닌 유명 과학자의 이름으로 기억된다는 것은 분명히 불공평하고 역기능적인(dysfunctional) 일이었다. 그렇지만 무명의 과학자가 단독으로 논문을 출판했을 때보다 유명한 학자와 공동으로 출판했을 때에 그의 논문이 더 많은 사람들에게 읽히는 것도 사실이었다. 논문이 더 많은 사람에게 읽히고 기억되기 때문에 그 논문에 실린 정보는 더 많이 확산되는데, 이러한 의미에서 마테 효과는 보편적인 과학지식의 확산을 촉진하는 순기능적인(functional) 구실을 하는 면도 있었다.

지저분하고 복잡한 세상으로 굴러떨어진 과학

머튼과 그의 제자들은 과학의 에토스와 과학자 사회의 이상적인 규범을 설정하고 이 규범에 잘 맞지 않는 변칙(anomalies)을 하나씩 설명해 가는 과학사회학 프로그램을 수행했다. 이들은 이러한 방법론을 통해서 과학자 사회의 위계, 계층화, 우선권 논쟁, 성차(性差) 등을 사회학적으로 설명했다. 그렇지만 이들의 프로그램이 정점에 올라 있던 1970년대 후반 사회구성주의 과학사회학이 등장했고, 이 새로운 이론은 머튼의 과학사회학을 순식간에 대치했다. 사회구성주의 과학사회학의 출발점은 과학이 우리의 다른 지식과 근본적인 차이가 없듯이 과학자 사회도 우리 사회의 다른 공동체와 별 차이가 없다는 것이었다. 머튼이 과학의 (이상적인) 에토스에서 민주주의 사회의 이상을 발견했다면, 사회구성주의자들은 '타협', '갈등', '논쟁', '이해관계'와 같은 현실 사회의 작동 원리에서 과학지식과 과학자 사회의 특성을 발견한 것이었다. 과학은 민주주의 사회의 이상에서 지금 우리가 사는 '지저분하고 복잡한' 세상의 차원으로 굴러떨어진 셈이었다.

≡ **더 읽어볼 만한 자료들** ══════════════════════

과학사회학에 대한 머튼의 주요 논문들을 다 모아둔 *Sociology of Science*는 『과학사회학』으로 대우학술총서에서 1998년에 번역되어 출판되었다. 여기에는 「과학의 규범적 구조」(1942)와 마테 효과에 대한 논문도 수록되어 있다.

http://www.acls.org/op25.htm
http://www.acls.org/op25partII.htm
"A Life of Learning"이라는 제목이 붙은 머튼의 일종의 자서전적 노트

사회는 과학을 통제해야 할까:
존 버널과 마이클 폴라니

●

홍성욱

정부가 과학을 계획하고 지원해야 한다

보리스 게슨(Boris Hessen, 1893
~1936)_ 소련의 물리학자. 1931
년 발표한 「뉴턴 프린키피아의 사회
적, 경제적 근원」이라는 논문으로
마르크스주의적 과학사 연구의 대표
적인 견해를 제시했다.

1930년대는 과학에 대한 담론이 우후죽순처럼 쏟아
지던 시대였다. 1920년대가 논리 실증주의 철학의 시
대였다면, 1930년대는 사회학의 바람이 몰아치던 시
기였다. 미국에서는 17세기 영국 사회의 청교도주의
와 실험과학의 관계를 사회학적으로 탐구한 머튼의
박사학위 논문이 출판되었고, 1931년 영국에서 열린
세계 제2차 과학사 회의에서는 소련의 물리학자 보
리스 게슨이 뉴턴의 『프린키피아』와 그의 역학체계
가 탄도학이나 항해술 같은 당시 경제적 요구의 영향
에 따라서 형성되었다고 주장해서 파란을 불러일으
켰다. 게슨의 논문은 과학을 사회 · 경제 체계와 결부

시켜서 파악하는 마르크스주의의 전통을 회생시켰고, 과학사가인 조셉 니덤, 집단 유전학 분야의 선구자인 존 할데인(J.B.S. Haldane, 1892~1964), 그리고 버널과 같은 젊은 과학자들에게 영향을 주었다. 이 중 니덤은 이후 과학사로 전공 방향을 바꾸었고, 실험과학자로 활동하면서 과학의 사회적 기능에 대해 활발히 저술하던 버널은 50대에 『역사속의 과학』 네 권을 저술했다.

조셉 니덤(Joseph Needham, 1900~1995)_ 케임브리지 대학의 생화학자 출신의 과학사가. 중국의 과학을 연구해서 『중국의 과학과 문명』이라는 대작을 출판했고, 중국 문명을 서구에 알리는 데 크게 기여했다.

버널은 영국의 명문 케임브리지 대학에서 과학과 수학을 공부하고, 런던 대학교에서 결정학을 전공했다. 그는 20대 초반에 흑연의 결정 구조를 밝혀냈고, 1934년에는 X선 회절을 이용해서 단백질 결정의 구조를 최초로 밝혀내서 명성을 얻었다. 그의 연구는 이후 DNA 구조를 밝혀내는 데 결정적인 기여를 했던 고분자 X선 결정학의 효시였다. 젊었을 때부터 마르크스주의에 심취한 사회주의자였던 버널은 이 무렵에 영국 공산당에서 무척 활발한 사회 활동을 했는데, 그가 노벨상을 수상하지 못한 이유가 그의 마르크스주의 사상 때문이었다는 설이 있을 정도였다.

버널은 1939년에 『과학의 사회적 기능(The Social Function of Science)』이라는 논쟁적인 저서를 출판했다. 여기서 그는 과학의 사회성을 강조했던 마르크스주의의 전통에 서서, 정부가 과학을 사회적·경제

존 버널(John Desmond Bernal, 1901~1971)_ 버널은 정부가 과학을 체계적으로 조직하고 기획해야 한다고 주장한다. 만약 정부가 과학을 그대로 내버려 두었을 때는 중요한 과학 분야가 침체되고, 그렇지 못한 분야가 활성화될 수 있기 때문이다.

적 목적을 달성하기 위해서 사용할 수 있으며 그래야 한다고 강조했다. 버널에게 과학은 지적(知的) 생산이었으며, 물질적 선택을 늘리기 위해서 쓸 수 있는 것이었다. 예를 들어 정부는 특정한 목적을 위해서 과학의 어느 분야를 집중적으로 지원하는가를 결정해야 한다는 것이 버널의 신념이었다. 이러한 의미에서 버널은 현대 "과학정책학의 아버지"라고 불린다.

정부가 과학을 계획해서 지원해야 한다고 주장한 데에는 이유가 있었다. 버널은 정부가 아무 일도 안 하고 과학을 가만히 두었을 때에는 정말로 중요한 분야의 연구가 침체되고 그렇지 않은 분야의 연구가 상대적으로 더 활발해질 수 있다고 생각했다. 예를 들어, 인류의 복지에 도움이 안 되는 군사 연구에 지원과 인력이 집중되는 것이 이러한 사례였다. 버널은 과학이 사회 전체의 발전을 위한 방향으로 조직되어야 한다고 주장했다. 과학이 사회의 비참한 상태를 개선하고 사람들의 삶에 가져올 수 있는 혜택이 말할 수 없이 크기 때문에, 정부는 과학의 연구에 더 많은 예산을 지원해야 한다는 것이었다.

마르크스주의자였던 버널에게 과학과 기술(혹은 응용과학)은 분리될 수 없는 것이었다. 과학은 기술을 낳고, 기술과 생산의 기반 위에서 발전하는 것이었기 때문이다. 그는 순수과학(pure science)을 외치는 과학자들을 엘리트주의적인 위선에 물든 사람들이라고 간주했으며, 이러한 과학자들은 과학과 기술을 구별함으로써 과학의 물적 기반을 스스로 부정한다고 보았다. 지적 생산은 물적 생산의 토대 위에 구축된 건축물이었다.

비록 과학기술의 발전에 대해서 낙관적인 생각을 가지고 있었지만, 열렬한 사회주의자로서 버널은 자본주의 체제에 대해서는 비판적이었다. 자본주의 국가는 과학지식을 효과적이고 인간적으로 발전시킬 능력이 없다고 보았기 때문이었다. 자본주의 사회의 과학에는 혜택만이 있는 것이 아니라 사회적인 통제와 억압의 기능도 있었다. 그는 과학의 효율적 계획과 사용의

책 속 으 로

버널, 『과학의 사회적 기능』(1939) 중에서

변환기에 속한 우리는 변환기의 과제를 수행해야 하며, 여기에서 과학은 복잡한 경제적, 정치적 세력들 중 하나일 뿐이다. 우리가 해야 할 일은 우리나라에서 지금 당장 무슨 과학을 연구해야 하는가를 정하는 일이다. 더욱, 우리의 투쟁에서 과학의 중요성은 이 중요성을 얼마나 인식하는가에 달려 있다. 과학이 예비적으로 가지고 있는 힘이 워낙 막강해서 과학은 궁극적으로 다른 세력들을 제압할 것이다. 그렇지만 과학은 그 사회적 중요성을 인식하지 못한 채, 사회 진보의 방향과는 반대 방향으로 그것을 사용하려는 세력에 의해서 무력한 도구가 되어버리고 있으며, 이 과정에서 자유로운 질문이라는 그 본질마저도 파괴되고 있다. 과학이 자기 자신과 그 힘을 인식하도록 만들기 위해서는, 과학은 지금 그리고 미래에 우리가 지닌 문제라는 관점으로 보아야 한다. 이러한 연관 속에서 우리는 과학의 즉각적인 기능들을 결정해야만 하는 것이다.

예를 당시 사회주의 국가였던 소련(구 러시아)에서 찾았으며, 더 인간적인 과학을 발전시키기 위해서는 자본주의 사회를 사회주의로 변혁하는 것이 중요하다고 설파했다.

과학을 사회가 통제해서는 안 된다

버널의 주장에 강하게 반기를 들고 이를 비판했던 사람은 헝가리 출신의 화학자이자 과학철학에 관심을 두던 마이클 폴라니였다.[†]

마이클 폴라니(Michael Polanyi, 1891~1976)_ 버널에 맞서 폴라니는 과학은 정부가 통제해서는 안 된다고 주장한다. 또한 과학은 '개인적 지식' 그리고 '암묵적 지식'의 성격을 가지며, 진리 자체를 추구하는 활동이기 때문에 사회는 과학을 지원해야 하며, 과학은 사회적 · 경제적 목적을 위해 통제해서는 안 된다고 주장했다.

부다페스트의 유대인 집안에서 태어난 그는 부다페스트 대학에서 물리화학을 전공해서 박사학위를 받고 독일로 이주해서 베를린에 있는 빌헬름 카이저 연구소에서 연구 활동을 하던 중 나치당이 정권을 잡자 다시 영국으로 이주해 맨체스터 대학에서 교편을 잡았다. 폴라니는 1935년 소련을 방문했는데, 버널이나 당시 다른 지식인들과는 달리 소련 사회가 마치 나치 독일처럼 국민의 자유를 억압하는 데에 실망을 했다. 이러던 차에 1939년에 정부가 과학 연구를 계획하고 이끌어 가야 한다는 버널의 주장이 책으로 출판되자 이를 소련식 과학 기술정책의 재판(再版)이라고 생각하고 강하게 비판하고 나섰던 것이다.

[†] 마이클 폴라니의 형은 유명한 경제학자 칼 폴라니였고, 노벨 화학상을 수상한 존 폴라니는 마이클 폴라니의 아들이다.

폴라니의 핵심 과학 사상은 과학이 '개인적 지식' 혹은 '암묵적 지식'에 의존해서 진리를 추구하는 활동이라는 것이다. 새로운 아이디어는 사회로부터 독립되어 있는 개개인의 과학자나 연구 팀이 뼈를 깎는 독창적인 연구와 실험에 의해서 얻어지는데, 이를 얻어내는 과정은 근본적으로 그 과학자만이 알고 있는 개인적이고 암묵적인 지식이다. 과학적 발견에 이르는 지식은 말로 표현될 수 없으며, 과학자들 본인이 가장 잘 알고 있는 성질의 것이었다.

폴라니에게 과학은 그 자체가 가치 있는 활동이었다. 법이 정의를 추구하고 예술이 아름다움을 추구하듯이 과학은 진리를 추구하는 활동이기 때문이었다. 진리를 추구하는 과학은 사회적, 경제적 동기나 결과로부터 자유로워야 하는데, 만약 그렇지 못하면 진리가 왜곡된다는 것이 폴라니가 생각한 이유였다. 사회는 과학을 무조건적으로 지원해야 하지만, 사회가 사회적, 경제적 목적에 의해서 과학을 통제되어서는 안 된다. 사회를 초월하는 근본적인 진리를 얻기 위해서 과학자가 사회적 요소로부터 독립해야 하는 것은 필수 불가결하다. 과학에 대한 통제는 소련의 경우에 보듯이 아주 나쁜 결과만을 가져온다는 것이 폴라니의 믿음이었다.

과학 연구에 비용이 많이 소요되기 때문에, 폴라니도 사회가 과학을 경제적으로 지원해야 하는 것을 강조했다. 그렇지만 그는 연구 자체가 경제적 잣대에 의해서 평가되어서는 안 된다고 못 박았다. 과학은 그 효용성에 의해서 평가될 수 없는데, 그 이유는 과학이라는 것이 몇 가지 기본 원리에 근거해서 미지의 영역으로 나아가기 때문에 예측 불가능하고, 게다가 과학이 언제 어떻게 응용되어 유용한 기술을 낳는가라는 문제가 또 예측 불가능하기 때문이었다. 말하자면 과학의 유용성이나 경제성은 "이중적으로 예측 불가능"한 것으로 연구 자체를 경제적 잣대로

책 속 으 로

마이클 폴라니, 『과학의 공화국』(1962) 중에서

지난 이삼십 년 동안 과학적 탐구의 발전을 공공복지를 위한 방향으로 돌려야 한다는 제안들과 압력이 상당히 있었다. 나는 과학을 사회적으로 유용한 방향으로 돌려야 한다는 갈망을 발동시킨 이타적 감성을 존중한다. 그렇지만 이 목적은 불가능한 것이며 실제로 말도 안 되는 것이다. 과학 연구를 연구 그 자체가 아닌 다른 목적을 위해 인도하려는 어떠한 시도도 과학을 발전시키기는커녕 이를 퇴보하게 만든다. 모든 과학자들이 자신들의 재능을 공공의 이익을 위해서 사용하려고 한다면 비상사태가 발생할 것이다. 소련이 유전학 연구를 지난 25년간 중단했듯이, 우리는 과학의 진보를 혐오하고 모든, 혹은 적어도 일부분의, 과학 연구를 중단해야 하는 사태가 올지도 모른다. 당신은 과학을 죽이거나 과학의 팔다리를 자를 수는 있어도, 과학을 당신이 원하는 식으로 만들 수는 없다. 왜냐하면 과학은 그 자체의 문제를 추구하면서 근본적으로 예측 불가능한 궤적을 밟으면서 발전하며, 그 발전에서 나오는 실제적인 이득은 우연적이며 따라서 이중적으로 예측 불가능하기 때문이다.

과학과 사회의 관계는 어떠해야 하는가

실험실의 마이클 폴라니

평가할 수 없다는 것이 폴라니의 생각이다. 결국 어떻게 보아도 과학에 대한 사회의 간섭은 불필요할 뿐만 아니라 해가 되는 것이었다.

폴라니는 과학이 정부나 사회적 통제에서 독립적인 활동이고 또 독립적 활동이 되어야 한다고 주장했다. 그는 "과학의 공화국"(Republic of Science)을 지지했으며, 과학과 기술(응용과학)을 엄격히 분리했다. 응용과학과 기술은 실제적인 목적을 추구하고 인간에게 봉사하는 활동이기 때문에, 그 가치는 경제적 잣대에 의해서 평가되어야 하는 것이 당연했다. 반면에 진리를 추구하는 지적 생산인 과학은 물질적 생산에서 독립적이어야 하는 것이다. 그의 과학관은 이상적이고 또 과학자들이 선호하는 것이었지만, 너무 단순화된 것이고 심지어는 과학을 미화하고 과학을 사회경제적 요소와는 물론 기술과도 분리한 것이라는 한계를 가지고 있었다.

과학기술 정책을 둘러싼 논쟁들

2차 세계대전 이후 선진국의 과학 정책은 버널과 폴라니의 입장을 대변하는 것으로 양분되었다. 미국의 경우, 과학자들에 의해 운영되는 민간 재단을 만들어서 과학 연구를 무조건적으로 지원하자고 했던 부시(Vannevar Bush)의 정책은 폴라니를 계승한 것이었다. 반면에 과학 재단의 운영에 시민 대표, 농민 대표, 중소기업 대표를 포함시키고, 자연과학만이 아닌 사회과학도 함께 지원함으로써 과학의 발전을 사회의 필요에 맞추자고 주장했던 상원의원 킬고어(H. Kilgore)의 법안은 버널을 계승한 것이었다.

1970년대 이후 OECD 국가들은 버널과 폴라니 사이에서 균형을 잡는 정책을 취하고 있다. 국가는 과학을 사회적, 경제적 목적을 위해서 사용하지만, 또 어떤 때에는 과학을 사회경제적 요구로부터 떼어서 과학 연구에 독립성을 부여하기도 하기 때문이다. 지원의 상당 부분은 버널 식의 목적 연구(특히 군사, 의료 연구)에 투여되지만, 동시에 많은 부분이 기술경제적 목적을 지향하지 않는 순수 연구를 지원하기도 한다. 연구 프로젝트를 심사할 때에도, 많은 경우 폴라니가 주장했던 전문가들에 의한 심사(peer review)의 방법이 지배적이다. 그렇지만 서로 다른 연구 영역이 정부의 예산을 놓고 경쟁할 때는 버널 식의 기술 예측의 방법을 사용하기도 한다.

버널과 폴라니의 논쟁은 국민총생산의 0.1%가 과학의 연구

과학과 사회의 관계는 어떠해야 하는가

에 지원되던 1930년대에 시작된 것이다. 버널은 연구 투자가 10배 증가해야 한다고 역설했는데, 지금 선진국의 경우 국민총생산의 3~5%가 연구개발에 투자되는 것을 생각해 보면, 당시의 논쟁은 격세지감이라고 할 수 있다. 그렇지만 버널과 폴라니 논쟁은 누가, 왜, 무슨 목적으로 과학을 지원해야 하는가라는 과학의 정당성을 놓고 벌어진 최초의 논쟁이었고, 이후 순수과학 대 응용과학, 기초 연구 대 목적 연구와 같이 과학기술 정책을 둘러싼 사회적 논쟁의 효시가 되었던 것이다.

≡ 더 읽어볼 만한 자료들 ═══════════

버널이 1950년대에 저술한 과학사 대계 *Science in History* 4권은 한울출판사에서 『과학의 역사』(1995)로 출판되었지만, 『과학의 사회적 기능』은 아직 번역되지 않았다. 폴라니의 저서 중에는 *Personal Knowledge*(1958)만 『개인적 지식』으로 대우학술총서 (2001)에서 번역되었다.

http://www.comms.dcu.ie/sheehanh/bernal.htm
버널에 대한 간략한 소개. 마르크스주의 전통에서 버널을 다루고 있다.
http://www.cpiml.org/liberation/year_2001/november/desmond.htm
인도 공산당에서 버널 탄생 100년을 기념하기 위해서 만든 버널의 간략한 전기
http://www.chemonet.hu/polanyi/9601/science1.html
http://www.chemonet.hu/polanyi/9601/science2.html
Mártá Fehér가 쓴 "Science and Liberalism"이라는 논문으로 폴라니의 사상은 물론 버널-폴라니 논쟁을 자세히 볼 수 있다.

6장

새로운 과학을 위하여

벌거벗은 임금님과 낯선 문화 익히기: 과학 전쟁

●

이상욱

자연과학과 인문 · 사회과학 사이의 '과학 전쟁'

1996년 5월 뉴욕 대학의 수리물리학자 앨런 소칼은 어느 학술지를 상대로, 보는 시각에 따라 괘씸하게 생각될 수도 있고 혹은 통쾌하게 여겨질 수도 있는 감쪽같은 속임수를 성공시켰다. 이 '소칼의 속임수(Sokal's Hoax)'는 그 후 일파만파로 이에 대한 수많은 대응과 논쟁을 불러일으켰는데 이것이 후일 '과학 전쟁(Science War)'으로 알려지게 된 사건이다. '과학 전쟁'은 원래 출발지였던 미국을 넘어 유럽과 인도 등 전 세계로 급속도로 확산되었다. 한 학술지와 학자 사이의 해프닝이 단시간 내에 이렇게까지 국제적인 쟁점이 될 수 있었던 배경에는 급속도로 보급된 인터넷으로 인해 국제적 논쟁이 온라인을 통해 실시간으로 이루어질 수 있다는 사실이 큰 몫을 했다. 우리나라에서도

1998년 3월 《교수신문》을 통해 과학자와 과학사학자, 과학철학자, 과학사회학자 등이 참여한 논쟁이 전개되었고, 2000년 12월 한림대에서 한국과학철학회 주최로 열린 '과학 전쟁' 대토론회 등을 통해 본격적인 논의가 이루어졌지만 전체적인 분위기는 외국과 비교해서 대체로 '차분한' 것이었다.

앨런 소칼(Alan Sokal)_ 뉴욕대의 수리물리학자로 이른바 인문학·사회과학과 자연과학 사이의 과학 전쟁을 일으킨 장본인으로 유명하다.

　도대체 '과학 전쟁'이 어떤 전쟁이기에 사상자도 없이 '차분하게' 진행될 수 있었던 것일까? 최근에 문제가 된 과학 전쟁은 과학 지식을 사용하여 전쟁을 수행한 것은 아니었다. 이런 의미의 과학 전쟁이라면 어차피 대부분의 현대전은 거의 항상 과학 전쟁이므로 이번 경우가 특별할 것이 없다. 좀 더 극적인 경우를 생각해 보면, 과학 전쟁은 스파이 영화에 종종 등장하듯 특급 기밀의 과학 내용을 서로 차지하기 위해 암투를 벌이는 것일 수도 있지만 이번 과학 전쟁은 그것도 아니었다.

　소칼의 속임수로 촉발된 '과학 전쟁'은 과학 지식의 성격과 과학 연구의 본질을 놓고서 자연과학자, 사회과학자, 인문학자 등이 다양한 의견을 개진하면서 벌인 일종의 국제적 학술토론이었다. 학술토론에 '전쟁'이란 극단적 표현이 사용된 이유는 우선 이 논쟁이 대략 자연과학자를 한축으로 하고 사회과학자 및 인문학자들 다른 축으로 하는 대결 구도로 진행되

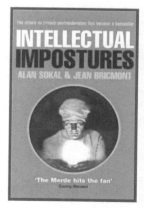

소칼의 책 『지적 사기』의 표지

시험관을 든 자연과학자와 펜을 든 인문과학자 사이의 과학 전쟁을 표현한 그림.

었다는 점이고, 다른 하나는 상대방의 연구 분야에 대한 극도의 폄하와 인신공격이 난무했다는 점이다. 게다가 노튼 와이즈(M. Noton Wise)처럼 분명히 확인할 수 있는 전쟁의 피해자도 있었다.

　와이즈는 절대 온도 개념을 제창한 것으로 유명한 19세기 물리학자 켈빈 경에 대한 연구를 수행한 중견 과학사학자이다. 와이즈는 학자에게는 명예로운 직위인 프린스턴 고등연구소의 교수로 추천 받았다. 하지만 마침 과학 전쟁의 전투적 분위기에서 와이즈의 과학에 대한 견해를 못마땅하게 생각했던 유명한 물리학자 스티븐 와인버그(Steven Weinberg)가 적극적으로 반대하여 와이즈의 임용은 무산되었다. 이는 이 책에서도 소개된 라투르가 표현하듯, 정치학자가 자신의 학술적 견해가 특정 정치가의 심기를 불편하게 했다는 이유로 정치학 교수직에서 물러나야 하는 기막힌 상황에 해당되는 일이었다. 일찍이 스노우가 지적했던 '두 문화(Two Cultures)' 사이의 차이와 대립이 노골적인 적대적 방식으로 표출된 것이었다.

앨런 소칼, 속임수로 전쟁을 부추기다

'과학 전쟁'의 전개 상황을 간단히 정리해 보자. 소칼은 평소 포스트모더니즘 계열의 여러 학자들이 과학에 대해 잘 알지도 못하면서 이러쿵저러쿵 논평하는 것에 큰 불만을 가지고 있었다. 소칼은 이들의 행위를 일종의 지적인 사기로 규정하고 그 본질을 낱낱이 밝혀줄 수 있는 방법을 모색하기 시작했다. 소칼은 포스트모더니즘 계열의 학자들이 과학에 대해 쓴 글에서 '멋있어 보이는' 부분을 발췌해서 그 구절들을 전체적으로 그럴듯하게 짜깁기하여 엉터리 논문으로 만들었다. 그러고는 그것을 《소셜 텍스트》라는 문화학(cultural studies) 계열의 학술지에 투고하여 출판시켰다. 출판과 동시에 소칼은 자신이 논문을 엉터리로 만들어 낸 과정과 그 논문이 출판된 사실, 그리고 자신이 왜 그런 일을 했는지에 대한 설명을 《링구아 프랑카》라는 다른 인문학 잡지에 폭로했다. 이 과정 전체를 '소칼의 속임수'라고 한다.

소칼은 「경계를 벗어나서: 양자 중력의 변환 해석학을 향하여」라는 거창한 제목을 단 《소셜 텍스트》 논문에서 물리학자인 자신이 보기에 자크 라캉, 질 들뢰즈, 줄리아 크리스테바, 부뤼

앨런 소칼이 1996년 《링구아 프랑카》에 실은 「물리학자가 문화연구학으로 실험하다」라는 논문에서 발췌. (이 글에서 소칼은 자신이 《소셜 텍스트》에 기고한 논문이 엉터리 논문임을 밝혔다.)

왜 나는 이런 일을 했는가? 내가 택한 방법은 풍자였지만 내 동기는 철저하게 진지했다. 나를 걱정스럽게 했던 것은 단순히 무의미한 헛소리와 부주의한 생각이 점점 늘어나고 있다는 사실 자체가 아니었다. 그보다는 객관적인 실재의 존재 자체를 아예 부정하거나, 정말로 부정하냐는 질문에 대해 객관적 실재가 존재한다는 점을 인정하기는 하지만 그것이 갖는 실천적 중요성을 평가절하 하는 헛소리와 엉터리 생각의 내용이 문제였다. 《소셜 텍스트》와 같은 학술지는 과학자들이 무시해서는 안 되는 중요한 문제를 제기함으로써 훌륭한 일을 하기도 한다. 그런 중요한 문제로는 예를 들어 기업이나 정부의 연구 지원이 과학 연구의 결과에 어떻게 영향을 미쳤는지와 같은 것이 있다. 불행하게도 인식론적 상대주의는 이와 같은 문제에 대한 토론을 진전시키는 데 거의 도움이 되지 않는다.

간단히 말하자면 내가 우려했던 것은 지성계와 정치계 모두에 주관주의적 사고가 널리 퍼져 있다는 사실이었다. 지성계에 대해 말하자면, 주관주의적 사고의 문제점은 그것이 의미 없는 헛소리가 아닌 한, 거짓이라는 사실이다. 진짜 세계가 존재한다. 세계의 속성은 단순히 사회적으로 구성된 것이 아니다. 사실과 증거는 진정으로 중요하다. 도대체 제대로 정신이 있는 사람이라면 어떻게 이와 다르게 주장할 수 있단 말인가? 그럼에도 불구하고 현재 학계에서 이루어지고 있는 이론 만들기의 상당 부분은 정확히 이런 명백한 진실을 흐리려는 시도이다. 다만 이와 같은 시도가 터무니없다는 점이 모호하고 잰 체하는 표현의 그늘에 숨어 있을 따름이다.

소칼이 처음에 논문을 실었던 《소셜 텍스트》(좌)와 그것을 폭로한 《링구아 프랑카》

노 라투르와 같은 저자들의 저술이 중력에 대한 최신 물리학 이론의 핵심을 정확하게 집어 냈다고 주장했다. 그리고 이들 저자들이 제안하는 방식으로 물리학의 양자 중력 이론이 발전되어야 한다는 취지의 주장도 곁들였다. 그런 다음 《링구아 프랑카》 논문에서 자신이 실은 이들 저자들이 과학 전문용어를 그 정확한 의미도 모른 채 마구 사용하며 터무니없는 결론을 이끌어 낸다고 생각한 문장만으로 《소셜 텍스트》 논문을 짜깁기 했다고 밝힌 뒤, 왜 그 문장들이 터무니없는지를 조목조목 따져나갔다. 소칼이 보기에 자신의 엉터리 논문이 《소셜 텍스트》에 실릴 수 있었다는 사실은 포스트모더니즘 계열 학문의 수준이 얼마나 형편없는지를 분명하게 보여준 것이었다.

소칼의 속임수에 대한 반응은 즉각적이고 뜨거웠다. 평소에 포스트모더니즘 계열 글의 난삽함에 질려있던 사람들은 '그것 참 고소하다' 는 식의 반응을 보였다. 더 나아가 소칼 지지자들은 과학을 잘 모르는 인문학자나 사회과학자들이 과학에 대해 논평하는 것 자체가 문제이고, 게다가 그 내용이 대개 자신이 잘 모르는 주제에 대해 근거 없는 혐오감을 표시한 것에 지나지 않는다고 주장했다. 이런 입장에서 보면 소칼의 속임수는 거드름 피우는 임금님이 실제로는 벌거벗었다는 진실을 일종의 트로이의 목마를 사용하여 만천하에 드러낸 통쾌한 사건이었다. 트로이 사람들이 아테네 연합군이 패해 돌아간 것으로 알고 으

쓱한 마음에 목마를 자신의 성안에 들여와 잔치를 벌이다가 결국 멸망하고 말았듯이, 포스트모더니즘 계열의 연구자들은 포스트모더니즘이 자신의 연구 분야에 지대한 영향을 끼쳤다는 한 물리학자의 주장에 고무되어 '소칼의 목마'를 자신들의 저널에 실었다가 큰 낭패를 본 셈이라는 것이다.

한편 소칼이 자신의 목적을 달성하기 위해 속임수를 사용한 구체적인 방식이 비열했음을 비판하는 목소리도 높았다. 소칼의 논문은 '과학 전쟁'을 주제로 한 《소셜 텍스트》의 특집호에 실렸다. 특집 기획자들은 소칼의 논문이 과학에 대한 인문사회과학적 분석을 담은 다른 논문들에 인문사회과학에 대한 과학자의 시각을 더해 주어 전체 기획의 균형을 잡아줄 수 있을 것으로 기대했다. 특집호는 일반적으로 기획자를 포함한 편집위원의 토의를 거쳐 논문이 다루는 주제와 특정 논문의 게재 여부가 결정되기 때문에 대부

과학 전쟁의 발단이 되었던 소칼의 논문과 책에서 조롱과 비판의 표적이 된 학자들. 맨위부터 질 들뢰즈, 줄리아 크리스테바, 자크 라캉

분의 학술지가 채택하고 있는 동료학자들에 의한 논문 심사 (peer review)를 하지 않는다. 그러므로 소칼의 논문이 동료 심사를 거치를 않았던 것은 몇몇 소칼 지지자들이 조롱했듯이 인문학 저널의 낮은 수준을 보여주는 것은 아니었다.

게다가 편집위원회의 토의 과정에서 소칼의 논문 내용이 너무 길고 난삽해서 저자가 무슨 주장을 하는지를 도통 알 수 없다는 지적이 있었고, 편집위원회는 소칼에게 논문의 상당 부분을 수정해 달라고 요청했다. 하지만 자신의 글이 특별히 '형편없는' 상태로 출판되기를 원했던 소칼은 논문에서 한 글자도 바꿀 수 없다며 이 요구를 거절했다. 이처럼 자신이 못마땅하게 생각하는 견해에 대해 진지한 학술 토론 대신 치사한 속임수로 공격한 소칼을 두고 인문학에 대한 이해가 부족한 '철모르는' 과학자가 사고를 한 번 쳤다는 식의 평가도 나왔다. 소칼의 속임수에 대한 소칼 지지자와 비판자들의 이런 감정적인 초기 대응은 소칼이 자신의 웹페이지에 모아놓은 글에 잘 나타나 있다 (http://www.physics.nyu.edu/faculty/sokal/index.html). 우리나라에서 벌어진 '과학 전쟁'도 초기에는 약화된 형태이기는 하지만 이런 양상을 띠었다.

자연과학과 인문과학, 서로에 대한 오해와 진실

그러나 시간이 지날수록 양측 모두 상황이 실제로는 그렇게 간단하지 않음을 차츰 깨닫게 되었다. 우선 소칼은 벌거벗은 채로

거들먹거리며 걷는 임금님을 당황하게 만든 순진한 소년이 아니었다. 그는 포스트모더니즘의 언어 유희에 빠져 사회 개혁과 같은 실천적 문제에서 멀어져 버린 젊은 좌파들에게 우리의 급박한 문제를 해결해 줄 수 있는 과학의 객관적 진리를 부정하지 말라고 경고하려는 분명한 목적을 가지고 있었다. 이는 소칼이 스스로를 '정통' 좌파라고 생각하고 있는 데서 잘 드러난다.

소칼의 엉터리 논문이 학술지에 버젓이 실렸다는 대중매체의 선정적 보도만을 읽은 몇몇 과학자들은 과학에 대한 인문사회과학적 분석 모두가 과학에 대한 초보적 지식도 갖추지 않은 사람들에 의해 이루어지고 있다고 개탄했다. 하지만, 실제로 소칼이 비판했던 학자 중 상당수는 자신이 연구하는 과학 내용에 대해 비교적 잘 알고 있는 사람들이었다. 좀 더 정확히 이야기하자면 소칼이 비판한 학자들은 크게 두 부류로 나눌 수 있다.

첫째 부류는 실제로 과학의 구체적인 내용에 대해서는 잘 모를 뿐만 아니라 과학 자체에 대한 분석에 별다른 관심이 없는 포스트모더니즘 계열의 이론가들이었다. 이들은 혼돈 이론이나 양자 역학과 같은 현대 과학 이론이 갖는 존재론적, 인식론적 함의를 보다 자유롭게 해석하여 자신들의 철학 체계나 문예 이론에서 창조적으로 변형시켜 활용하는 학자들이었다. 들뢰즈, 라캉, 크리스테바 등이 이에 속한다고 할 수 있다. 이들은 소칼의 비판처럼 관련 과학 내용에 대해 정확하게 알고 있지 않아서, 종종 선형성(linearity)과 같은 기초적 과학 개념에 대해서조차 지나치게 자유로운 해석을 하곤 한다. 하지만 그들이 과학의 권위를 빌려 자신의 주장에 힘을 더하려고 하지 않는 한, 그러한 모습을 사소한 실수 이상으로 생각해야 할 이유는 없다. 왜냐하면 이들 이론가들이 추구하는 것은 과학 자체에 대한 엄밀한 이해나 분석이 아니라 각자가 추구하는 독특한 이론적, 실천적 지향점이기 때문이다.

그에 비해 포퍼, 쿤, 라투르 등이 속하는 둘째 부류의 학자들은 과학의 내용과 연구 활동에 대해 본격적인 과학학적 분석을 시도한다. 이들이 관련 과학 내용에 무지하다고 비판하는 것은 사실적으로 틀린 주장이다. 실제로 소칼조차 이 둘째 부류의 학자들의 글에서는 어떠한 사실적, 개념적 오류도 발견하지 못하고 있다. 소칼이 이들을 비판하는 요점은 이들이 상대주의적 과학관을 퍼뜨리고 과학의 객관성을 부인했다는 것이다. 이들이 정말로 그랬는지에 대한 소칼의 분석은 관련 전문가가 보기에는 유치한 수준이다.

하지만 중요한 점은 소칼의 주장이 옳은지 여부가 아니다. 이와 무관하게 소칼이 이들 학자의 견해가 과학에 대한 설명으로 아예 허용되어서는 안 될 것으로 규정할 수는 없다는 점이다. 그렇게 규정하는 것은 과학에 대해 누가, 어떤 내용으로만 말할 수 있는지를 소칼을 비롯한 몇몇 보수적 과학자들이 교황적 권위로 결정하겠다는 것과 다름이 없다. 이는 자유로운 토론을 통해 발전하는 학문의 정체성 자체를 부인하는 행위에 해당된다.

전쟁을 넘어: 서로 다른 문화에 대한 이해와 관용

점차 '과학 전쟁'에 참여했던 사람들은 '과학 전쟁'에서 동원되었던 원색적 비난이 상대방 연구가 학술적 가치를 갖는지에 대해 각자가 가지고 있었던 불신에서 나왔다는 점을 인식하고 이러한 불신이 근거가 없음도 깨닫게 되었다. 그러고 나자 '과학 전쟁'의 양측은 그런 정당화되기 어려운 이유가 아니라 '과학 전쟁'이 발발하게 된 보다 근본적인 이유에 대해 성찰하기 시작했다. 우선 인문사회과학자나 자연과학자 모두 전문 분야마다 다른 방식으로 사용되는 고유한 언어와 은유나 비유 등의 표현 방식 그리고 논증을 전개하거나 증거를 제시하는 과정의 차이를 서로 잘 이해하지 못했다는 점을 인식하기에 이르렀다. 이렇게 되자 '과학 전쟁'은 스노우의 '두 문화' 문제의 과격한 변주곡으로 생각될 수 있었다. 문제가 두 분야 사이의 문화적 차이라면 어떻게 전쟁을 끝내고 생산적 협동관계를 이룩할 수 있을지도 비교적 명확해 보였다. 문화적 차이를 일단 긍정하고 문화적 융합의 가능성을 탐색해 보는 것이다.

찰스 스노우(Charles P. Snow, 1905~1980) 레스터 대학 물리화학과를 졸업하고, 케임브리지에서 박사학위를 받은 물리학자 스노우는 상원의원, 공업기술부 차관을 지내는 등 공무원의 이력도 있으며, 탐정소설과 대하소설 작가이기도 하다. 스노우는 특히 인문과학과 자연과학 사이의 단절을 극복해야 한다는 내용을 담은 『두 문화』를 써 유명해졌다.

스노우는 두 분야 사이의 협력이 막연히 바람직한 것이라고 말하지는 않았다. 스노우는 『두 문화』를 저술하던 당시 경쟁국에 비해 뒤처져 있다고 자체 평가되던 영국의 산업을 끌어 올리고 또 다른 산업혁명과 과학 혁명을 이룩하는 데 두 분야 사이의 협력이 필수적이라 보았다. 스노우가 이상적으로 생각하던 자연과학과 인문학 사이의 적극적 협력은 아닐지라도 소모적인 과학 전쟁 대신 보다 건설적인 관계가 필요하다는 점을 분명했다. 물론 전쟁을 최전방에서 이끌었던 양 진영의 열혈투사들은 자신의 견해를 바꾸거나 화해를 시도하는 데 별 관심이 없었다. 그러나 전선에서 조금 떨어진 곳에서 간접적으로 논쟁에 참가하던 대다수의 인문사회과학자들과 자연과학자들에게는 서로 익숙하지 않은 상대방의 문화적 태도를 조금이라도 이해하려는 시도를 해야 한다는 공감대가 형성되었다. 그 결과 과학 전쟁의 후반기로 갈수록 학술적으로 보다 의미 있고 수준 높은 논쟁적 대화가 이루어지기 시작했고, 이런 대화의 내용을 담은 『한 문화?』라는 책도 나오게 되었다.

'과학 전쟁'의 성과는 무엇인가? 첫째는 과학기술에 대한 인문사회과학적 접근을 시도하는 학자들이 과학에 적대적이며 과학 연구를 통제하려는 부당한 의도를 갖고 있다는 과학자들의 의심이 어느 정도 걷혔다는 점이다. 과학에 대해 연구하는 과학학자들은 주류 과학계와 과학의 본질과 의미에 대한 견해가 다를 수는 있지만 학문의 성격상 반과학적이기 어렵다. 오히려 과학학자들은 과학이 현대 사회에서 너무나 중요하기 때문에 진지하게 연구해야 한다고 생각하는 사람들이다.

제이 라빙거와 해리 콜린스가 편집한 『한 문화?』의 표지

둘째, 과학 지식의 형성 과정에서 사회적 이해관계와 같은 과학 외적 요소를 과도하게 강조하여 과학자들의 공격의 초점이 되었던 몇몇 급진적인 과학학 연구자들이 과학 활동에서 자연이 부과하는 제한 조건에 대해 보다 분명하게 언급하기 시작했다는 점이다. 그 전에도 이들은 과학적 결정 과정에서 자연의 역할을 부인하지는 않았다. 그러나 과학자와의 논쟁을 통해 과학자가 이론 형성 및 평가 과정에서 실험이나 관찰 내용에 의해 제한받는 측면에 대해 보다 분명하게 인식하게 된 것이다.

하지만 모든 문제가 매끈하게 해결되고 달콤한 평화가 찾아온 것은 아니다. 그 이유는 과학학 연구자 일부가 가지고 있는 생각과 과학자 일부가 가지고 있는 생각이 분명한 차이를 보이기 때문이다. 핵심적 차이는 과학 지식의 성격과 과학 연구의 본질에 대해 두 집단이 매우 다른 생각을 하고 있다는 데 있다. 과학적 합의 도출 과정에서 인식적 요인과 사회적 요인 가운데 어느 것이 더 결정적으로 작용하는지의 문제, 주어진 경험적 증거를 설명해 줄 수 있는 이론들이 실제적으로 얼마나 많이 있을 수 있는지와 관련된 '해석적 유연성'의 문제 등 여러 쟁점들이 여전히 합의되지 않은 상태로 남아있다. 요약하자면 '과학 전쟁'은 과학 평화로 이어지지는 않았다. 그러나 평화에 이르려는 시도는 지속적으로 이루어지고 있다.

≡≡ **더 읽어볼 만한 자료들** ≡≡≡≡≡≡≡≡≡≡≡≡≡≡≡≡≡≡≡≡≡≡≡

과학 전쟁과 관련한 책인 소칼의 『지적 사기』는 국내에 번역되어 있다. 앨런 소칼, 장 브
리크몽 지음, 『지적 사기: 포스트모던 사상가들은 과학을 어떻게 남용했는가』(민음사,
2000, 이희재 옮김)가 그 책이다. 찰스 스노우의 저작인 『두 문화』(민음사, 2001, 오영
환 옮김)도 번역되어 있다.

http://www.kyosu.net
교수신문 홈페이지로 '과학 전쟁'을 검색하면 국내에서 벌어진 과학전쟁과 관련된 기사
들을 읽을 수 있다.
http://physics.nyu.edu/faculty/sokal/
소칼의 웹페이지로 과학 전쟁과 관련한 자료들을 모아 놓았다.

또 하나의 과학: 이블린 폭스 켈러, 도나 해러웨이

●

홍성욱

왜 과학자는 대부분 남성인 것일까

1960년대 후반부터 페미니즘 진영에서는 근대 과학의 흥미로운 특징을 하나 발견했다. 그것은 서양의 역사를 통해 과학을 수행했던 주체인 과학자들이 대부분 남성이라는 단순한 사실이었다. 그렇지만 페미니스트 이론가들은 여기서 멈추지 않았다. 급진적인 페미니스트들은 근대 과학이 가진 남성성이 과학을 공격적, 침략적, 군사적으로 만든 요인이라고 강조하면서, 이로부터 남성성을 제거함으로써 진정한 과학인 페미니스트 과학을 만들 수 있다고 주장했다. 이러한 주장은 과학에 대해서 비판적인 시각을 견지했던 사람들에게 일견 매력적인 면이 있었다. 그렇지만 대부분의 과학자들은 물론 과학철학자들조차 이러한 주장이 과학을 너무 단순화시킨 소박한 생각이라고 비판했다.

페미니스트 과학에 대한 비판자들 중에는 이러한 비판을 연장해서 페미니즘의 인식론 자체를 문제 삼는 경우도 있었다. 이러한 상황에서 페미니즘과 과학과의 관련에 대해서 더 정교하고 복잡한 해석을 제공했던 학자가 이블린 폭스 켈러와 도나 해러웨이였다.

켈러는 삶의 경험을 통해서 '젠더(gender)와 과학'이라는 주제에 안착했다. 브랜다이스 대학을 졸업한 그녀는 물리학을 전공하기 위해서 하버드 대학원 물리학과에 입학했다. 그렇지만 그녀의 대학원 생활은 순탄하지 않았다. 그녀는 다른 학생들로부터 "여성 중에 물리학으로 성공한 사람이 있는가"라는 얘기를 들어야 했고, 성적이 잘 나왔을 경우에 부정행위를 한 것으로 의심받았다. 그녀는 박사 논문 자격시험을 마친 뒤에 물리학 논문을 쓰는 것을 포기하고 예전부터 관심이 있었던 정신분석학을 공부할 요량으로 이에 대한 책을 싸가지고 동생 집이 있는 콜드 스프링 하버(Cold Spring Harbor)로 내려갔다.

켈러가 휴식을 취하러 갔던 콜드 스프링 하버는 생물학 연구의 본산이었다. 켈러는 여기에서 많은 생물학자들을 만났는데, 하버드의 물리학자들과는 달리 이들은 켈러의 연구에 무척 호의적인 태도를 보였고 그녀를 격려했다. 이에 고무된 켈러는 바로 하버드로 돌아가서 물리학과 생물학의 관련을 탐구한 논문을 써서 1963년 박사학위를 받고 뉴욕 대학교에 야간 강

이블린 폭스 켈러(Evelyn Fox Keller, 1936~)_ 켈러는 과학적 연구를 수행하는 인간의 이성에는 남성성을 부여하고 그 대상이 되는 자연에는 감성적 여성성을 부여하기 때문에 여성과학자들은 남성적인 이성이 여성적인 자연을 탐구한다는 정형화에 당혹해 하고 적응하지 못한다고 주장한다.

의를 개설하는 것으로 그녀의 학문적 여정을 시작했다. 자신의 경험을 통해서 과학에서 여성이 갖는 지위에 대해 깊은 관심을 가져왔던 켈러는 1978년에 「젠더와 과학」이라는 기념비적인 논문을 출판했다. 이 논문에서 켈러는 현대 과학, 특히 물리학이 과학적 연구를 수행하는 인간의 이성에는 남성성을 부여하고 그 대상이 되는 자연에는 감성적인 여성성을 부여하기 때문에, 여성 과학자들은 남성적인 이성이 여성적인 자연을 탐구한다는 정형화에 당혹해 하고 적응하지 못한다고 주장했다. 이 논문은 젠더와 과학의 관계를 페미니즘에 입각해서 학문적으로 모색한 첫 번째 연구로 꼽히고 있다.

옥수수의 겉만 보고도 세포핵을 상상할 수 있다: 여성이 과학하는 방법

바바라 매클린톡 (Barbara McClintock, 1902~1992)_ 미국의 유전학자로 40대에 옥수수의 '튀는 유전자'를 발견하였으나 관심을 끌지 못하다가 1970년대에 들어서 이 인자가 가진 생물학적 · 의학적 중요성이 인정되었다. 이 업적으로 1983년에 노벨생리학 · 의학상을 수상하였다.

그렇다면 성공한 여성과학자들은 무슨 까닭에서였을까? 켈러는 '튀는 유전자'(jumping gene) 혹은 트랜스포손(transposon)에 대한 선구적 연구로 1983년 단독으로 노벨 생리학 · 의학상을 수상한 바바라 매클린톡을 인터뷰하고 그녀의 과학적 연구를 분석해 1983년에 『생명의 느낌』이란 책을 출판했다. 여기서 켈러는 노벨상을 수상했을 정도로 뛰어난 매클린톡도 대학을 졸업하고, 직장을 얻는 과정에서 수많은 사회적 차별과 편견을 감수해야 했음을 잘 보여 주었다.

그렇지만 이 책이 페미니스트 과학과 관련해서 커다란 사회적 반향을 불러일으킨 이유는 여기서 켈러가 매클린톡이 사용한 그녀만의 독특한 연구 방법을 보여주었기 때문이다. 매클린톡은 복잡한 유전학 문제에 대해 고민할 때 종종 "어떤 사실을 곧바로 알게 되고, 진심으로 믿고, 궁극적으로 그 의미를 받아들이는 체험"을 하곤 했는데, 이러한 체험은 그녀가 몰두한 대상에 대한 "내밀하고 온전한 지식"에 의해 가능한 것이었다. 매클린톡은 옥수수의 외관만 보고도 세포핵 속의 모습을 상상할 수 있을 정도로 "생명의 각 부분을 빠짐없이 헤아릴 줄" 알았고, 자신이 가꾼 모든 옥수수의 "생활기록부"를 쓸 수 있을 정도로 그녀는 옥수수 각각의 차이에 주목했다. 이는 옥수수를 대상으로 한 수십 년에 걸친 연구를 통해 개발된 특별한 능력으로, 그 핵심은 옥수수라는 대상과 연구자라는 주체가 하나가 되어 소통하는 것이었다. 이러한 방법론이 켈러가 제시했던 페미니스트 과학의 핵심이었다.

메클린톡의 독특한 방법론은 그녀가 여성이었기 때문에 가능한 것이었을까? 부분적으로는 그렇고 부분적으로는 아니라고 할 수 있다. 심원한 과학적 이해 과정에서 주체와 객

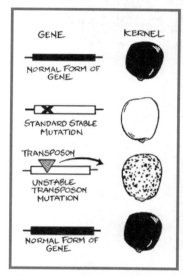

1931년 매클린톡은 배아세포를 만드는 유전자 교환(감수 분열)에서 염색체 물질의 교환도 같이 일어난다는 것을 밝혔다. 이 발견은 염색체와 유전의 관계를 확실히 한 것으로 유전학 역사상 획기적인 사건이었다. 한편 매클린톡은 옥수수를 연구하던 도중 옥수수의 알과 잎에 이상한 색의 점과 얼룩이 생기는 것을 보고, 이것의 색깔 유전자를 조절하는 것에 관심을 가지게 된다. 이 탐구의 결과 발견한 것이 '튀는 유전자'로 이 튀는 유전자는 염색체 사이를 돌아다는 유전 요소이다. 이것에 따라서 유전자의 발현이나 비발현이 일어난다.

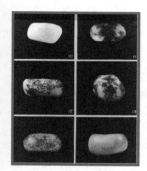

매클린톡이 연구한 옥수수

체가 하나가 되는 느낌은, 아인슈타인을 비롯한 여러 창의적인 과학자들이 지적했듯이, 과학적 창조성의 고차원적인 단계에서 종종 발견되는 현상이다. 그렇지만 그녀가 여성이라는 이유로 대학에 자리를 잡지 못했고 결과적으로 유전학의 주류에서 오랫동안 비껴 있었기 때문에, 당시 유행하던 정량적 방법이나 물리적 환원론에 휩쓸리지 않고 자신만의 독특한 방

책 속 으 로

붉은 곰팡이인 뉴로스포라(Neurospora)의 감수분열을 이해한 과정(1944)에 대한 매클린톡의 회고(켈러, 『생명의 느낌』 중에서)
"덧붙여 알게 된 것은, 내가 그 일로 빠져들수록 점점 더 염색체가 커지더라는 사실이에요. 그리고 정말로 거기에 몰두했을 때, 나는 염색체 바깥에 있지 않았어요. 그 안에 있었어요. 그들의 시스템 속에서 그들과 함께 움직였지요. 내가 그 속에 들어가 있으니 모든 게 다 크게 보일 수밖에 없었죠. 염색체 속이 어떻게 생겼는지도 훤히 보였어요. 정말로 모든 게 거기 있었어요. 나 자신도 무척이나 놀랐지요. 내가 정말로 그 속에 있는 느낌이었거든요. 그리고 그 작은 부분들이 몽땅 내 친구처럼 여겨졌어요… 지극한 마음으로 바라보고 있노라면 그들이 나의 일부가 되지요. 그러면 나 자신은 잊어버려요. 그래요, 그게 중요해요. 나 자신을 완전히 잊어버리는 거 말이에요. 거기에는 더 이상 내가 없어요."

324　새로운 과학을 위하여

법을 꾸준히 개발 · 체화할 수 있었던 것도 사실이다. 매클린톡 자신이 처했던 주변의 여건 때문에 가능했던 끈기 있는 관찰과 대상에의 몰입이 그녀만의 독특한 방법의 원천이었다면, 그 여건은 매클린톡이 여성이었다는 사실에 상당 부분 기인하고 있었다.

여신이 되느니 차라리 사이보그가 되겠다

도나 해러웨이는 콜로라도 대학교에서 동물학, 철학, 문학을 전공한 뒤에 생물학을 전공할 목적으로 예일 대학교 대학원에 진학했다. 그녀의 지도교수는 유명한 생태학자 조지 허친슨 (George E. Hutchinson, 1903~1991)이었다. 그렇지만 그녀는 여기서 실험을 해서 논문을 쓰는 대신에 20세기 생물학에서 사용된 은유들을 분석하는 논문을 써서 박사학위를 받았다. 학위 논문의 주제 때문에 존스홉킨스 대학의 과학사학과 교수로 임용되었던 해러웨이는 1980년에 캘리포니아 산타크루즈 대학교의 '의식사(意識史)학과'의 교수가 되어 지금까지 그곳에서 강의하고 있다.

페미니즘과 과학이라는 주제와 관련해서 그녀를 유명하게 만든 것은 1991년에 출판된 『유인원, 사이

도나 해러웨이(Donna Haraway, 1944~)와 그녀의 저서 『유인원의 시각(Primate Visions)』. 사람과 동물의 경계에 있는 영장류 동물에 대한 논의에서 식민주의, 페미니즘 담론을 이끌어 내는 해러웨이는 인간과 동물, 여성과 남성 등 이분법적 사고를 거부한다.

앙코마우스(OncoMouse)_
암 연구를 위해서 암 유전자를
가진 상태로 만들어진 유전자
변형 쥐.

보그, 그리고 여자』라는 저술이었다. 이 책에는 주로
1980년대를 통해 그녀가 썼던 걸출한 논문들이 묶어져
있는데, 이 중 「사이보그 선언」(1985)과 「상황적 지식」
(1988)이 가장 많이 인용되는 중요한 논문들이다. 이 논
문들에서 해러웨이는 과학 기술을 남성적 지배의 도구
로, 그리고 여성은 "대지의 여신"으로 인식하던 기존의
이분법과, 피지배자인 여성의 인식적 우월성을 강조하
던 여성주의 인식론을 비판했다. 그녀의 저술은 철저하게 여성
주의적인 것이었지만, 그 비판의 과녁은 남성주의적인 세계만
이 아니라 기존의 여성주의 이론에게도 맞추어져 있었던 것이
었다.

　해러웨이는 유인원, 사이보그, 앙코마우스(OncoMouse)와 같
은 잡종적 존재들의 상징적 의미를 강조하는데, 이것은 이러한
잡종적 존재들이 이분법을 당연시하는 우리 세계에 몸으로 저
항하기 때문이다. 유인원이 인간/동물, 원시/문명, 제1세계/제3
세계의 경계에 도전하는 존재라면, 사이보그는 인간/기계, 사회
/문화, 여성성/남성성이라는 이분법을 희석하는 존재이다. 특
히 해러웨이는 여성들이 사이보그에서 지배자의 충실한 도구로
서의 과학기술이 아니라, 여성을 해방시키는 가능성으로서의
과학기술을 만날 수 있는 점을 강조한다. 오히려 사이보그는
인식 주체와 대상 사이에 연대감이 이루어지고 환경 친화적
인 물질적 풍요와 자기 비판적 지식이 공존하는 미래사회의
인간 존재 양식이다. 기술은 위험한 것일 수는 있지만, 사이보

도나 해러웨이, 「사이보그 선언」 중에서

사이보그의 상(像)은 본 에세이에서 두 가
지 중요한 주장을 설명해 준다. 첫째로 보
편적이고 총체적인 이론을 만드는 것은,
예전에는 거의 대부분 그랬지만 지금은
확실하게, 대부분의 현실을 놓치는 중요
한 실수를 범하는 것이다. 두 번째로 과학
과 기술의 사회적 관계에 대해서 책임 있
는 태도를 취하는 것은 반과학적인 형이

「사이보그 선언」 표지 그림

상학과 과학기술의 악마화를 거부하는 것을 의미하며, 이것은 타자들
과의 부분적인 연결 속에서, 그리고 우리의 모든 부분들과의 의사소통
속에서, 일상생활의 경계를 재구축하는 어려운 작업을 껴안는다는 것
을 의미한다. 이는 과학과 기술이 복잡한 지배 매트릭스의 수단이자 인
간에게 거대한 만족을 주는 수단이기 때문만은 아니다. 사이보그의 상
은 우리가 우리의 몸과 도구(과학기술)를 설명할 때 사용했던 이원론
의 미로를 탈출할 길을 암시할 수 있기 때문이다. 이것은 일상적 언어
로 꾸는 꿈이 아니라 강력하고 불경스러운 다중 어의성을 통해 꾸는 꿈
이다. 그것은 새로운 권리의 초-구세주들의 회로로 공포를 불어넣기
위해서 방언으로 떠들고 있는 페미니스트의 상상이다. 그것은 기계, 정
체성, 범주, 관계, 우주 이야기들을 만들고 부수는 모든 것을 의미한다.
여신과 사이보그는 서로 짝패기처럼 춤을 추고 있지만, 나는 여신이 되
느니 차라리 사이보그가 되겠다.

그의 예에서 볼 수 있듯이 기술 전부가 비인간적이고 지배적인 것은 아닌 것이다.

해러웨이는 현재의 과학과는 다른 '페미니스트 과학'을 지향하는 입장에 대해서도 비판적이다. 지금의 과학과는 다른 새로운 과학의 가능성을 얘기하기 위해서는 과학이 사회적, 역사적 요인에 의해서 우연히 결정된다는 사회구성주의를 받아들여야 하며, 왜곡된 남성적 과학이 아닌 진정한 과학이 존재한다고 얘기하기 위해서는 사회구성주의와는 정반대인 경험적 실재론을 믿어야 하기 때문이다. 해러웨이는 사회구성주의와 경험주의를 모두 극복하는 방안으로 '상황적 지식'(situated knowledge)이라는 개념을 제안하는데, 간단히 말해서 이 개념은 모든 사람(그룹)의 비전이 그 사람(그룹)의 시시각각 변하는 아이덴티티에 의해서 구성되기 때문에 궁극적으로 부분적일 수밖에 없다는 인식에서 출발한다. 모든 지식은 부분적이며 상황적이기 때문에, 여성의 눈으로 과학을 한다고 페미니스트 과학이 만들어지는 것도, 현대 과학에서 남성성을 걷어 냄으로써 진정한 페미니스트 과학이 만들어지는 것도 아니라는 것이다. 오히려 인식의 객관성이라는 것은 자신의 지식의 부분성과 상황성을 성찰적으로 비판하는 데서 연원한다는 것이 그녀의 주장이다.

켈러와 해러웨이는 흥미로운 인생의 궤적을 보인다. 안정된 직장도 없이 여성과 과학에 대해서 선구적인 연구를 했던 켈러는 1990년대에 MIT의 과학기술학과에 교수가 되어 20세기 생물학에서의 언어와 메타포의 문제를 연구하는 역사학자로 변신했다. 반면 생물학에서의 은유의 문제를 연구하는 과학사학자로 첫 경력을 시작한 해러웨이는 여성과 과학에 대한 논쟁적인 책을 내놓음으로써 페미니즘 진영에서 가장 독보적인 이론가 중 한 명으로 자리잡았다. 그렇지만 과학과 여성에 대한 이들의 연구는 이론적인 작업에 머무르지 않았다. 이들의 연구는 여성 과학자에 대한 편견을 없애고 더 많은 여성들을 과학으로 유인하는 요인이 되었을 뿐만 아니라, 여성적인 감수성을 가지고 과학을 연구하고 사이보그의 정체성을 가지고 우리의 기술 사회를 살아가는 수많은 추종자들을 낳았던 '실천적인' 연구였던 것이다.

≡ 더 읽어볼 만한 자료들 ══════════════════════

켈러와 해러웨이의 저술들은 국내에도 번역되어 있다. 켈러의 *Reflections on Gender and Science*는 『과학과 젠더』(동문선, 1996)로, 해러웨이의 *Simians, Cyborgs, and Women*은 『유인원, 사이보그, 그리고 여자』(동문선, 2002)로 번역되었다. 그렇지만 이 번역본들은 원본을 대조하면서 읽어야 할 정도로 번역이 서툴다. 해러웨이는 영어 원문도 무척 난해한데, 그녀의 사상에 대한 입문서로 『한 장의 잎사귀처럼』(갈무리, 2005)을 권한다. 매클린톡에 대한 켈러의 전기 *A Feeling for the Organism*은 『생명의 느낌』으로 번역되었고, 번역본을 추천할 만하다.

http://www.womenwriters.net/archives/whittoned1.htm
켈러의 삶과 젠더와 과학의 관계에 대한 그녀의 기여를 잘 정리해 놓았다.
http://www.erraticimpact.com/~feminism/html/women_haraway.htm
도나 해러웨이의 글, 해러웨이에 대한 글의 인터넷 링크를 모아 놓았다.
http://www.stanford.edu/dept/HPS/Haraway/CyborgManifesto.html
사이보그 선언의 영어 원문이 실려 있다.

찾아보기